普通高等教育“十三五”规划教材

RELIABILITY DESIGN OF MECHANICAL SYSTEM

机械系统可靠性基础

主　编　王学文
副主编　李　博　谢嘉成
参　编　夏　蕊

机械工业出版社
CHINA MACHINE PRESS

本书从系统角度出发，结合机械产品的特点，较全面地介绍了机械系统可靠性分析与设计的基础理论、基本原理与方法。

本书内容主要包括：绪论（可靠性的研究历史、基本概念、特点、数学基础等），可靠性特征量与常用概率分布，系统可靠性模型，系统可靠性预计，系统可靠性分配，系统可靠性设计，系统故障模式、影响及危害性分析，系统故障树分析，人机系统可靠性等。每章附有一定的算例，并配备了习题。习题可提供参考答案，有需要者可与出版社或主编联系。

本书可作为普通高等院校机械设计制造及其自动化、机械工程、车辆工程等相关专业的可靠性教学用书，也可作为相应专业成人高等教育的可靠性教学用书，还可作为从事机械、船舶、车辆等设计、制造、试验、使用与管理的工程技术人员的学习与参考用书。

图书在版编目（CIP）数据

机械系统可靠性基础/王学文主编．—北京：机械工业出版社，2019.4
普通高等教育“十三五”规划教材
ISBN 978-7-111-62060-0

Ⅰ.①机…　Ⅱ.①王…　Ⅲ.①机械系统－系统可靠性－高等学校－教材
Ⅳ.①TH

中国版本图书馆CIP数据核字（2019）第032091号

机械工业出版社（北京市百万庄大街22号　邮政编码100037）
策划编辑：余　皡　责任编辑：余　皡　章承林
责任校对：张晓蓉　封面设计：张　静
责任印制：张　博
三河市宏达印刷有限公司印刷
2019年4月第1版第1次印刷
184mm×260mm · 13印张 · 321千字
标准书号：ISBN 978-7-111-62060-0
定价：34.80元

凡购本书，如有缺页、倒页、脱页，由本社发行部调换

电话服务
服务咨询热线：010-88379833
读者购书热线：010-68326294

网络服务
机 工 官 网：www.cmpbook.com
机 工 官 博：weibo.com/cmp1952
教育服务网：www.cmpedu.com
金 书 网：www.golden-book.com

前言

系统可靠性是衡量系统性能（或产品质量）的重要指标之一。系统可靠性工程的诞生、发展是社会的需要，与科学技术的发展密不可分。系统可靠性工程起源于军工与电子领域，它的推广应用，给企业与社会带来了巨大的经济效益。

应用于机械系统的可靠性研究方法基本沿用以电子元件或设备为对象总结的可靠性研究方法，同时，机械系统可靠性研究也有自己的特点。机械系统可靠性设计与分析的目的，是使机械系统在满足规定的可靠性指标、完成预定功能的前提下，使系统的技术性能、质量指标、制造成本及使用寿命等取得协调并达到最优化，设计出高可靠性机械系统。

本书共9章。第1章从总体上概述了系统可靠性研究的历史、发展与意义，介绍了可靠性研究的基本概念、基本特点和主要研究内容，简要回顾了可靠性数学基础概率论的知识。第2章介绍了可靠性常用特征量和常用概率分布。第3章针对若干系统可靠性模型及其可靠度计算方法进行了详细分析。第4章和第5章详细阐述了如何进行可靠性预计和可靠性分配的若干方法。第6章以应力－强度分布干涉理论和系统耐环境设计为主，分析了系统可靠性设计基础原理与基本方法。第7章介绍了系统故障模式、影响及危害性分析，内容包括系统故障模式及影响分析和系统危害性分析。第8章系统地描述了故障树分析原理与方法，包括故障树的基本概念、建树方法、规范化与简化、定性分析与定量计算、及可靠性框图的等效转换等内容。第9章针对人机系统可靠性的基本概念、功能匹配、影响因素、度量指标、系统设计等内容进行了详述。针对重点和难点内容，每章均精心编写了若干算例和习题，可以引导学生掌握主要基础理论，并培养学生解决机械系统可靠性工程领域实际问题的能力。

本书由王学文担任主编，李博和谢嘉成担任副主编，夏蕊参编。其中，王学文拟定了本书大纲，编写了第1章、第6章、第7章和第8章，并对全书进行了统稿；李博编写了第2章和第3章；谢嘉成编写了第4章和第5章；夏蕊编写了第9章和附录。

由于编者水平所限，书中若有不足之处，敬请读者批评指正，以便修订时改进。

编　者

目录

第1章

绪　论

1.1　系统可靠性研究的历史与发展

系统可靠性和产品质量不可分离，系统可靠性是衡量系统性能（或产品质量）的重要指标之一。

可靠性的前身是伴随着兵器的发展而诞生和发展的，从公元前26世纪的冷兵器时期，人类已经对当时所制作的石兵器进行了简单检验。在殷商时代已有的文字记载中，就有关于生产状况和产品质量的监督和检验，说明当时的人们对质量和可靠性已有了简单朴素的认知。

可靠性最主要的理论基础概率论早在17世纪初就逐步确立；另一主要理论基础数理统计学在20世纪30年代初期也得到了迅速发展；1939年瑞典人威布尔为了描述材料的疲劳强度而提出了威布尔分布，后来成为可靠性最常用的分布之一。

20世纪40年代是热兵器的成熟期，即第二次世界大战期间。当时，德国使用V-2火箭袭击伦敦，有80枚火箭没有发射就爆炸，还有的火箭没有到达目的地就坠落。美国当时的航空无线电设备有60%不能正常工作，其电子设备在规定的使用期限内仅有30%的时间能有效工作，因此类可靠性问题使飞机损失惨重。

最早提出系统的可靠性理论的是德国的科学技术人员，德国的V-1火箭是第一个运用系统可靠性理论计算的飞行器。V-1火箭研制后期，提出用串联系统理论，得出火箭系统的可靠度等于所有元器件、零部件乘积的结论。根据系统可靠度乘积法则，计算出该火箭系统的可靠度为0.75。

20世纪50年代初期，为了发展军事的需要，美国投入了大量的人力、物力对可靠性进行研究，先后成立了“电子设备可靠性专门委员会”“电子设备可靠性顾问委员会”（AGREE）等研究可靠性问题的专门机构。其中，AGREE是由美国国防部成立的一个由军方、工业领域和学术领域三方共同组成的组织。AGREE在1955年开始制订和实施从设计、试验、生产到交付、储存、使用的全面可靠性计划，并在1957年发表了《军用电子设备可靠性》的研究报告，即著名的AGREE报告。该报告从9个方面全面阐述了可靠性设计、试验、管理的程序和方法，成为可靠性发展的奠基性文件。

20 世纪 50 年代，为了保证人造地球卫星发射与飞行的可靠性，苏联开始了系统可靠性的研究工作。1961 年，苏联发射第一艘有人驾驶的宇宙飞船时，宇航局对宇宙飞船安全飞行和安全返回地面的可靠性提出了 0.999 的概率要求。可靠性研究人员把宇宙飞船系统的可靠性转化为各元器件的可靠性进行研究，取得了成功，满足了宇航局对宇宙飞船系统提出的可靠性要求。也就在这一时期，苏联对可靠性问题展开了全面的研究。

几乎同一时期，日本企业家也认识到，要在国际市场的竞争中取胜，必须进行可靠性的研究。1958 年，日本科学技术联盟成立了“可靠性研究委员会”，专门对可靠性问题进行研究。

20 世纪 60 年代是可靠性工程全面发展的阶段，可靠性研究已经从电子、航空、宇航、核能等尖端工业部门扩展到电机与电力系统、机械设备、动力、土木建筑、冶金、化工等部门。在此期间，美国航空航天事业迅速发展，美国“国家航空航天管理局”（NASA）和美国国防部接受并发展了 20 世纪 50 年代由 AGREE 发展起来的可靠性设计及试验方案，美国的战斗机、坦克、导弹、宇宙飞船等装备，都是按照 1957 年 AGREE 报告提出的可靠性设计、试验、管理等方法或程序进行设计开发的。此时，已经形成了针对不同产品制订的较完善的可靠性大纲，并定量规定了可靠性要求，可进行可靠性分配和预测；在理论上，有了故障模式及影响分析（FMEA）和故障树分析（FTA）；在设计理念上，采用了余度设计，并进行可靠性试验、验收试验和老练试验；在管理上，已经可对产品进行可靠性评审，使装备可靠性提升明显。在此期间，其他工业发达国家，如日本、苏联等国家也相继对可靠性理论、试验和管理方法等进行了更加深入的研究；我国在雷达、通信机、电子计算机等方面也提出了可靠性问题。

20 世纪 70 年代，各种各样的电子设备或系统广泛应用于各科技领域、工业生产部门以及人们的日常生活中，电子设备的可靠性直接影响生产效率和安全，可靠性问题研究显得日益重要，系统可靠性理论与实践的发展也进入了成熟应用阶段。例如美国建立集中统一的可靠性管理机构，负责组织、协调可靠性政策、标准、手册和重大研究课题，成立全国数据网，加强政府与工业部门间的技术信息交流，并制订了完善的可靠性设计、试验及管理的方法和程序。在项目设计上，从一开始设计对象的型号论证开始，就强调可靠性设计，在设计制造过程中，通过加强对元器件的控制，强调环境应力筛选、可靠性增长试验和综合环境应力可靠性试验等来提高设计对象的可靠性。同时，人们开始了对非电子设备（如机械设备）可靠性的研究，以解决电子设备可靠性设计及试验技术对非电子设备使用时受到限制和结果不理想的问题。

20 世纪 70 年代是我国可靠性研究的重要时期。期间我国国家重点工程的需要（如元器件的可靠性问题）与消费者的强烈需求（如电视机的质量问题），对各行业开展可靠性的研究起了巨大的推动作用。从1973年起，为了解决国家重点工程元器件的可靠性问题，国防科工委和四机部多次召开有关提高可靠性的工作会议。1978年，我国提出《电子产品可靠性“七专”质量控制与反馈科学实验》计划，并组织实施，经过10年努力，使军用元器件可靠性有了很大的提高，保证了运载火箭、通信卫星的连续发射成功和海底通信电缆的长期正常运行。1978年，国家计划委员会、电子工业部与广播电视总局陆续召开了有关提高电视机质量的工作会议，对电视机等产品明确提出了可靠性、安全性的要求和可靠性指标，组织全国整机及元器件生产厂家开展了大规模的、以可靠性为重点的全面质量管理。在5年的时间里，使电视机平均故障间隔时间提高了一个数量级，配套元器件使用可靠性也提高了1~2个数量级。

20世纪80年代，可靠性研究继续朝广度和深度发展，在技术上深入开展软件可靠性、机械可靠性、光电器件可靠性和微电子器件可靠性的研究，全面推广计算机辅助设计技术在可靠性领域的应用，采用模块化、综合化和超高速集成电路等可靠性高的新技术来提高设计对象的可靠性。该时期的核心内容是实现可靠性保证，1985年，美国军方提出在2000年实现“可靠性加倍，维修时间减半”这一新的目标。

同一时期，我国掀起了电子行业可靠性工程和管理的第一个高潮。组织编写可靠性普及教材，在原电子工业部内普遍开展可靠性教育，形成了一批可靠性研究的骨干队伍。1984年组建了全国统一的电子产品可靠性信息交换网，并颁布了GJB 299—1987《电子设备可靠性预计手册》，有力地推动了我国电子产品可靠性工作。同时还组织制定了一系列有关可靠性的国家标准、国家军用标准和专业标准，使可靠性管理工作纳入标准化轨道。

20世纪90年代，可靠性向综合化、自动化、系统化和智能化方向发展。综合化是指统一的功能综合设计而不是分立单元的组合叠加，以提高系统的信息综合利用和资源共享能力；自动化是指设计对象具有一定的自动执行能力，可提高产品在使用过程中的可靠性；系统化是指研究对象要能构成有机体系，发挥单个对象不能发挥的整体效能；智能化将计算技术引入，采用例如人工智能等先进算法，提高产品系统的可靠性和维修性。

1991年，海湾战争的“沙漠风暴”行动和科索沃战争表明，未来的战争是高技术的较量。现代化技术装备，由于采用了大量的高技术，极大地提高了系统的复杂性，为了保证战备的完好性、任务的成功性以及减少维修人员和费用，系统可靠性工程及可靠性管理系统得到大力发展。

20世纪90年代初，我国机械电子工业部提出了“以科技为先导，以质量为主线”，沿着管起来—控制好—上水平的发展模式开展可靠性工作，兴起了我国第二次可靠性工作的高潮，取得了较大的成绩。进入20世纪90年代后，由于软件可靠性问题的重要性更加突出和软件可靠性工程实践范畴的不断拓展，软件可靠性逐渐成为软件开发者需要考虑的重要因素，软件可靠性工程在软件工程领域逐渐取得相对独立的地位，并成为一个生机勃勃的分支。

20 世纪 90 年代后一段时期，可靠性研究工作相对落入低谷，标志性成果较少，出成果较慢。

进入 21 世纪后，可靠性工作有些升温，升温动力主要来源于企业对产品质量的重视。许多工业部门将可靠性工作放在了重要的地位，军工集团也陆续成立了可靠性中心。如 2008 年，我国在 1991 年建立兵器可靠性中心的基础上，建立了国防科技工业机械可靠性研究中心，使得具有完全自主知识产权的可靠性技术成果不断得到推广应用。

2015 年 5 月 19 日，我国正式印发《中国制造 2025》，其中与可靠性有关的表述包括："加强可靠性设计、试验、验证技术的研究和应用；推广先进的在线故障预测与诊断技术及后勤系统；国产关键产品可靠性指标达到国际先进水平。"中国制造要从大国走向强国之路，企业必须狠抓质量和可靠性。

近几年，云计算与大数据技术蓬勃发展，可靠性可以借助云计算与大数据技术这些新的工具达到一个新的高度。系统可靠性领域的可靠性评估、仿真、计算、健康检测与预管理（PHM）技术、可靠性试验，都需要大规模数据来进行支撑才能产生好的效果，以往这些数据都不全并且收集困难，而随着互联网 + 的大数据时代的来临，可靠性与质量数据的收集正迎来一个充满生机的时代。云计算与大数据必将对系统可靠性工程领域的理论、技术、方法等带来前所未有的影响，也为未来各行业的系统可靠性工程带来全面提升。

综上所述，系统可靠性工程的诞生、发展是社会的需要，与科学技术的发展，尤其与电子技术的发展是分不开的。可靠性发展正在从单一领域研究发展到多学科交叉渗透；可靠性工程起源于军事领域，但它的推广应用，给企业与社会带来了巨大的经济效益。

目前，可靠性成为一门独立的学科已有数十年，并取得了很大的成就，但其在发展研究上也有亟待解决的问题。首先，目前对电子产品的可靠性研究已较为成熟，对机械系统的可靠性研究较晚，由于机械零件的失效模式和电子元件相比有很大差别，机械系统的构成也不同于电子系统，机械系统的受载方式更为复杂，其失效的影响因素也更为多样，至今还没有数学模型和分析方法可直接用于机械系统进行可靠性研究。目前，应用于机械系统的可靠性分析方法基本沿用以电子元件或设备为对象总结出来的可靠性方法，这就有可能导致对机械系统的可靠性分析与设计走入误区。其次，如何在小样本条件下确定系统的可靠性参数是一个迫切需要解决的问题。最后，常规的可靠性理论是在两态假设和概率假设基础上建立的，但在可靠性工程实际中，很难满足上述两个基本假设，用常规可靠性理论进行系统评价并不能完全反映实际情况。总之，系统可靠性从诞生、发展到应用已经逐步向各学科渗透，但在现代科技飞速发展的时期，系统可靠性在理论和研究模式上还有欠缺，需要结合其他理论如模糊理论、人工智能等，使可靠性理论、试验和管理能够更成熟、更完善。

在我国，系统可靠性工程虽然发展快，但应该看到，目前与发达国家相比，还有很大差距。为尽快改变我国可靠性工作的落后局面，应尽快从认识上转变观念，树立当代质量观，“以质量求生存，求发展”，把产品性能和可靠性同等看待，是推动可靠性发展的关键。与此同时，要有效地推动可靠性工程，应将可靠性理论研究成果和可靠性工程技术应用于可靠性工程实践中，把对产品的可靠性要求纳入产品指标体系，并要有相应的考核要求和办法。

1.2　系统可靠性研究的意义

1. 系统性能的优化、产品结构的复杂化要求具备很高的系统可靠性

随着现代科学技术的发展，系统（或产品）的结构日益复杂（图1-1），性能参数越来越高，可靠性指标要求同样越来越高。

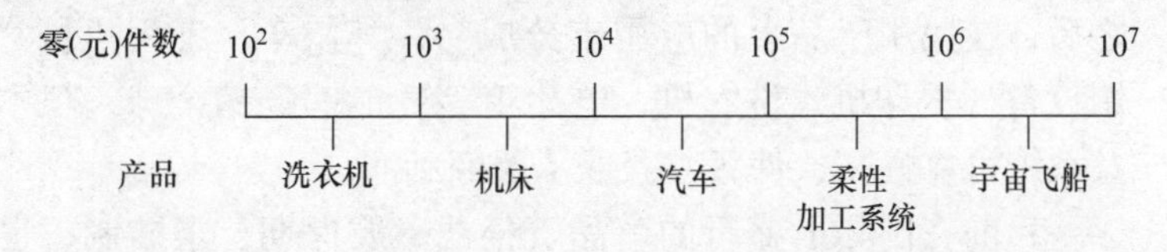

图1-1 产品结构复杂化

美国研制 F－105 战斗机时，投资2500 万美元，使其可靠度从0.7263提高到0.8986，每年节约维修费用5400 万美元。20 世纪 50 年代末，美国迪尔公司在研发新系列发动机和拖拉机时，由于采用了一系列的新结构、新技术，使可靠性大大降低。在可靠性工程领域，人们经常会提到：宁可牺牲先进性，也要保证可靠性。

2. 产品更新速度的加快，使用场所的广泛性、严酷性，要求具备很高的系统可靠性

产品在工作过程中，往往因一个零件的失效而造成灾难性后果。1986年1月28 日美国航天飞机“挑战者”号在发射后进入轨道前，因助推火箭燃料箱密封装置在低温下失效，使燃料溢出而引起爆炸，造成7 名宇航员牺牲，经济损失达12 亿美元，如图1-2 所示。

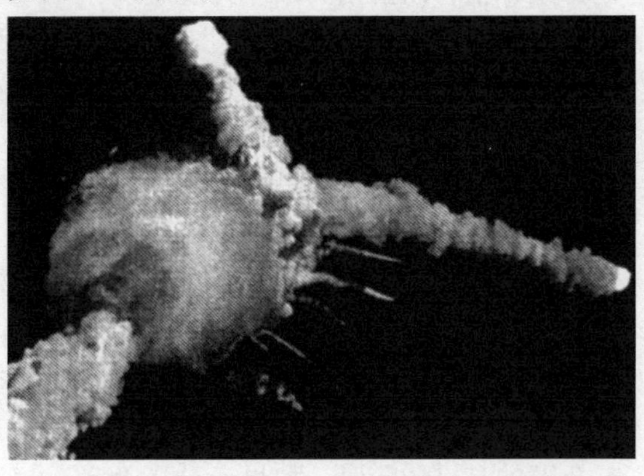

图1-2 “挑战者”号爆炸情景

3. 产品竞争的焦点是系统可靠性

若一台300MW的汽轮发电机组因叶片失效被迫停机一天，则少发电能7.2×10^6kW·h，直接损失为65万元，间接损失超过1000万元。因为国产设备的系统可靠性不高，每年不得不进口很多机电成套设备，耗费大量外汇。据统计，1985年和1986年进口的机电设备费用分别为170亿美元和190亿美元。

国际市场上机械产品的价格与系统可靠性水平的高低直接相关。许多产品在投标、签订合同和鉴定、验收时都采用了系统可靠性指标。在商品广告中利用系统可靠性特征量的内容越来越多。在发达国家，产品质量和系统可靠性几乎没有一天不成为新闻。

早在20世纪60年代初，美国有人预言，今后在激烈的国际市场竞争中，只有系统可靠性高的产品及其企业才能幸存下来。在20世纪80年代，日本有人断言，今后国际市场上产品竞争的焦点是系统可靠性。而苏联更是将系统可靠性纳入25年科技发展规划。日本从美国引进可靠性工程技术之后，在民用产品上的应用十分成功，其汽车、工程机械、发电设备、日用设备（复印机、洗衣机、电冰箱等）能够畅销全球，根本原因是其质量及系统可靠性高，使日本获取了巨额利润。

目前在国际上盛行的产品责任法、质保期、索赔制，也都与产品的系统可靠性有关。例如，1959年美国小汽车的质保期仅为4个月或6400km，而到20世纪70年代已提高到5年或80000km。

4. 产品的系统可靠性与企业的生命、国家的安全紧密相关

我国在总结“两弹一星”的成功经验时，将系统可靠性列为三大技术成就之一；第二次世界大战中美国空军由于技术故障造成的飞机事故多于被击落的损失；1979年3月28日美国三里岛核电站发生的放射性物质泄漏事故是由于硬件（冷凝器循环泵）故障和操作人员的不可靠所造成的；1986年4月苏联切尔诺贝里核电站爆炸事故，对国家的安全和声誉造成了严重损害。

因此，对于重要的大型成套系统，都应进行系统可靠性和安全性设计与风险评估，以控制其最低失效概率。

5. 大型复杂系统的可靠性是企业和国家科技水平的重要标志

1969年7月，美国阿波罗登月成功，美国宇航局将系统可靠性工程列为重大技术成就之一。2003年10月，我国“神舟五号”载人航天飞船成功的关键是解决了系统可靠性问题，飞船系统的可靠性指标达到0.97，而航天员安全性指标达到0.997。

在美国，几乎所有的军事订货合同中，都有系统可靠性与维修性条款。20世纪70年代后期，美国的国防技术政策有了引人注目的变化，从过去主要追求武器系统的高性能转为更加重视武器系统的可靠性与维修性。

为了提高产品的系统可靠性，必须在生产的各个环节上做出努力，但最重要的是设计阶段。如果设计不合理，想通过事后的修理来达到所期望

的可靠性几乎是不可能的。因此，从事机械研究和系统设计的科研人员，应熟悉和掌握保证系统可靠性的各种方法与手段。

1.3　可靠性的基本概念

1.3.1　可靠性的定义

最早的可靠性定义是由美国 AGREE 在 1957 年的报告中提出的。1966 年美国的 MIL－STD－721B 较正规地给出了可靠性的定义，即“产品在规定条件下和规定时间内完成规定功能的能力”。该定义为世界各国的标准所引证，我国的 GB 3187—1982《可靠性基本名词术语及定义》给出的可靠性定义也与此相同。

(1)“产品”　指作为单独研究和分别试验对象的任何元件、零件、部件、设备、机组、系统等，甚至还可以把人的因素也包括在内。在具体使用“产品”这一词时，必须明确其确切含义。

(2)“规定条件”　一般指使用条件、维护条件、环境条件、操作技术，如载荷、温度、压力、湿度、振动、噪声、磨损、腐蚀等。这些条件必须在使用说明书中加以规定，这是判断发生故障时有关责任方的关键。

(3)“规定时间”　可靠度随时间而降低，产品只能在一定的时间区间内才能达到目标可靠度，因此，对时间的规定一定要明确。需要指出的是，这里所说的时间，不仅仅指的是日历时间，根据产品的不同，还可能是与时间成比例的次数、距离等，如应力循环次数、汽车的行驶里程等。

(4)“规定功能”　首先要明确具体产品的功能是什么，怎样才算是完成规定的功能。产品丧失规定的功能称为失效，对可修复产品也称为故障。怎样才算是失效或故障，有时是很容易判定的，但更多的情况是很难判定的。例如，对于某个齿轮，轮齿的折断显然就是失效，但当齿面发生了某种程度的磨损，对某些精密或重要的机械来说该齿轮就是失效，而对某些机械并不影响正常运转，因此就不能算失效。对一些大型设备来说更是如此。因此，必须明确地规定产品的功能。

(5)“能力”　只有定性的分析是不够的，应该加以定量的描述。产品的失效或故障具有偶然性，一个确定的产品在某段时间的工作情况并不能很好地反映该种产品可靠性的高低。应该观察大量该产品的运转情况并进行合理的处理后才能正确反映该产品的可靠性。因此，这里所说的能力具有统计学的意义，需要用概率论和数理统计的方法来处理。

1.3.2　可靠性的分类

可靠性在具体使用过程中可分为很多类型，在维修性、工作可靠性、可靠性模型、可靠性设计等方面一些常用的可靠性分类如下：

1. 狭义可靠性与广义可靠性

狭义可靠性：上文的可靠性定义常称为狭义可靠性，它仅表示产品（或者一个评价系统）在某稳定时间内发生失效（或者故障）的难易程度。但是事实上，除了一部分元件外，大多数设备（子系统）和系统都是可以维修的。所以要表示其完成功能的能力还必须考虑其维修性，即系统失效后能否很快地恢复其功能而继续工作。这样，从维修产品的角度出发，可靠性的含义就应该更广泛一些。

广义可靠性：是指“产品在其整个寿命期限内完成规定功能的能力”。它包括可靠性（即狭义可靠性）与维修性。由此可见，广义可靠性对于可修复的产品和不可修复的产品有不同的意义。对于可修复的产品，除了要考虑提高其可靠性外，还应考虑提高其维修性；而对于不可修复的产品，由于不存在维修的问题，只需考虑提高其可靠性即可。

与广义可靠性相对应，不发生故障的可靠度（即狭义可靠度）与排除故障（或失效）的维修度合称为广义可靠度。

2. 固有可靠性与使用可靠性

产品运行时的可靠性，称为工作可靠性（Operational Reliability），它包含了产品的制造和使用两方面因素，用“固有可靠性”和“使用可靠性”来反映，见表1-1。

表1-1　固有可靠性与使用可靠性

	类　别	百分比	备　注
不可靠性	零部件材料缺陷	30%	固有可靠性
	设计技术缺陷	40%	
	制造技术缺陷	10%	
	使用（运输、环境、操作、安装、维修、技术）不当	20%	使用可靠性

固有可靠性（Inherent Reliability）：即在生产过程中已经确立了的可靠性。它是产品内在的可靠性，是生产企业在模拟实际工作条件的标准环境下，对产品进行检测并给以保证的可靠性。它与产品的材料、设计与制造工艺及检验精度等有关。

使用可靠性（Use Reliability）：与产品的使用条件密切相关，受到使用环境、操作水平、保养与维修等因素的影响。使用者的素质对使用可靠性影响很大。因为即使是一个可靠性很高的产品，如果由于包装、运输安装、使用维修等环节中受到各种不良因素的影响也会降低其可靠性。譬如运输过程中受到的冲击，使用中环境的变化、操作的失误，都会使产品失效或寿命下降，因此，可靠性不仅与生产而且与产品所涉及的各个环节都有关。

3. 基本可靠性与任务可靠性

基本可靠性和任务可靠性属于可靠性模型范畴。

基本可靠性定义为“产品在规定条件下无故障的持续工作时间和概率”。基本可靠性模型用以估计产品及组成元件引起的维修及保障要求。系统中任一单元（包括储备单元）发生故障后，都需要维修或更换，故而可以把它看作度量使用费用的一种模型。基本可靠性模型是一个全串联模型，即使存在冗余单元，也都按串联处理。所以，储备元件越多，系统的基本可靠性越低。

任务可靠性定义为“产品在规定的任务范围内，完成规定功能的能力”。任务可靠性模型是用以估计产品在执行任务过程中完成规定功能的概率，描述完成任务过程中产品各单元的预定作用，用以度量工作有效性的一种模型。系统中的储备单元越多，则其任务可靠性越高。

在建立基本可靠性模型和任务可靠性模型时，需要在人力、物力、费用和任务之间权衡。例如在某设计方案中，为了提高其任务可靠性而大量采用储备元件，则其基本可靠性必然降低，即需要许多人力、设备、备件等来维修这些储备单元。在另一设计方案中，为减少维修及保障要求而采用全串联模型（无储备单元），则其任务可靠性必然较低。设计者的责任就是要在不同的设计方案中利用基本可靠性及任务可靠性模型进行权衡，在一定的条件下得到最合理的设计方案。

4. 定性可靠性与定量可靠性

机械可靠性设计可分为定性可靠性设计与定量可靠性设计。

定性可靠性设计是在进行故障模式影响及危害性分析的基础上，有针对性地应用成功的设计经验使所设计的产品达到可靠的目的。

定量可靠性设计是在充分掌握所设计零件的强度分布和应力分布以及各种设计参数的随机性基础上，通过建立隐式极限状态函数或显式极限状态函数的关系，设计出满足规定可靠性要求的产品。定量可靠性设计虽然可以按照可靠性指标设计出满足要求的零件，但由于材料的强度分布和载荷分布的具体数据目前还很缺乏，加之其中要考虑的因素很多，从而限制其推广应用，一般在关键或重要的零部件的设计时采用。

1.4　机械系统可靠性研究的特点与内容

1.4.1　机械系统可靠性研究的基本特点

1. 以应力和强度为随机变量作为出发点进行可靠性设计

因机械零部件所受的应力和材料的强度均非定值，而为随机变量，具有离散性质，数学上必须用分布函数来描述，且载荷、强度、结构尺寸、工况等都具有变动性和统计本质。

2. 应用概率和统计方法进行可靠性设计

基于应力和强度都是随机变量这一客观事实和基本认识，机械系统可靠性设计需应用概率和统计方法进行分析和求解。

3. 能定量地回答系统或产品的失效率和可靠度

首先承认所设计的产品存在一定的失效概率，但不能超过技术文件所

规定的允许值，并能定量地给出所设计系统或产品的失效率和可靠度。

4. 有若干可靠性指标供选择和使用

与传统的设计方法中将安全系数作为唯一的评价项目和度量完全不同，机械系统可靠性设计要求根据不同的产品、场合采取不同的可靠性指标。机械系统可靠性设计要求根据不同产品的具体情况选择不同的、最适宜的可靠性指标，如失效率、可靠度、平均无故障工作时间（MTBF）、首次故障里程（用于车辆）、维修度、有效度等。在设计开始阶段就应当选定可靠性指标以及评价方法等。

5. 强调设计对系统可靠性的主导作用

机械系统的可靠性从根本上来说，是由设计决定的，设计决定了产品的固有可靠性，由制造保证固有可靠度。如果设计不当，则不论制造工艺有多好和管理水平有多高，系统（或产品）都是不可靠的。在设计中赋予机械零件以足够的固有可靠性，该零件就会本质上可靠。

6. 考虑环境对可靠性的影响

机械系统可靠性设计必须考虑环境影响。高温、低温、冲击、振动、潮湿、盐雾、腐蚀、沙尘、磨损等环境激励对机械系统可靠度有很大影响。

7. 设计过程考虑维修性

在机械产品的耗损失效期及有效度是主要可靠性指标时，机械系统可靠性设计都必须考虑维修性。以有效度为可靠性指标的产品，例如工程机械，不论产品设计的固有可靠性有多好，都必须考虑维修性（因为它与使用和环境等共同影响产品的使用可靠性），否则不可能使产品维持高的有效度。因此，为使系统达到规定的有效度，从设计一开始，就必须将固有可靠性和使用可靠性联系起来作为整体考虑，分析究竟是提高维修度还是提高可靠度更为合理。

8. 基于系统角度进行可靠性设计与分析

从系统的、整体的、人机工程的观点出发考虑机械系统可靠性设计问题，并重视产品在寿命期间的总费用而不只是购置费用。

9. 承认在设计期间及其以后都需要可靠性增长

机械系统可靠性设计承认在设计阶段及其以后的阶段都需要可靠性增长。在产品的最初设计、研制、试验期间，产品的可靠性会经常得到改善，这种改善是由于一些因素的变化。例如，在发生故障后，分析其原因就提供了改善可靠性的信息，并且在设计、研制过程中，随着经验的积累也会改进设计和制造工艺，提高产品的可靠性。因此，如果在产品设计、研制、试验、制造的初始阶段，定期对产品的可靠性进行评估，将会发现可靠性特征量会逐步提高，可靠性得到了改善，这种现象称为“可靠性增长”。

1.4.2 机械系统可靠性研究的主要内容

机械系统可靠性研究的内涵丰富，本书主要涉及以下内容：

1. 系统可靠性指标

选取何种可靠性指标取决于系统的类型、设计要求以及习惯和方便性等，而系统可靠性指标的等级或量值，则应依据设计要求或已有的试验、使用和修理的统计数据、设计经验、产品的重要程度、技术发展趋势及市场需求等来确定。例如，对于汽车，可选用可靠度、首次故障里程、平均故障间隔里程等作为可靠性指标，对于工程机械则常采用有效度。

2. 系统可靠性模型

搜集、分析与掌握某机械系统在使用过程中零件材料的老化、损伤和失效等的有关数据及材料的初始性能对其平均值的偏离数据；揭示影响老化、损伤这一复杂的物理化学过程的本质因素；追寻故障的真正原因；研究以时间函数形式表达的材料老化、损伤的规律，从而估计产品在使用条件下的状态和寿命。用统计分析的方法使故障（失效）机理模型化，建立计算用的可靠度模型或故障模型，为机械系统可靠性设计奠定物理数学基础。

3. 系统可靠性预测

可靠性预测是指在设计开始时，运用以往的可靠性数据资料计算系统可靠性的特征量并进行详细设计，即通过合适手段所获得的数据得出比较确切的可靠性指标，并加以验证。在不同的阶段，系统的可靠性预测要反复进行几次。

4. 系统可靠性分配

将系统可靠性指标分配到各子系统，并与各子系统能达到的指标相比较，判断是否需要改进设计。再把改进设计后的可靠性指标分配到各子系统。根据同样的方法，将确定的产品可靠性指标的量值合理地分配给零部件，以确定每个零部件的可靠性指标值，后者与该零部件的功能、重要性、复杂程度、体积、重量、设计要求与经验、已有的可靠性数据及费用等有关，这些构成对可靠性指标值的约束条件。可采用优化设计方法将系统可靠性指标值分配给各个零部件，以求得到最大经济效益下的各零部件可靠性指标值的最合理匹配。

5. 系统可靠性设计

“产品的可靠性是设计出来的，生产出来的，管理出来的”。要从本质上提高产品的固有可靠性，必须通过各种具体的可靠性设计。系统可靠性设计是为了在设计过程中挖掘、分析及确定隐患和薄弱环节，并采取设计、预防和改进措施有效地消除隐患和薄弱环节，提高系统和设备的可靠性。

6. 系统故障模式影响及危害性分析

故障模式影响及危害性分析，是通过分析系统中各个零部件的所有可能的故障模式及故障原因以及对系统的影响，并判断这种影响的危害度有多大，从而找出系统中潜在的薄弱环节和关键的零部件，采取必要的措施，以避免不必要的损失和伤亡。

7. 系统故障树分析

故障树以系统所不希望发生的事件（故障事件）作为分析的目标，先找出导致这一事件（顶事件）发生的所有直接因素和可能的原因，然后将这些直接因素和可能原因作为第二级事件，再往下找出造成第二级事件发生的全部直接因素和可能原因，并依此逐级地找下去，直至追查到那些最原始的直接因素。

8. 人机系统可靠性

人机系统是指人与其所控制的机器相互配合、相互制约，并以人为主导完成规定功能的工作系统。在人机系统可靠性设计中，首先按照科学的观点分析人和机器各自所具有的不同特点，以便研究人与机器的功能分配，从而扬长避短，各尽所长，充分发挥人与机器的各自优点；然后从设计开始就尽量防止产生人的不安全行为和机器的不安全状态，做到安全生产。

1.5　可靠性数学基础概率论基本原理

为了观察工程中大量随机事件的规律，确定系统（或产品）的可靠性特征量，必须根据概率论的方法建立有关数学模型和进行计算。

1.5.1　概率论基本概念

1. 随机现象

在一定条件下可能出现也可能不出现的现象称为随机现象。

2. 随机试验

在概率论中，随机试验（或观察）满足以下三个条件：①试验可以在相同的条件下重复进行；②每次试验至少有两个可能结果，且在试验结束之前可以明确知道所有的可能结果；③进行一次试验之前不能确定哪一个结果会出现。随机试验常用字母 E 表示。

3. 样本空间

随机试验 E 的所有可能结果组成的集合称为样本空间，记为 S。

4. 样本点

样本空间的元素，即试验 E 的每一个结果，称为样本点。

5. 随机事件

随机试验 E 的样本空间 S 的子集称为 E 的随机事件，简称事件。常用 A、B、C 等大写字母来表示。

基本事件：由一个样本点组成的单点集。

复合事件：由若干基本事件组合而成的事件。

必然事件：在一定条件组下必然发生的事件。

不可能事件：在一定条件组下必然不发生的事件。

对立事件：必然事件的对立面是不可能事件，不可能事件的对立面是必然事件，它们互称为对立事件。

6. 事件的关系和运算

包含关系：如果事件 A 发生必然导致事件 B 发生，则称 B 包含 A，或称 A 含于事件 B，记为 $B\supset A$ 或 $A\subset B$。

相等关系：如果 $A\subset B$，同时 $A\supset B$，则称事件 A 和事件 B 相等，记为$A=B$。

事件的互逆：如果事件 A 和 B 中必有一个发生但又不可能同时发生，则称 A 与 B 是互逆或对立的，称 B 为 A 的逆事件（或对立事件），记作 $B=\bar{A}$。

事件 A 与 B 的并（和事件）：若事件 C 表示"事件 A 与 B 至少有一个发生"这一事件，则称事件 C 为事件 A 与 B 的和事件，记为 $C=A\cup B$，或 $C=A+B$。

事件 A 与 B 的交（积事件）：若事件 D 表示"事件 A 与 B 同时发生"这一事件，则称事件 DB 为 A 与 B 的积事件，记为 $D=A\cap B$，或 $D=AB$。

事件 A 与 B 互不相容（互斥）：如果事件 A 和事件 B 不可能同时发生，则称 A 与 B 互斥或互不相容，即 $A\cap B=AB=\varnothing$。如果一组事件中任意两个事件都互斥，则称该组事件两两互斥，或简称该组事件互斥。

事件 A 与 B 的差（差事件）：若事件 E 表示"事件 A 发生而事件 B 不发生"这一事件，则称 E 为 A 与 B 之差，记为 $E=A-B$。

7. 事件运算的性质

交换律：$A\cup B=B\cup A$，$AB=BA$

结合律：$(A\cup B)\cup C=A\cup(B\cup C)$，$(AB)C=A(BC)$

分配律：$(A\cup B)\cap C=(A\cap C)\cup(B\cap C)$，$AC\cup BC$

$(A\cap B)\cup C=(A\cup C)\cap(B\cup C)$

德·摩根定律（又称反演律）：$C\cup(A\cap B)=C\cup A\cup C\cup B$，$C\cup(A\cup B)=C\cup A\cap C\cup B$

8. 频率

在相同的条件下，进行了 n 次试验，在这 n 次试验中，事件 A 发生的次数n_A称为事件 A 发生的频数，比值 n_A/A 称为事件 A 发生的频率，并记为$f_n(A)$。

9. 概率

当试验条件相同、试验次数无限增加时，如果事件 A 发生的频率趋近于一个稳定的数值，这个值称为事件 A 的概率，记为 $P(A)$，且有 $0\leqslant P(A)\leqslant 1$。

概率的基本性质：

1）任何事件的概率 $P(A)$，有 $0\leqslant P(A)\leqslant 1$。

2）必然事件的概率 $P(\Omega)=1$。

3）不可能事件的概率为零，即 $P(\Phi)=0$。

4）有限可加性：若事件组 $A_1,A_2,\cdots,A_n$互斥，则

$$P(A_1+A_2+\cdots+A_n)=P(A_1)+P(A_2)+\cdots+P(A_n)$$

5）设$\overline{A}$是事件A的对立事件，则有$P(\overline{A})=1-P(A)$。

6）加法公式：$P(A\cup B)=P(A)+P(B)-P(AB)$，所以

$$P(A\cup B)\leqslant P(A)+P(B)$$

7）减法公式：$P(B-A)=P(B)-P(AB)$

特别地，当$A\subset B$时，$P(B-A)=P(B)-P(A), P(A)\leqslant P(B)$；一般地，$P(B-A)\neq P(B)-P(A)$。

10. 独立性

设A、B是两个事件，如果满足等式$P(AB)=P(A)P(B)$，则称事件A、B相互独立，简称A、B独立。设A、B、C是三个事件，如果满足等式$P(AB)=P(A)P(B)$；$P(BC)=P(B)P(C)$；$P(AC)=P(A)P(C)$，则称事件A、B、C两两相互独立。

11. 随机变量

设E是一个随机试验，Ω是由E产生的样本空间，对于任意的$\omega\in\Omega$，设$X=X(\omega)$是定义在Ω上的单值实值函数，则称$X=X(\omega)$为一个定义在Ω上的随机变量，简记为X。随机变量是表示一类随机事件的实变量，可分为离散型和连续型两大类。

（1）离散型随机变量　如果随机变量X的所有可能的不同取值是有限或可列无限多个，则称X为离散型随机变量。设X为离散型随机变量，X取某一实数x_i的概率为p_i，则$p_i=P(X=x_i)$，称$p_i(i=1,2,\cdots,n)$为X的分布律，也称为概率分布或概率函数。显然，p_i满足

$$\begin{cases}0\leqslant p_i\leqslant 1(i=1,2,\cdots)\\ \sum\limits_{i=1}^{n}p_i=1\end{cases}\tag{1-1}$$

（2）连续性随机变量　设随机变量X的分布函数为$F(x)$，若存在非负可积函数$f(x)$，使得对于任意实数x，都有

$$F(x)=\int_{-\infty}^{x}f(x)\mathrm{d}x\tag{1-2}$$

则称X为连续型随机变量，称$f(x)$为X的概率密度函数，简称概率密度或密度。显然，与离散型随机变量的概率函数相似，$f(x)$满足

$$\begin{cases}f(x)\geqslant 0\\ \int_{-\infty}^{\infty}f(x)\mathrm{d}x=1\end{cases}\tag{1-3}$$

12. 随机变量的数字特征

（1）随机变量的期望（均值）　随机变量的期望也称数学期望，是反映随机变量平均意义的数字特征，是描述总体分布取值平均位置的参数，记为$E(X)$，或用符号μ表示。

$$\begin{cases} E(X) = \sum_{i=1}^{n} p_i x_i & \text{（对离散型随机变量 } X\text{）} \\ E(X) = \int_{-\infty}^{\infty} x f(x) \mathrm{d}x & \text{（对连续型随机变量 } X\text{）} \end{cases} \tag{1-4}$$

（2）方差　方差是表示随机变量 X 取值分散程度的数字特征。方差定义为中心化随机变量二次方的期望，记为 $D(X)=E[(X-E(X))^2]$。$\sqrt{D(X)}$ 为 X 的标准差，用符号 σ 表示。

（3）变异系数　变异系数表示随机变量的相对分散程度，常用符号 C 表示，是一个无量纲量。

$$C=\sigma/\mu \tag{1-5}$$

标准差 σ 或变异系数 C 越小，在均值附近取值的分散程度越小。

13. 概率分布

一般地，随机变量 X 取值的概率称为该随机变量 X 的概率分布。

1.5.2 概率基本公式

1. 条件概率公式

条件概率是指在一定附加条件之下的事件概率。从广义上看，任何概率都是条件概率，因为任何事件都是产生于一定条件下的试验或观察。但这里所说的“附加条件”是指除试验条件之外的附加信息，这种附加信息通常表现为“已知某某事件发生了”。

设 A、B 是两个事件，且 $P(A)>0$，那么在“A 已发生”的条件下，B 发生的条件概率 $P(B|A)$ 定义为

$$P(B|A)=\frac{P(AB)}{P(A)} \tag{1-6}$$

例 1-1　盒中有 100 个零件，其中有 5 个次品，每次从中抽取一个，取后不放回，问第二次才取得正品的概率是多少?

解：第一次必须是次品，第二次是正品，此时研究的样本空间为整个样本空间。

设 $\overline{A}$ = {第一次取得次品}，B = {第二次取得正品}，则

$$P(\overline{A})=\frac{5}{100},\quad P(B|\overline{A})=\frac{95}{99}$$

$$P(\overline{A}B)=P(\overline{A})P(B|\overline{A})=\frac{5}{100}\times\frac{95}{99}=0.0479$$

这表明了测试设备既要具有正确地判定良好产品的高概率，又要具有判定次品的高概率的重要性。

2. 全概率公式

全概率公式是概率论中的基本公式。它使一个复杂事件的概率计算问题，可化为在不同情况或不同原因或不同途径下发生的简单事件的概率求

和问题。

设事件$B_1, B_2, \cdots, B_n$两两互不相容，且其和事件为必然事件 A（即B_1，$B_2, \cdots, B_n$是基本空间的一个划分），则对于任一事件 A，有全概率公式

$$P(A) = \sum_{i=1}^{n} P(A \mid B_i) P(B_i) \tag{1-7}$$

习　题

1-1　为什么要重视系统可靠性研究?

1-2　什么是可靠性?

1-3　什么是广义可靠性?

1-4　固有可靠性与哪些因素有关?

1-5　100 个零件中，80 个是由 A 机床加工的，其合格率为 95%；20 个是由 B 机床加工的，其合格品为 90%。从这 100 个零件中任取 1 件，问该零件正好是由 A 机床加工出来的合格品的概率是多少?

第 2 章

可靠性特征量与常用概率分布

2.1 可靠性特征量

在系统可靠性研究中，与产品（或系统）的其他技术指标一样，制订一些评定产品可靠性的数值指标是非常必要的。这些可靠性数值指标称为可靠性特征量，又可称为可靠性指标。可靠性特征量是用来表示产品总体可靠性高低的各种可靠性数量指标的总称。

有了统一的可靠性尺度或评价产品可靠性的数值指标，在设计产品时，可用数学方法来计算和预测其可靠性；在产品生产出来后，用试验方法来考核和评定其可靠性。

常用的可靠性特征量有可靠度、不可靠度、失效率、平均寿命、中位寿命、可靠寿命等，如图 2-1 所示。

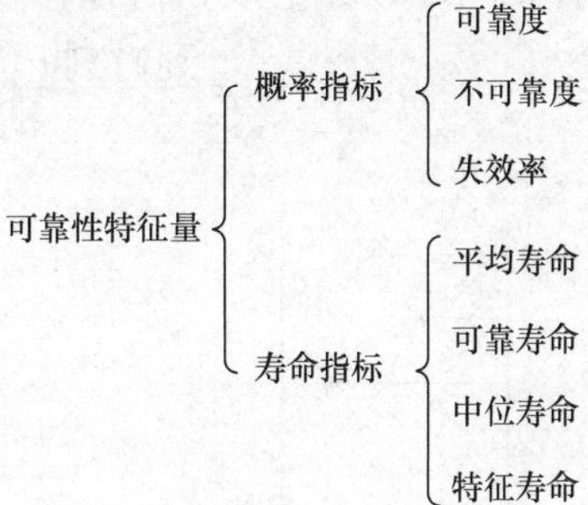

图 2-1 常用的可靠性特征量

2.1.1 可靠度

可靠度（Reliability）定义为：产品在规定的条件下和规定的时间内，完成规定功能的概率，通常以 R 表示。可靠度是时间的函数，又可表示为 $R=R(t)$，称为可靠度函数。

规定的时间越短，产品完成规定功能的可能性越大；规定的时间越长，产品完成规定功能的可能性越小。就概率分布而言，它又叫作可靠度分布函数，且是累积分布函数，表示在规定的使用条件下和规定的时间内，无故障地完成规定功能的工作产品占全部工作产品（累积起来）的百分率。

可靠度可以分为条件可靠度和非条件可靠度。可靠度通常是指非条件可靠度，它的规定时间 t 从投入使用时开始计算。若产品在规定的条件下和规定的时间内完成规定功能的这一事件（E）的概率以 $P(E)$ 表示，则可靠度作为描述产品正常工作时间（寿命）T 这一随机变量的概率分布可写为

$$R(t)=P(E)=P(T\geqslant t),\quad 0\leqslant t\leqslant\infty \tag{2-1}$$

条件 $T \geqslant t$ 就是产品的寿命超过规定时间 t，即在时间 t 之内产品能完成规定功能。

由可靠度的定义可知，$R(t)$ 描述了产品在 $(0,t)$ 时间段内完好的概率，且

$$0 \leqslant R(t) \leqslant 1, \quad R(0) = R(+\infty) = 0$$

上述公式表示，开始使用时，所有产品都是良好的，只要时间充分长，全部的产品都会失效。

如前所述，这个概率是真值，实际上是未知的，在工程上常用它的估计值。为区别于可靠度，可靠度估计值用 $\hat{R}(t)$ 来表示。

可靠度估计值的定义如下：

1）对于不可修复产品，是指到规定的时间区间终了为止，能完成规定功能的产品与该时间区间开始时可投入工作的产品总数之比。

2）对于可修复产品，是指一个或多个产品的故障间隔工作时间达到或超过规定时间的次数与观察时间内无故障（正常）工作的总次数之比。

对于不可修复系统，假如在 $t=0$ 时有 N 件产品开始工作，而到 t 时刻有 $n(t)$ 个产品失效，仍有 $N-n(t)$ 个产品继续工作，则 $\hat{R}(t)$ 为

$$\hat{R}(t) = \frac{\text{到时刻 } t \text{ 仍在正常工作的产品数}}{\text{试验的产品总数}} = \frac{N-n(t)}{N} \tag{2-2}$$

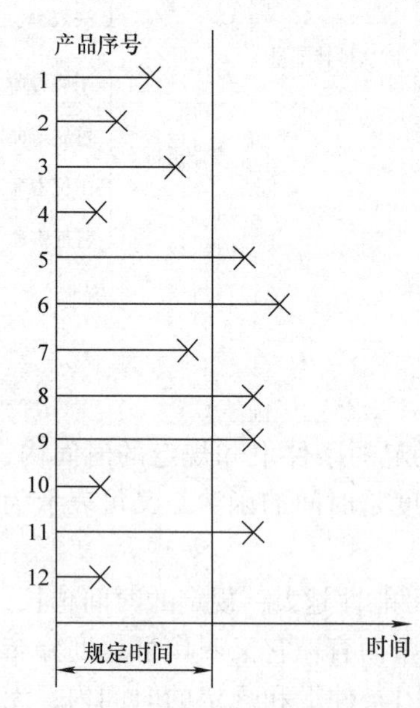

图 2-2 某不可维修产品试验结果

例 2-1 在规定条件下对 12 个某不可修复产品进行无替换试验，试验结果如图 2-2 所示。图中“×”为产品出现故障的时间，t 为规定时间。求产品可靠度估计值 $\hat{R}(t)$。

解：不可修复产品试验由图 2-2 统计可得 $n(t)=7$，因已知 $N=12$，由式（2-2）可得

$$\hat{R}(t) = \frac{N-n(t)}{N} = \frac{12-7}{12} = 0.4167$$

2.1.2 不可靠度

不可靠度是与可靠度相对应的概念，不可靠度表示：产品在规定条件下和规定时间内不能完成规定功能的概率，因此又称为失效概率，记为 F。失效概率 F 也是时间 t 的函数，故又称为失效概率函数或不可靠度函数，并记为 $F(t)$。它也是累积分布函数，故又称为累积失效概率。显然，它与可靠度呈互补关系，即

$$R(t) + F(t) = 1 \tag{2-3}$$

$$F(t) = 1 - R(t) = P(T < t) \tag{2-4}$$

因此，$F(0)=0$，$F(+\infty)=1$。

与可靠度一样，不可靠度也有估计值，也称累积失效概率估计值，记为$\hat{F}(t)$，即

$$\hat{F}(t)=1-R(t)=P(T\leqslant t) \tag{2-5}$$

可靠度函数$R(t)$在$[0,+\infty)$时间区间内为递减函数，而$F(t)$为递增函数，如图2-3a所示，$F(t)$与$R(t)$的形状正好相反。

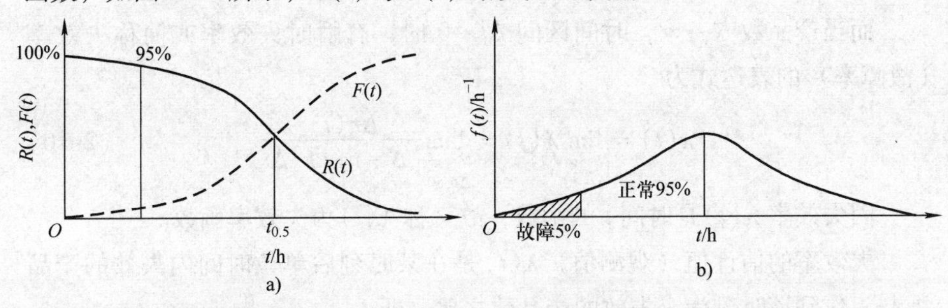

图2-3 可靠度、不可靠度与失效密度函数

对不可靠度函数$F(t)$求导，则得失效密度函数$f(t)$，即

$$f(t)=\frac{\mathrm{d}F(t)}{\mathrm{d}t}=-\frac{\mathrm{d}R(t)}{\mathrm{d}t} \tag{2-6}$$

失效密度函数又称为故障密度函数。在可靠度函数与不可靠度函数如图2-3a所示的情况下，失效密度函数$f(t)$如图2-3b所示。

由式（2-6）可得

$$F(t)=\int_0^t f(t)\,\mathrm{d}t \tag{2-7}$$

将式（2-7）代入式（2-3），得

$$R(t)=1-F(t)=1-\int_0^t f(t)\,\mathrm{d}t=\int_t^{\infty} f(t)\,\mathrm{d}t \tag{2-8}$$

图2-3给出了上述表达式的几何描述。由图2-3可见，不可靠度函数$F(t)$为累积失效密度函数。

例2-2 有120只电子管，工作500h时有8只失效，工作到1000h时总共有51只电子管失效，求该产品分别在500h与1000h时的累积失效概率估计值。

解：已知$N=120$，$n(500)=8$，$n(1000)=51$，则

$$\hat{F}(500)=8/120=6.67\%$$

$$\hat{F}(1000)=51/120=42.5\%$$

2.1.3 失效率

失效率（Failure Rate）又称为故障率，其定义为工作到某时刻t时尚未失效（故障）的产品，在t时刻以后的下一个单位时间内发生失效（故障）的概率。失效率的观测值即为在某时刻t以后的下一个单位时间内失效的产品数与工作到该时刻尚未失效的产品数之比。

设有 N 个产品，从 $t=0$ 开始工作，到时刻 t 时产品的失效数为 $n(t)$，而到时刻（$t+\Delta t$）时产品的失效数为 $n(t+\Delta t)$，即在 $[t,t+\Delta t]$ 时间区间内有 $\Delta n(t)=n(t+\Delta t)-n(t)$ 个产品失效，则定义该产品在 $[t,t+\Delta t]$ 时间区间内的平均失效率为

$$\bar{\lambda}(t)=\frac{n(t+\Delta t)-n(t)}{[N-n(t)]\Delta t}=\frac{\Delta n(t)}{[N-n(t)]\Delta t} \tag{2-9}$$

而当产品数 $N\to\infty$，时间区间 $\Delta t\to 0$ 时，有瞬时失效率或简称失效率（故障率）的表达式为

$$\lambda(t)=\lim_{\substack{N\to\infty\\ \Delta t\to 0}}\bar{\lambda}(t)=\lim_{\substack{N\to\infty\\ \Delta t\to 0}}\frac{\Delta n(t)}{[N-n(t)]\Delta t} \tag{2-10}$$

因失效率 $\lambda(t)$ 是时间 t 的函数，故又称 $\lambda(t)$ 为失效率函数。

失效率的估计值（观测值）$\hat{\lambda}(t)$ 是在某时刻后单位时间内失效的产品数与工作到该时刻尚未失效的产品数之比，即

$$\hat{\lambda}(t)=\frac{\text{在时间}[t,t+\Delta t]\text{内单位时间失效的产品数}}{\text{在时刻}\,t\,\text{仍正常工作的产品数}}=\frac{\Delta n(t)}{[N-n(t)]\Delta t} \tag{2-11}$$

失效率是产品可靠性常用的数量特征之一，失效率越高，则可靠性越低。失效率的单位多用时间的倒数表示，如用 10^{-5}/h 表示。

联系到可靠度函数 $R(t)$ 来考虑失效率的定义为：失效率 $\lambda(t)$ 是系统、机器设备等产品在直到某一时刻 t 为止尚未发生故障的可靠度 $R(t)$ 条件下，在下一单位时间内可能发生故障的条件概率。换句话说，$\lambda(t)$ 表示在某段时间 t 内圆满工作的百分率 $R(t)$ 条件下，在下一个瞬间将以何种概率发生失效或故障。因此，失效率的表达式为

$$\lambda(t)=\frac{\mathrm{d}F(t)/\mathrm{d}t}{R(t)}=\frac{-R(t)/\mathrm{d}t}{R(t)}=\frac{f(t)}{R(t)} \tag{2-12}$$

或

$$\lambda(t)=\frac{-\mathrm{d}\ln R(t)}{\mathrm{d}t} \tag{2-13}$$

所以

$$R(t)=\exp\left[-\int_0^t\lambda(t)\,\mathrm{d}t\right] \tag{2-14}$$

$$F(t)=1-\exp\left[-\int_0^t\lambda(t)\,\mathrm{d}t\right] \tag{2-15}$$

由式（2-12）可知，$\lambda(t)$ 是瞬时失效率（或瞬时故障率）。

当 $\lambda(t)=\lambda=\text{const}$ 时，式（2-14）变为

$$R(t)=\mathrm{e}^{-\lambda t} \tag{2-16}$$

常用零部件失效率 λ 的概略值见表 2-1。

表 2-1　常用零部件失效率 λ 的概略值

零部件名称	λ［失效数/(10^{-6}/h)］		
	上限	平均	下限
机床铸件（基础铸件）	0.7	0.175	0.015
一般轴承	1.0	0.5	0.02
球轴承（高速、重载）	3.53	1.80	0.075
球轴承（低速、轻载）	1.72	0.875	0.035
轴套或轴承	1.0	0.50	0.02
滚子轴承	0.02	0.002	0.004
凸轮	1.10	0.40	0.001
离合器	0.93	0.60	0.06
电磁离合器	1.348	0.687	0.45
弹性联轴器	0.049	0.025	0.027
液压缸	0.12	0.008	0.001
气压缸	0.013	0.005	0.004
带传动	1.50	3.875	0.002
O形密封圈	0.142	0.08	0.02
橡胶密封圈	0.03	0.02	0.011
压力表	7.80	4.0	0.135
齿轮	0.20	0.12	0.0118
齿轮箱（运输用）	0.36	0.20	0.11
箱体	2.05	1.10	0.051
电动机	0.58	0.30	0.11
液压马达	7.15	4.30	1.45
转动密封	1.12	0.70	0.25
滑动密封	0.92	0.30	0.11
轴	0.62	0.35	0.15
弹簧	0.221	0.1125	0.004

例 2-3　现有 100 个产品投入使用，在 $t=100\text{h}$ 前有 2 个产品发生故障，在 100～105h 之间有 1 个产品发生故障；若在 $t=1000\text{h}$ 前有 51 个产品发生故障，而在 1000～1005h 内有 1 个产品发生故障，试计算这批产品工作满 100h 和 1000h 时的失效率估计值 $\hat{\lambda}(100)$ 和 $\hat{\lambda}(1000)$。

解：

$$\hat{\lambda}(100)=\frac{\Delta n(t)}{[N-n(t)]\Delta t}=\frac{1}{(100-2)\times5}=\frac{1}{490}$$

$$\hat{\lambda}(1000)=\frac{\Delta n(t)}{[N-n(t)]\Delta t}=\frac{1}{(100-51)\times5}=\frac{1}{245}$$

由该例可看出，失效率估计值能灵敏地反映失效变化的趋势。

2.1.4 失效率曲线

失效率函数有三种类型，即随时间的增长而增长、随时间的增长而下降和与时间无关而保持一定值。

对应三种故障率函数的形态，失效率曲线一般可分为递减型失效率曲线 DFR（Decreasing Failure Rate）、恒定型失效率曲线 CFR（Constant Failure Rate）和递增型失效率曲线（Increasing Failure Rate）。

对于单纯的材料和部件故障形式都很简单，大致可用这三种基本形式描绘，但对于实际的产品，大多是由具有多种故障形式的零部件组成的，因此不是用一种故障形式能表示的而是由多种形式混合而成的。最典型的是由递减、恒定和递增三种基本形式组合而成的浴盆曲线（Bathtub Curve），如图 2-4 所示，基本上可概括系统（或产品）服役使用一生的三个不同阶段或时期。

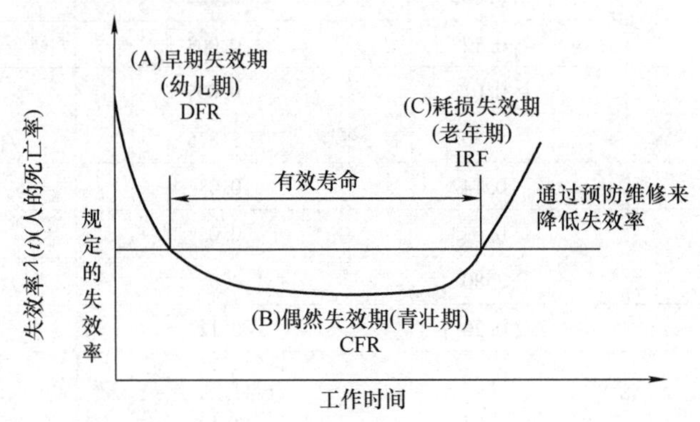

图 2-4 不可修复系统（或产品）的典型失效曲线（浴盆曲线）

第一阶段：早期失效期。

早期失效期（DFR）出现在系统（或产品）投入使用的初期，其特点是开始时失效率较高，但随着使用时间的增加失效率将较快地下降，呈递减型，如图 2-4 中的时期（A）所示，这个时期的失效或故障是由于设计上的疏忽、材料有缺陷、工艺质量问题、检验差错而混进了不合格品、不适应外部环境等缺点及设备中寿命短的部分等因素引起。这个时期的长短随系统（或产品）的规模和上述情况的不同而异。为了缩短这一阶段的时间，产品应在投入运行前进行试运转，以便及早发现、修正和排除缺陷；或通过试验进行筛选剔除不合格品；或进行规定的磨合和调整，以便改善其技术状况。

第二阶段：偶然失效期。

在早期失效期之后，早期失效的系统（或产品）暴露无遗，失效率就会大体趋于稳定状态并降至最低，且在相当一段时间内大致维持不变，呈恒定型，如图 2-4 中的（B）时期所示。这个时期故障的发生是偶然的或随机的，故称为偶然失效期（CFR）。偶然失效期是系统（或产品）的最佳状态时期，在规定的失效率下其持续时间称为使用寿命或有效寿命。人们总是希望延长这个时期，即希望在容许的费用内，延长使用寿命。台架寿命试验和可靠性试验，一般都是在消除了早期故障之后针对偶然失效期而进行的。

产品的失效是由多种而又不太严重的偶然因素引起的，通常是产品设计余度不够，造成产品随机失效。研究这个时期的失效原因，对提高产品的可靠性具有重要意义。

第三阶段：耗损失效期。

耗损失效期（IFR）出现在系统（或产品）投入使用的后期，其特点是失效率随工作时间的增加而上升，呈递增型，如图2-4中的（C）时期所示。这是因为构成系统（或产品）的某些零件已过度磨损、疲劳、老化、寿命衰竭所致。若能预计耗损失效期到来的时间，并在这个时间稍前一点将要损坏的零件更换下来，就可以把本来将会上升的失效率拉下来，延长可维护的系统（或产品）使用寿命。当然，是否值得采取这些措施需要权衡，因为有时把它报废则更为合算。

可靠性研究虽涉及上述三种失效类型或三个失效期，但着重研究的是随机失效，因为它发生在设备的正常使用期间。

这里要特别指出，浴盆曲线的观点反映的是不可修复，且较为复杂的系统（或产品）在投入使用后失效率的变化情况。在一般情况下，凡是由于单一的失效机理而引起失效的零件、部件应归于DFR型，而固有寿命集中的多属于IFR型。只有在稍复杂的设备或系统中，由于零件繁多且它们的设计、使用材料、制造工艺、工作（应力）条件、使用方法等不同，失效因素各异，才形成包含有上述三种失效类型的浴盆曲线。

图2-4所示的失效率曲线（浴盆曲线），也可以用于人的情况。对人来说，与上述三个时期相对应的是幼儿期、青壮期、老年期。人的“故障”意味着生病和死亡。显然，刚生下来的婴儿最易生病和死亡，到了青壮期死亡率下降到最低并趋于稳定且属于非自然原因（不测事件）。进入老年期接近人的固有寿命时，生病率和死亡率显然会急剧上升。

2.1.5 平均寿命

在产品的寿命指标中，最常用的是平均寿命。平均寿命对于不可修复（指失效后无法修复或不修复，仅进行更换）产品和可修复（指发生故障后经修理或更换零件即恢复功能）产品，其含义是有区别的。

对于不可修复的产品，其寿命是指它失效前的工作时间。因此，平均寿命就是指该产品从开始使用到失效前工作时间（或工作次数）的平均值，或称为失效前平均时间，记为MTTF（Mean Time To Failure），表示为

$$\mathrm{MTTF} = \frac{1}{N}\sum_{i=1}^{N} t_i \tag{2-17}$$

式中 N——测试的产品总数；

t_i——第 i 个产品失效前的工作时间（h）。

对于可修复的产品，其寿命是指相邻两次故障间的工作时间。因此，

它的平均寿命即为平均无故障工作时间或称平均故障间隔，记为 MTBF (Mean Time Between Failures)，表示为

$$\text{MTBF} = \frac{1}{\sum_{i=1}^{N} n_i} \sum_{i=1}^{N} \sum_{j=1}^{n_i} t_{ij} \tag{2-18}$$

式中 N——测试的产品总数；

n_i——第 i 个测试产品的故障数；

t_{ij}——第 i 个产品的第 $j-1$ 次故障到第 j 次故障的工作时间（h）。

MTTF 与 MTBF 的理论意义和数学表达式的实际内容都是一样的，故通称为平均寿命。这样，如果从一批产品中任取 N 个产品进行寿命试验，得到第 i 个产品的寿命数据为 t，则该产品的平均寿命 θ 为

$$\theta = \frac{1}{N} \sum_{i=1}^{N} t_i \tag{2-19}$$

或表达为

$$\theta = \frac{\text{所有产品总的工作时间}}{\text{总的故障数}} \tag{2-20}$$

若进行寿命试验的产品数 N 较大，寿命数据较多，用上列各式计算较繁琐，则可将全部寿命数据按一定时间间隔分组，并取每组寿命数据的中值 t_i 作为该组各寿命数据的近似值，那么总的工作时间就可近似地用各组寿命数据的中值 t_i 与相应频数（该组的数据数）Δn_i 的乘积之和 $\sum_{i=1}^{n}(t_i \Delta n_i)$ 来表示，这样平均寿命 θ 又可表达为

$$\theta = \frac{1}{N} \sum_{i=1}^{n} (t_i \Delta n_i) \tag{2-21}$$

式中 N——总的寿命数据数；

n——分组数；

t_i——第 i 组寿命数据的中值（h）；

Δn_i——第 i 组寿命数据的个数（失效频数）。

若产品总体的失效密度函数 $f(t)$ 已知，则根据概率论与数理统计关于均值（数学期望）$E(X)$ 的定义 $\left[E(X) = \int_{-\infty}^{+\infty} x f(x)\,\mathrm{d}x\right]$，考虑时间的积分范围应为 $0 \leqslant t < +\infty$，故有

$$\theta = E(T) = \int_{0}^{+\infty} t f(t)\,\mathrm{d}t \tag{2-22}$$

将式（2-6）代入式（2-22），得

$$\begin{aligned}\theta &= \int_{0}^{+\infty} t\left(-\frac{\mathrm{d}R(t)}{\mathrm{d}t}\right)\mathrm{d}t = -\int_{0}^{+\infty} t\,\mathrm{d}R(t) \\ &= -\int_{0}^{+\infty} \mathrm{d}[tR(t)] + \int_{0}^{+\infty} R(t)\,\mathrm{d}t \\ &= -[tR(t)]\Big|_{0}^{+\infty} + \int_{0}^{+\infty} R(t)\,\mathrm{d}t = \int_{0}^{+\infty} R(t)\,\mathrm{d}t\end{aligned} \tag{2-23}$$

式（2-23）中的θ就是MTTF或MTBF。由此可见，在一般情况下，对可靠性函数$R(t)$在从0到$+\infty$的时间区间上进行积分计算，就可求出产品总体的平均寿命。

当$\lambda(t)=\lambda=\text{const}$时，式（2-16）给出了$R(t)=e^{-\lambda t}$，将它代入式(2-23)，得

$$\theta=\int_0^{+\infty}R(t)\mathrm{d}t=\int_0^{+\infty}e^{-\lambda t}=\frac{-1}{\lambda}\int_0^{+\infty}e^{-\lambda t}\mathrm{d}(-\lambda t)$$
$$=-\frac{1}{\lambda}[e^{-\lambda t}]\Big|_0^{+\infty}=\frac{1}{\lambda} \tag{2-24}$$

即当可靠度函数$R(t)$为指数分布时，平均寿命θ等于失效率λ的倒数。当$t=\theta=\frac{1}{\lambda}$时，由式（2-16）可知，$R(t)=e^{-1}=0.3679$，即能够工作到平均寿命的产品仅有36.79%左右。也就是说，在这种简单指数分布的情况下，约有63.21%的产品将在达到平均寿命前失效，这是它的特征。

2.1.6 可靠寿命、中位寿命和特征寿命

当$R(t)$为已知时，就可以求得任意时间t的可靠度；反之，若确定了可靠度，也可以求出相应的工作寿命（时间）。可靠寿命（可靠度寿命）就是指可靠度为给定值R时的工作寿命，以t_R表示。

可靠度$R=50\%$的可靠度寿命，称为中位寿命，用$t_{0.5}$表示。当产品工作到中位寿命$t_{0.5}$时，产品中将有半数失效，即可靠度与不可靠度等于0.5。

可靠度$R=e^{-1}\approx0.368$的可靠度寿命称为特征寿命，用$t_{e^{-1}}$表示。

可靠寿命与可靠度/不可靠度的关系如图2-5所示。

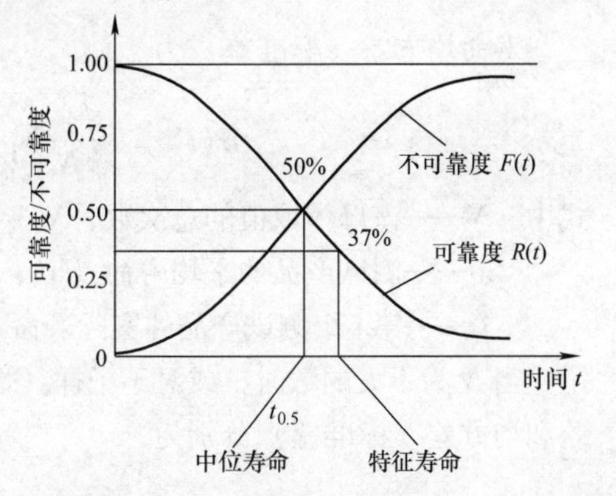

图2-5 可靠寿命与可靠度/不可靠度的关系

例2-4　若已知某产品的失效率为常数，$\lambda(t)=\lambda=0.25\times10^{-4}/\text{h}$，可靠度函数$R(t)=e^{-\lambda t}$，试求可靠度$R=99\%$时相应的可靠寿命$t_{0.99}$、中位寿命$t_{0.5}$和特征寿命$t_{e^{-1}}$。

解：已知$R(t)=e^{-\lambda t}$，两边取对数，即

$$\ln R(t)=-\lambda t$$

得

$$t=-\frac{\ln R(t)}{\lambda}$$

故可靠寿命

$$t_{0.99}=-\frac{\ln(0.99)}{0.25\times10^{-4}}\text{h}=402\text{h}$$

中位寿命

$$t_{0.5}=-\frac{\ln(0.5)}{0.25\times10^{-4}}\text{h}=27725.9\text{h}$$

特征寿命

$$t_{e^{-1}}=-\frac{\ln(e^{-1})}{0.25\times10^{-4}}\text{h}=40000\text{h}$$

2.1.7 寿命方差和寿命均方差

平均寿命是一批产品中各个产品寿命的算术平均值，它只能反映这批产品寿命分布的中心位置，而不能反映各产品的寿命 $t_1,t_2,t_3,\cdots,t_n$ 与此中心位置的偏离程度。寿命方差和均方差（或称标准差、标准离差、标准偏差）就是用来反映产品寿命离散程度的特征值。

当产品的寿命数据 $t_i(i=1,2,\cdots,N)$ 为离散型变量时，平均寿命 θ 可按式（2-19）计算。由于产品寿命的偏差 $(t_i-\theta)$ 有正有负，采用其二次方值 $(t_i-\theta)^2$ 来反映较好。因此，一批数量为 N 的产品（母体）的寿命方差为

$$D(t)=[\sigma(t)]^2=\frac{1}{N}\sum_{i=1}^{N}(t_i-\theta)^2 \tag{2-25}$$

寿命均方差（标准差）为

$$\sigma(t)=\sqrt{\frac{1}{N}\sum_{i=1}^{N}(t_i-\theta)^2} \tag{2-26}$$

式中　N——该母体取值的总次数，$N\to+\infty$ 或是个相当大的数；

θ——测试产品的平均寿命（h）；

t_i——第 i 个测试产品的实际寿命（h）。

当 N 为不大的数时，或对于子样（即对于某一数组）来说，其寿命方差和均方差（标准差）分别为

$$s^2=\frac{1}{N-1}\sum_{i=1}^{N}(t_i-\theta)^2 \tag{2-27}$$

$$s=\sqrt{\frac{1}{N-1}\sum_{i=1}^{N}(t_i-\theta)^2} \tag{2-28}$$

连续型变量的总体寿命方差可由失效密度函数 $f(t)$ 直接求得，即

$$D(t)=[\sigma(t)]^2=\int_0^{+\infty}(t-\theta)^2f(t)\,\mathrm{d}t \tag{2-29}$$

式中　$\sigma(t)$——寿命均方差或标准差。

将式（2-29）的二次方展开并将式（2-22）代入，得

$$[\sigma(t)]^2=\int_0^{+\infty}t^2f(t)\,\mathrm{d}t-\theta^2 \tag{2-30}$$

2.1.8 可靠性特征量之间的关系

上文所述主要是有关狭义可靠性方程中常用的特征量。究竟选择哪一个特征量作为产品的可靠性指标，要根据产品的寿命分布情况来决定。实际上只要知道一个特征量，其他的一些特征量可以根据相互间的关系式计算得到。表2-2所示为可靠性特征量中四个基本函数之间的相互关系。

表2-2 可靠性特征量中四个基本函数之间的关系

基本函数	$R(t)$	$F(t)$	$f(t)$	$\lambda(t)$
$R(t)$	—	$1-F(t)$	$\int_t^{\infty} f(t)\mathrm{d}t$	$\exp\left[-\int_0^t \lambda(t)\mathrm{d}t\right]$
$F(t)$	$1-R(t)$	—	$\int_0^t f(t)\mathrm{d}t$	$1-\exp\left[-\int_0^t \lambda(t)\mathrm{d}t\right]$
$f(t)$	$-\frac{\mathrm{d}R(t)}{\mathrm{d}t}$	$\frac{\mathrm{d}F(t)}{\mathrm{d}t}$	—	$\lambda(t)\exp\left[-\int_0^t \lambda(t)\mathrm{d}t\right]$
$\lambda(t)$	$-\frac{\mathrm{d}}{\mathrm{d}t}\ln R(t)$	$\frac{1}{1-F(t)}\cdot\frac{\mathrm{d}F(t)}{\mathrm{d}t}$	$\frac{f(t)}{\int_t^{\infty} f(t)\mathrm{d}t}$	—

2.2 可靠性常用概率分布

2.2.1 指数分布

若随机变量 X 的概率函数为

$$\varphi(x)=\begin{cases}\lambda \mathrm{e}^{-\lambda x} & x>0\\ 0 & x\leqslant 0\end{cases} \tag{2-31}$$

其中，$\lambda>0$ 为常数，则称 X 服从参数为 λ 的指数分布。

若随机变量 X 服从参数为 λ 的指数分布，则 X 的数学期望和方差分别为

$$E(X)=\frac{1}{\lambda} \tag{2-32}$$

$$D(X)=\frac{1}{\lambda^2} \tag{2-33}$$

指数分布常被用于对诸如“寿命”问题的描述和研究。例如，某随机服务系统中的服务时间、某电话交换台的占线时间、某些消耗性产品（如电子管、灯泡等电子元件）的使用寿命等，通常都被假定为服从指数分布。而参数 λ 则被表示为诸如服务率（即单位时间服务的顾客数）、失效率等。

因此，在可靠性研究中，指数分布的故障概率密度函数为

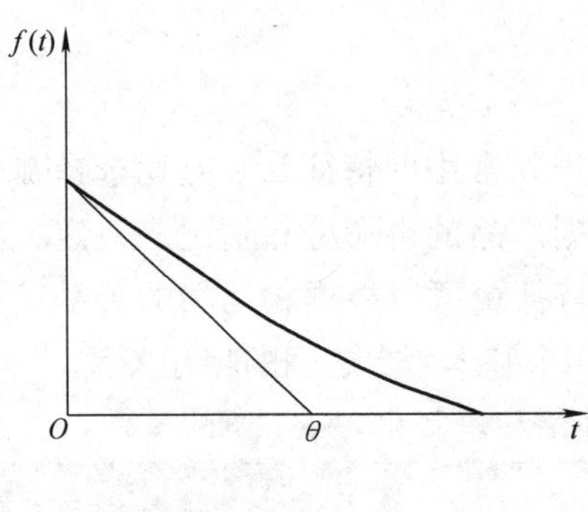

图 2-6 指数分布的密度函数曲线

$$f(t)=\lambda\,\mathrm{e}^{-\lambda t} \tag{2-34}$$

指数分布的密度函数曲线如图 2-6 所示。

其可靠度、不可靠度、故障率分别为

$$R(t)=\mathrm{e}^{-\lambda t}$$
$$F(t)=1-\mathrm{e}^{\lambda t}$$
$$\lambda(t)=\lambda(\text{常数})$$

平均寿命 θ 为

$$\theta=\frac{1}{\lambda} \tag{2-35}$$

指数分布有一个重要的性质，即"无记忆性"，又称"无后效性"。如果产品的寿命服从指数分布，经过一段时间后仍能正常，则它仍然和新的一样，在剩余时间内仍然服从指数分布。也就是说，在发生前一个故障和后一个故障之间没有任何联系。用条件概率可表示为

$$P(T>t_0+t\,|\,T>t_0)=P(T>t)$$

其中，T 表示产品的寿命。上式表明产品已经工作时间 t_0，并不影响其以后的寿命大小。

例 **2-5**　某装置的寿命服从指数分布，均值为 500h，求该装置至少可靠运行 600h 的概率。

解：如果产品的寿命服从指数分布，则

$$\lambda=\frac{1}{500}\mathrm{h}^{-1}$$

$$R(x>600)=\mathrm{e}^{-\lambda x}=\mathrm{e}^{\frac{600}{500}}=0.3012$$

所以，该装置至少可靠运行 600h 的概率为 30.12%。

2.2.2　正态分布

1. 正态分布的性质

正态分布是最常用的一种连续型随机变量分布。它通常被用于描述一种主体因素不明确的现象，若当所考虑的某个随机变量可看作许多作用微小、彼此独立的随机因素共同作用所引起的，则这个随机变量可以被认为是服从正态分布。

若随机变量 X 的概率函数为

$$f(x)=\frac{1}{\sqrt{2\pi}\sigma}\mathrm{e}^{-\frac{(x-\mu)^2}{2\sigma^2}} \tag{2-36}$$

其中，μ、σ 为常数，$\sigma>0$，则称 X 服从正态分布，记为 $X\sim N(\mu,\sigma^2)$，称 X 为正态变量。

若随机变量 $X\sim N(\mu,\sigma^2)$，则

$$E(X)=\mu \tag{2-37}$$

$$D(X)=\sigma^2 \tag{2-38}$$

即服从正态分布的随机变量 X，其密度函数中的参数 μ、σ^2 分别是 X 的数学期望和方差。

正态分布是对称分布，如图 2-7 所示，其概率密度函数 $f(x)$ 对于直线 $x=\mu$ 是对称函数，且在 $x=\mu$ 处达最大值。

正态分布概率密度曲线 $y=f(x)$ 的位置完全由均值 μ 所确定，所以称 μ 为位置参数。标准差 σ 反映随机变量在均值 μ 附近的分散程度，如图 2-7 所示，标准差 σ 越大，概率密度函数 $y=f(x)$ 图形越平坦，σ 越小，图形越陡峭，分散性越小，故而 x 落在 μ 附近的概率越大。

正态分布累积概率分布函数（图 2-8）为

$$F(x)=P(X\leqslant x)=\frac{1}{\sigma\sqrt{2\pi}}\int_{-\infty}^{x}\exp\left[-\frac{1}{2}\left(\frac{x-\mu}{\sigma}\right)^2\right]\mathrm{d}x \tag{2-39}$$

式（2-39）的计算可借助于标准正态分布函数表得到。

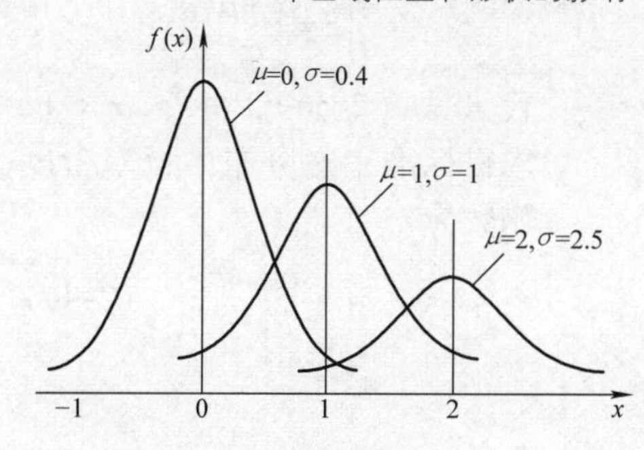

图 2-7
μ 和 σ 对正态分布曲线位置和形状的影响

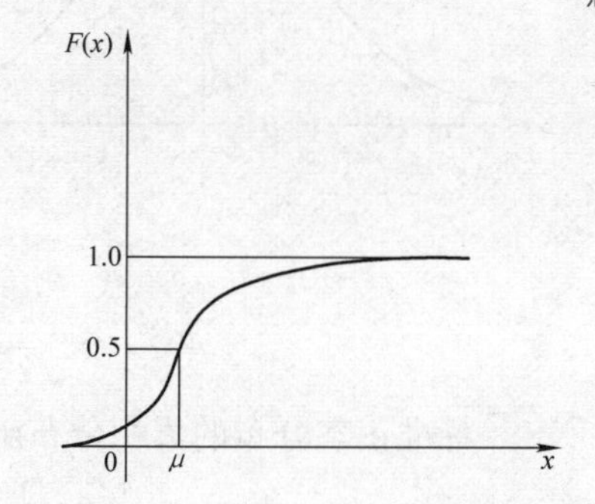

图 2-8
正态分布 $F(x)$ 示意图

对于正态随机变量 X 有

$$P(\mu-3\sigma\leqslant X\leqslant\mu+3\sigma)\approx 0.9974 \tag{2-40}$$

或

$$P(|X-\mu|>3\sigma)\approx 0.0026$$

即正态随机变量的值落在区间 $[\mu-3\sigma,\ \mu+3\sigma]$ 内几乎是肯定的事件，而它的值落在区间 $[\mu-3\sigma,\ \mu+3\sigma]$ 之外的事件是小概率事件，这就是所谓的"3σ 规则"。这是异常数据取舍的常用标准，如果 X 落在 $[\mu-3\sigma,\ \mu+3\sigma]$ 之外，则认为是异常数据舍去。

2. 中心极限定理

设随机变量 $X_1,X_2,\cdots,X_n$ 相互独立，服从同一分布，且具有相同的数学期望和方差：$E(X_k)=\mu$，$D(X_k)=\sigma^2\neq 0(k=1,2,\cdots)$，则随机变量

$$\overline{X}=\frac{(X_1+X_2+\cdots+X_n)}{n} \tag{2-41}$$

当 n 充分大时，服从正态分布

$$\overline{X}\sim N(\mu,\ \sigma^2/n) \tag{2-42}$$

这说明，尽管总体的概率分布不一定是正态分布，但只要样本容量 n 充分大，样本的均值$\bar{X}$又呈现近似的正态分布，其均值等于总体均值μ，其标准差等于 $\sigma/\sqrt{n}$，σ 是总体的标准差。即 n 充分大时，可以用样本的均值$\bar{X}$推断总体均值μ，并且 n 越大估计越准确，这正是正态分布得到广泛应用的原因。

2.2.3 标准正态分布

当正态分布 $N(\mu,\sigma^2)$ 中的参数 $\mu=0$，$\sigma=1$ 时，这种正态分布称为标准正态分布，记为 $N(0,1)$，标准正态分布的概率密度函数为

$$\phi(x)=\frac{1}{\sqrt{2\pi}}e^{-\frac{x^2}{2}} \qquad -\infty<x<+\infty \tag{2-43}$$

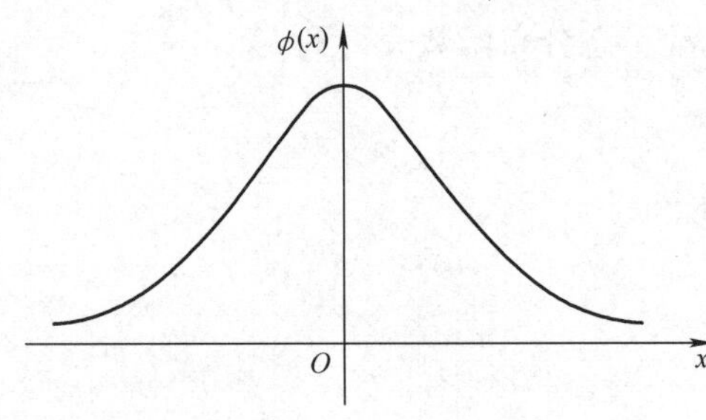

图 2-9 标准正态分布密度函数曲线

标准正态分布密度函数曲线如图 2-9 所示。

令

$$z=\frac{x-\mu}{\sigma}$$

代入式（2-36），并令 $\sigma=1$，求得标准正态分布的概率密度函数为

$$\phi(z)=\frac{1}{\sqrt{2\pi}}e^{-\frac{z^2}{2}} \qquad -\infty<z<+\infty \tag{2-44}$$

标准正态分布的累积分布函数为

$$\phi(z)=\int_{-\infty}^{z}\frac{1}{\sqrt{2\pi}}e^{-\frac{x^2}{2}}dz=P\{Z\leqslant z\}=F(x) \tag{2-45}$$

其中，$z=\dfrac{x-\mu}{\sigma}$。

通过标准正态分布表可查得式（2-45）的值，正态分布表给出的数据是用数值积分法求出的$\phi(z)$的近似值。

比较式（2-39）及式（2-45）可知

$$P\{X\leqslant x\}=P\{Z\leqslant z\}=P\left\{Z\leqslant\frac{x-\mu}{\sigma}\right\}$$

$$P\{X\leqslant b\}=P\left\{Z\leqslant\frac{b-\mu}{\sigma}\right\}$$

即当随机变量 X 呈正态分布，且其均值 μ 与标准差 σ 已知时，可以将其分布函数变换为标准正态分布变量 Z 的分布函数，其特性不变，并可利用标准正态分布表查得其分布函数的值。

假如产品寿命的失效密度函数为

$$f(t)=\frac{1}{\sigma\sqrt{2\pi}}\exp\left[-\frac{(t-\mu)^2}{2\sigma^2}\right] \tag{2-46}$$

那么累积失效概率为

$$F(t) = \frac{1}{\sigma\sqrt{2\pi}}\int_{-\infty}^{t} e^{\frac{(t-\mu)^2}{2\sigma^2}} dt$$

可靠度函数为

$$R(t) = 1 - F(t)$$

失效率函数为

$$\lambda(t) = \frac{f(t)}{R(t)}$$

2.2.4 对数正态分布

如果随机变量 X 的自然对数 $y = \ln x$ 服从正态分布，则称 X 服从对数正态分布。由于随机变量的取值 x 总是大于零，以及概率密度函数 $f(x)$ 的向右倾斜不对称，如图 2-10 所示，因此对数正态分布是描述不对称随机变量的一种常用的分布。材料的疲劳强度和寿命，以及系统的修复时间等都可用对数正态分布拟合，其概率密度函数和累积分布函数分别为

$$f(x) = \frac{1}{x\sigma_y\sqrt{2\pi}} e^{-\frac{1}{2}\left(\frac{y-\mu_y}{\sigma_y}\right)} \tag{2-47}$$

$$F(x) = \int_0^x \frac{1}{x\sigma_y\sqrt{2\pi}} e^{-\frac{1}{2}\left(\frac{y-\mu_y}{\sigma_y}\right)} dx \quad x > 0 \tag{2-48}$$

其中，μ_y 和 σ_y 为 $y = \ln x$ 的均值和标准差。实际上常用到随机变量中位值 x_m，它表示随机变量的中心值，其定义为

$$P(X \leqslant x_m) = P(X > x_m) = 0.50$$

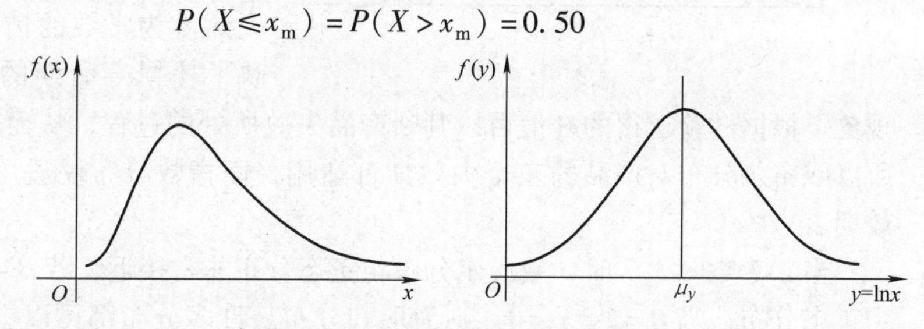

图 2-10 对数正态分布与正态分布曲线

对数正态分布的均值、标准差和中位值分别为

$$\mu_x = E(X) = e^{\left(\mu_y + \frac{\sigma_y^2}{2}\right)} \tag{2-49}$$

$$\sigma_x = \sqrt{D(X)} = \mu_x\left(e^{\sigma_y^2} - 1\right)^{\frac{1}{2}} \tag{2-50}$$

$$x_m = e^{\mu}y \tag{2-51}$$

由于 $y = \ln x$ 呈正态分布，因此有关正态分布的一切性质和计算方法都在此应用。只要令 $Z = \frac{\ln x - \mu_y}{\sigma_y}$，便可应用标准正态分布表查出累积概率 $F(Z)$，反之由 $F(Z)$ 也可查出 $Z = \frac{\ln x - \mu_y}{\sigma_y}$。

2.2.5 威布尔分布

威布尔分布是一种含有三参数或两参数的分布，由于适应性强而获得

广泛的应用。三参数威布尔分布的概率密度函数为

$$f(x)=\frac{\beta}{\eta}\left(\frac{x-\gamma}{\eta}\right)^{\beta-1}\mathrm{e}^{-\left(\frac{x-\gamma}{\eta}\right)^{\beta}} \tag{2-52}$$

累积概率分布为

$$F(x)=1-\mathrm{e}^{-\left(\frac{x-\gamma}{\eta}\right)^{\beta}} \tag{2-53}$$

式中 β——形状参数；

η——尺度参数；

γ——位置参数。

当$\gamma=0$，则称为两参数威布尔分布。其概率密度函数和累积分布函数分别为

$$f(x)=\frac{\beta}{\eta}\left(\frac{x}{\eta}\right)^{\beta-1}\mathrm{e}^{-\left(\frac{x}{\eta}\right)^{\beta}} \tag{2-54}$$

$$F(x)=1-\mathrm{e}^{-\left(\frac{x}{\eta}\right)^{\beta}} \tag{2-55}$$

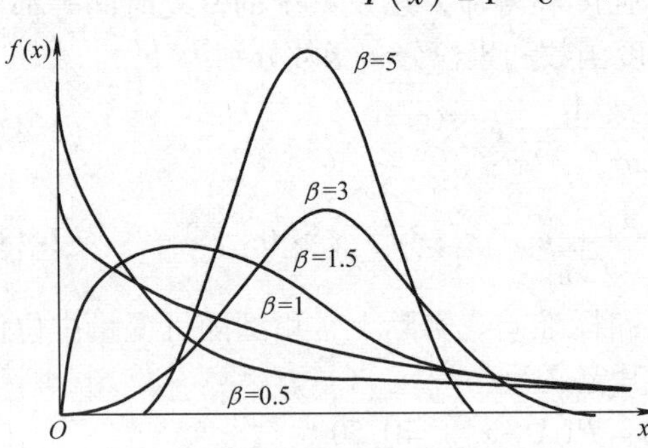

图 2-11 威布尔分布概率密度函数

威布尔分布概率密度函数如图 2-11 所示。

指数分布是威布尔分布的特例。当$\beta<1$时，产品的失效率曲线随时间增加而减少，即反映了早期失效的特征；当$\beta=1$时，曲线表示了失效率为常数的情况，即反映了耗损寿命期的老化衰竭现象。根据试验求得的β值可以判断产品失效所处的过程，从而加以控制。所以威布尔分布对产品的三个失效期都适用，而指数分布仅适用于偶然失效期。

当$2.7\leqslant\beta\leqslant3.7$时，威布尔分布与正态分布非常接近，若$\beta=3.13$，则为正态分布；当$\beta=2$，$\gamma=0$，则为瑞利分布。许多分布都可以看成是威布尔分布的特例，由于它具有广泛的适应性，因而许多随机现象，如寿命、强度、磨损等，都可以用威布尔分布来拟合。

2.2.6 概率分布的应用范围

为了对系统（或产品）进行可靠性分析与设计，需要通过试验数据的统计推断，明确其分布特征，但选择哪一种概率分布来拟合，则往往是比较困难的。其原因有：①试验数据有限；②分布类型往往与产品类型无关，而与作用的应力类型及失效机理和失效形式有关；③有些分布，如威布尔分布、对数正态分布的中间部分不容易分辨，只有尾部才有所不同。因此某些分布能否较准确地描述某一失效现象，也还有争议。

当没有足够证据选择何种分布时，作为第一次尝试可假设某随机变量服从正态分布，对产品的寿命则假设服从威布尔分布，这已被许多领域的

大量应用证明是有效的。

借鉴以往的经验与试验事例，表2-3提供了常用概率分布的应用范围。

表2-3　常用概率分布的应用范围

分布类型	应用范围	试验事例
正态分布	各种物理、机械、电气、化学等特性	铝合金板的抗拉强度；按月的温度变化；钢试件的穿透深度；铆钉头直径；某给定地区的电力消耗；电阻抗；磨损；风速；硬度；发射弹药的膛内压力
指数分布	系统、部件等的寿命。对于元件，则适用于失效只是由于偶然的原因出现且与使用时间无关的情况，当设计完全排除了在生产误差方面的故障时，常常使用	真空管失效寿命；在可靠性试验过程中探测不良设备的预期成本；雷达设备中使用的指示管的预期寿命；照明灯泡、洗碗机、热水器、发电机、飞机用泵、汽车变速器等的失效寿命
对数正态分布	寿命现象，事件集中发生在范围尾端的不对称情况，且观察值的差异很大	不同用户的汽车里程累计；不同用户的用电量；大量电气系统的故障时间；灯泡的照明强度等
威布尔（两参数）分布	同于对数正态分布。也适用于产品寿命的早期、偶然和损耗失效阶段，失效率随所测特性的增加而可能减小、增加或保持不变的情况	电子管、滚动轴承、传动箱齿轮和其他许多机械和电子元件的寿命；腐蚀寿命；磨损寿命
威布尔（三参数）分布	同于两参数威布尔分布。此外还适用于各种物理、机械、电气、化学等特性，只是没有正态分布那样普遍应用	同于两参数威布尔分布。此外还有电阻、电容、疲劳强度等

习　题

2-1　什么是可靠度和可靠性?

2-2　简述不可靠度与失效率的含义。

2-3　简述失效率曲线的含义。

2-4　简述平均寿命与平均故障间隔的含义。

2-5　一批材料的失效率为常数，$\lambda(t)=0.8\times10^{-4}$，其可靠度函数为$R(t)=e^{-\lambda t}$。求可靠度$R=99.9\%$时的可靠寿命$t_{0.999}$以及中位寿命$t_{0.5}$。

2-6　已知某产品可靠度的表达式为$R(t)=e^{-\lambda t}$，当$\lambda=5\times10^{-4}/h$时，求$t=100h$，$t=1000h$，$t=2000h$内的可靠度，并求该产品的MTTF。

2-7　设某产品的失效概率密度函数为$f(t)=\begin{cases}0 & t<0\\ te^{-\frac{t^2}{2}} & t\geqslant 0\end{cases}$，求该产品的可靠度函数$R(t)$和失效率函数$\lambda(t)$。

2-8　某部件的寿命分布符合指数分布，且失效率$\lambda=2\times10^{-5}/h$，求该部件工作到可靠度为90%时的可靠寿命。

第 3 章

系统可靠性模型

3.1 系统可靠性概述

3.1.1 系统可靠性的基本概念

系统是由某些彼此相互协调工作的零部件、子系统组成，以完成某一特定功能的综合体。

组成系统相对独立的机件通称为单元。系统与单元的含义均为相对的概念，由研究对象而定。例如，将汽车作为一个系统时，则其发动机、离合器、变速器、传动轴、车身、转向、制动等，都是作为汽车这一系统的单元而存在的；当将驱动桥作为一个系统进行研究时，则主减速器、差速器、驱动车轮的传动装置及桥壳就是它的组成单元。系统的单元可以是子系统、机器、总成、部件或零件等。

系统可分为不可修复系统和可修复系统两类。

所谓不可修复系统，是指系统或其组成单元一旦发生失效，不再修复，系统处于报废状态，这样的系统称为不可修复系统。通过维修而恢复其功能的系统，称为可修复系统。不可修复系统常常是因为技术上不可修复，经济上不值得修复，或者一次性使用，不必要进行修复。

本章所述可靠性模型均针对不可修复系统，虽然绝大多数的机械设备是可修复系统，但不可修复系统的分析方法是研究可修复系统的基础，而且对机械系统进行可靠性预计和分配时，也可简化为不可修复系统进行处理。系统的可靠性不仅与组成该系统各单元的可靠性有关，而且也与组成该系统各单元间的组合方式和相互匹配有关。根据单元在系统中所处的状态及其对系统的影响，系统可分为若干类型，如图 3-1 所示。本章将对图 3-1 所示所有系统进行详细分析。

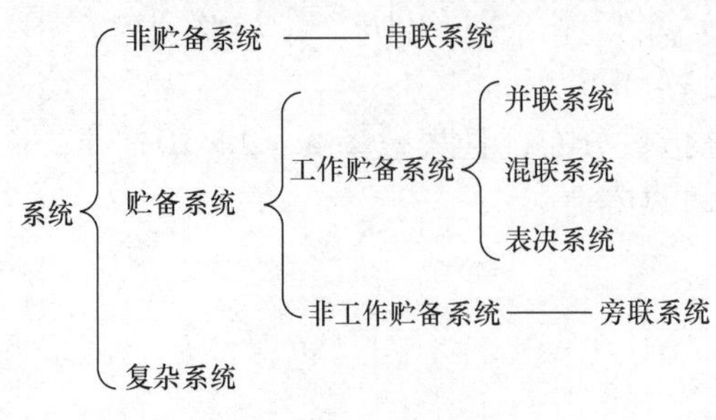

图 3-1
系统的分类

机械系统是指由若干个机械零部件相互有机地组合起来，为完成某一特定功能的综合体，故构成机械系统的可靠度取决于以下两个因素：①机械零部件本身的可靠度，即组成系统的各个零部件完成所需功能的能力；②机械零部件组合成系统的组合方式。

机械零部件相互组合有两种基本形式，一种为串联方式，另一种为并联方式，而机械系统的其他更复杂的组合基本上是在这两种基本形式上的组合或引申。

机械系统可靠性设计的目的，就是要使机械系统在满足规定的可靠性指标、完成预定功能的前提下，使该系统的技术性能、质量指标、制造成本及使用寿命等取得协调并达到最优化的结果，或者在性能、质量、成本、寿命和其他要求的约束下，设计出高可靠性机械系统。

3.1.2 系统结构框图与可靠性框图

常用的系统可靠性分析方法是根据系统的结构组成和功能绘出可靠性逻辑图，建立系统可靠性数学模型，把系统的可靠性特征量表示为零部件可靠性特征量的函数，然后通过已知零件的可靠性特征量计算出系统的可靠性特征量。

系统的结构框图与可靠性框图是两个不同的概念，但往往被人们所混淆。系统的结构框图是表示组成系统的部件（分系统）之间的物理关系和工作关系，系统的结构框图是绘制可靠性框图依据之一；而系统的可靠性框图是描述系统的功能和组成系统的部件（分系统）之间的可靠性功能关系，表示了系统为完成规定功能的各单元之间的逻辑关系，为计算系统的可靠度提供数学模型。

例如，由两个阀门（A、B）及一根导管所组成的简单系统，其结构框图如图 3-2 所示。

如果要把这一简单系统画成可靠性框图，就需要进一步考虑。因为阀门元件的失效为两态（即关不上和打不开），再加上正常工作状态，共为三态，它不像某些零件只有成功和失败两种状态。人们一般把三态以上的零件（或系统）称为多态元件（或系统）。对于具有多态元件的系统，其可靠性逻辑框图的确定应首先考虑确定系统的功能，对于不同的功能要求，其系统的可靠性框图是不一样的。

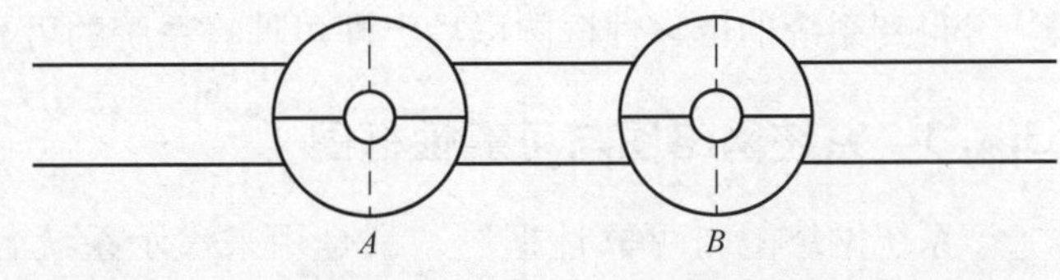

图 3-2 管子阀门系统的结构框图

对于图 3-2 所示的简单系统，如果要求该系统能可靠地通流，则阀门 A、B 打不开是失效状态，而开启状态是属于正常工作范畴，应算作正常工作状态。阀门 A、B 必须同时处于正常工作状态才能使系统正常工作，其系

统的可靠性框图为串联关系，如图3-3所示。

对于图3-2所示的简单系统，如果要求该系统能可靠地截流，则阀门 A、B 关不上是失效状态，而截流状态是正常工作状态，阀门 A、B 只要有一个能截流就能使系统正常工作。其可靠性逻辑框图是并联关系，如图3-4所示。

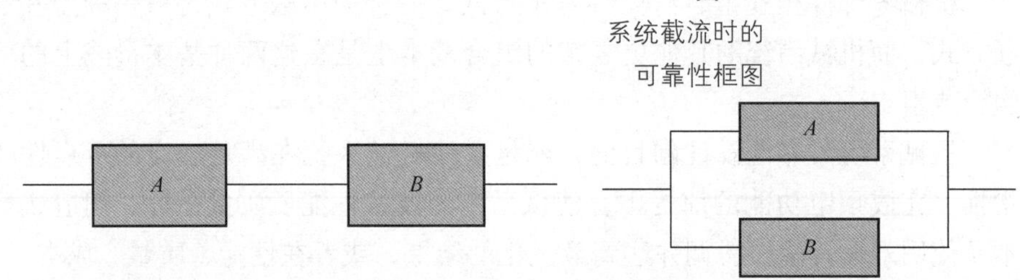

图3-3 系统通流时的可靠性框图

图3-4 系统截流时的可靠性框图

例如，汽车可分为下列五大子系统，即发动机、变速器、制动、转向及轮胎。为了保证一辆汽车能正常工作，此五大系统缺一不可。因此，汽车系统的可靠性框图如图3-5所示。

图3-5所示的可靠性框图并不代表这些子系统在汽车中的实际联系方式，它只代表每个子系统都要正常工作，才能确保汽车的正常工作。图3-5也忽略了许多内容。例如，发动机本身也是一个非常复杂的系统，而其内部基本元件的逻辑任务关系则没有显示在图3-5中。此外，在可靠性框图中，方框代表一个基本元件，它可能是一个部件，也可能是一个子系统，这取决于所建可靠性框图的用途。如果需要更为详细地分析图3-5中各个元件的可靠性，则可进一步分解每个子系统。一个子系统的方框则会被另一个可靠性框图所代替。

图3-5 汽车系统的可靠性框图

由于系统可靠性框图只表明各单元功能与系统功能的逻辑关系，而不表明各单元之间结构上的关系，而各单元之间的排列次序无关紧要，一般情况下，输入和输出单元的位置常常相应地排列在系统可靠性框图的首和尾，而中间其他各单元的次序可以任意排列。

综上所述，系统的结构关系、功能关系及可靠性逻辑关系各有不同的概念。在对系统进行可靠性分析，建立可靠性模型时，首先一定要弄清系统的结构关系、功能关系及可靠性逻辑关系，然后才能画出可靠性框图。

得到系统的可靠性框图以后，即可计算系统的可靠度。

3.1.3 系统网络图与可靠性框图

系统网络图与可靠性框图，都是用来表示系统各部分之间结构关系、功能关系和逻辑关系的。因此，一个系统既可用可靠性框图表示，也可用网络图表示，对给定系统，系统的网络图和可靠性框图是等价的。

例如，某燃气涡轮装置的系统原理图如图3-6a所示，它有4套气体发

生装置 E、F、G、H，只要有一套正常工作，就能给气体储能器 D 提供气体，通过传送器 B，转动推进器 A 工作，因此 D、C、B、A 是串联关系。E、F、G、H 互为备份，是并联关系。

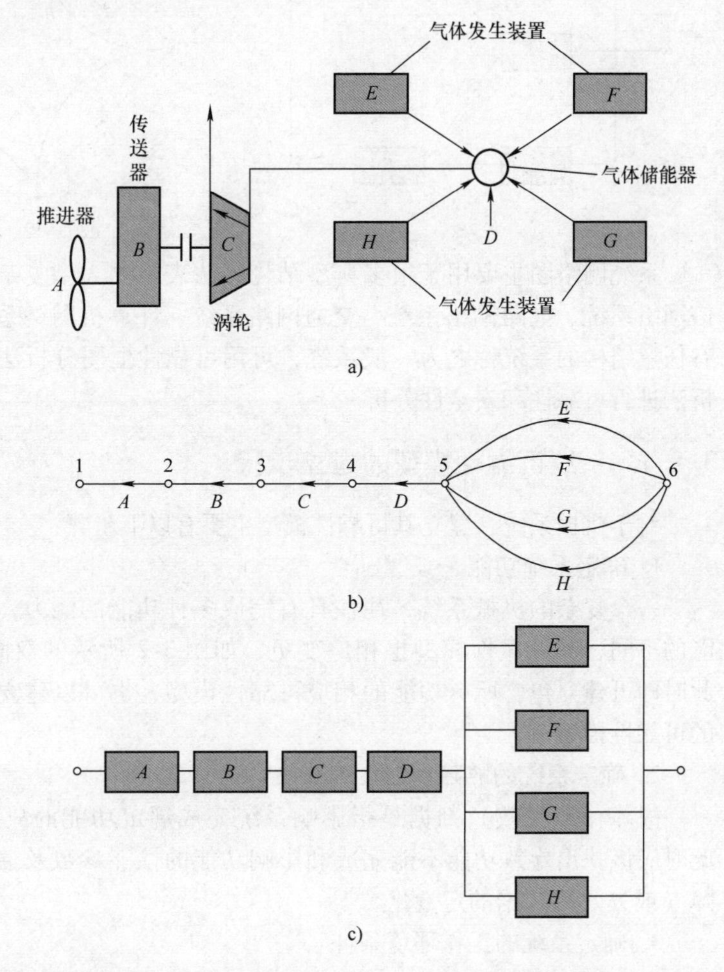

图 3-6 某燃气涡轮装置系统原理图、网络图、可靠性框图
a）原理图
b）网络图
c）可靠性框图

通过以上分析，由原理图可画出系统网络图，如图 3-6b 所示，或由原理图可画出系统可靠性框图，如图 3-6c 所示。

此例中，系统网络图显然比可靠性框图能表达更多的信息，因为系统的网络图还可以表示系统功能的方向性。

图 3-7a 所示可靠性框图可用图 3-7b 所示网络图表示。

图 3-8a 所示可靠性框图可用图 3-8b 所示网络图表示。

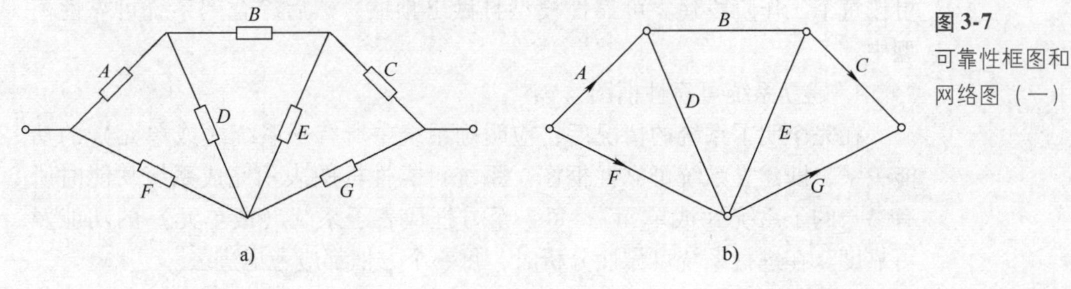

图 3-7 可靠性框图和网络图（一）

图 3-8
可靠性框图和网络图（二）

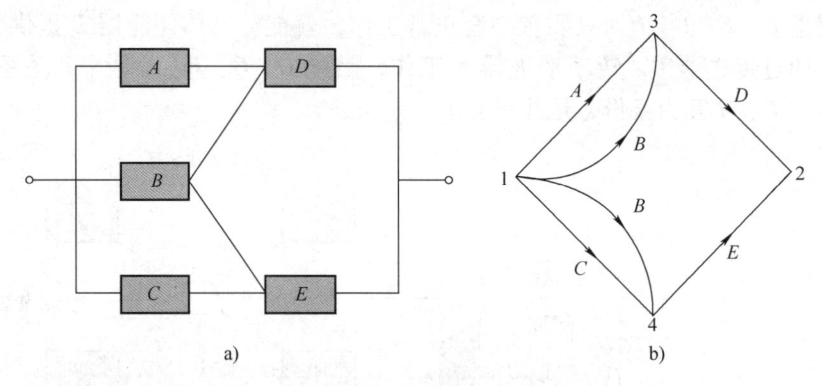

系统网络图主要用于很多典型结构无法表示的大型复杂系统，例如通信网络系统、电路网络系统、交通网络系统、计算机网络系统等。这些具有任意结构的系统称之为一般系统，可用可靠性框图分析法或网络系统分析法进行可靠性和安全性分析。

3.1.4　系统可靠性模型的建立步骤

对于机械系统，建立其可靠性模型主要有以下步骤：

1. 确定系统功能

一个复杂的机械系统，往往具有完成多种功能的能力，而针对完成功能的不同，其可靠性模型也相应变更，如图 3-2 所示的双阀门简单系统，此时即可建立包含所有功能的相应可靠性模型，也可以建立实现单一功能的可靠性模型。

2. 确定系统的故障判据

故障（或失效）判据是指影响系统完成规定功能的故障（或失效）。此时应该找出导致功能不能完成和影响功能的性能参数及性能界限，即故障（或失效）判据的定量化。

3. 确定系统的工作环境条件

一个系统或产品往往可以在不同的工作环境下使用，但不同的使用环境条件又对系统完成功能的程度产生较大的影响，在建立系统可靠性模型时可以采用以下方法来考虑工作环境条件的影响。

1）同一系统用于多种工作环境条件下的情况。此时该系统的可靠性框图不变，可仅用不同的环境因子去修正其故障（或失效）率。

2）当系统为完成其规定的功能时，需经历阶段不同的环境条件时，则可按每个工作阶段建立可靠性模型且做出预估，然后综合到系统可靠性模型中。

4. 建立系统可靠性框图

在完全明了系统的情况后，应明确系统中所有子系统（或单元）的功能关系，即建立系统可靠性框图。系统可靠性框图表示完成系统功能时所有参与的子系统（或单元），每一个方框代表子系统（或单元）的功能及可靠度。在进行系统可靠性分析时，每一个方框都应考虑进去。

5. 建立相应的数学模型

对已建好的系统可靠性框图，建立系统与子系统（或单元）之间的可靠性逻辑关系和数量关系，即建立相应的数学模型。数学模型用数学表达式给出系统可靠性与子系统（或单元）可靠性之间的函数关系，以此来预测系统可靠性或进行系统可靠性设计。

3.2 串联系统模型

组成系统的所有单元中任一单元的失效就会导致整个系统失效的系统叫作串联系统。或者说，只有当所有单元都正常工作时，系统才能正常工作的系统叫作串联系统。串联系统的可靠性框图如图 3-9 所示。

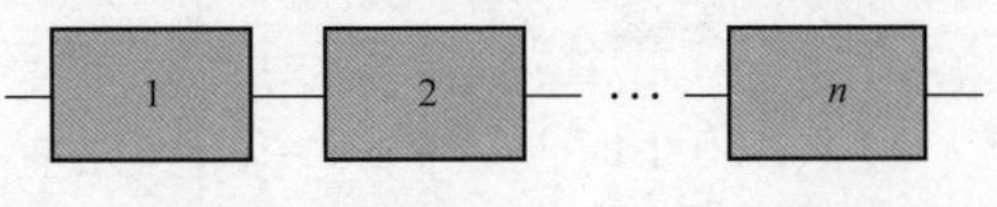

图 3-9 串联系统的可靠性框图

设 U 表示系统正常工作的事件，U_i 表示第 i 个分系统正常工作的事件。由于串联系统是只有当所有分系统都正常工作时才能正常工作的系统，因而有 U 事件发生等于 U_1，U_2，…，U_n 事件同时发生。即

$$U = U_1 U_2 \cdots U_n$$

根据概率计算的基本法则，就可得到系统可靠度的表达式

$$R_S = P(U) = P(U_1 U_2 \cdots U_n) \tag{3-1}$$

式中　R_S——系统 S 的可靠度；

$P(U)$——系统 S 正常工作的概率。

假如系统中各分系统是相互独立的，则

$$P(U) = \prod_{i=1}^{n} P(U_i) \tag{3-2}$$

即有

$$R = \prod_{i=1}^{n} R_i \tag{3-3}$$

这就是常用的可靠性乘积法则：串联系统的可靠度等于各独立分系统的可靠度的乘积。

在机械系统中，各分系统大多数是独立的，从可靠性逻辑关系来讲，各分系统的失效概率是互不影响的。因此，在计算机械系统可靠度时多采用可靠性乘积法则来处理。

某些串联系统常常有这样的情况，虽然各分系统不是相互独立的，但可以把所有分系统分成若干组，每组中包含一个或几个分系统。如果把每个组看成一个较大的分系统，那么就可以认为各组关系是相互独立的。于是就可以对这些组用“乘积法则”来进行计算。

如果单元的寿命分布为指数分布，即

$$R_i = \mathrm{e}^{-\lambda_i t}$$

那么，系统的可靠度为

$$R_S = \prod_{i=1}^{n} e^{-\lambda_i t} = e^{-\sum_{i=1}^{n}\lambda_i t} = e^{-\lambda_S t} \tag{3-4}$$

其中，$\lambda_S = \sum_{i=1}^{n} \lambda_i$ 为系统的失效率，系统的失效率等于各分系统失效率的代数和。

系统的平均无故障工作时间（MTBF）θ_S 为

$$\theta_S = \frac{1}{\lambda_S} = \frac{1}{\sum_{i=1}^{n}\lambda_i} \tag{3-5}$$

系统的不可靠度 F_S 为

$$F_S = 1 - R_S = 1 - e^{-\lambda_S t}$$

当 $\lambda_S t < 0.1$ 时，$e^{-\lambda_S t} \approx 1 - \lambda_S t$（误差 <0.005），所以

$$F_S = \lambda_S t = \sum_{i=1}^{n} \lambda_i t = \sum_{i=1}^{n} F_i \tag{3-6}$$

式（3-6）表示串联系统的不可靠度在指数分布时近似地等于各单元的不可靠度之和。

在机械系统中，各单元的失效概率一般都比较低，尤其是安全性失效概率，一般不应大于 10^{-6} 这个数量级。因此，在机械系统可靠性分析中，失效概率的计算一般都采用分系统失效概率的代数和来近似地代替系统的失效概率。

例 3-1 某带式输送机输送带共有 54 个接头，已知各接头的强度服从指数分布，其失效率见表 3-1，试计算该输送带的平均寿命和工作到 1000h 的可靠度。

表 3-1 接头的失效率 λ

接头数	3	5	8	10	12	16
$\lambda \times 10^{-4}$/h	0.2	0.15	0.38	0.21	0.18	0.1

解：1）由于输送带接头为典型的串联系统，故

$$\begin{aligned}\lambda_S &= \sum_{i=1}^{n} \lambda_i \\ &= (3\times 0.2 + 5\times 0.15 + 8\times 0.35 + 10\times 0.21 + 12\times 0.18 + 16\times 0.1)\times 10^{-4}/\text{h} \\ &= 1.001\times 10^{-3}/\text{h}\end{aligned}$$

$$\theta_S = 1/\lambda_S = 1/\sum_{i=1}^{n}\lambda_i = 999\text{h}$$

2）工作到 1000h 的可靠度

$$R_S(1000) = \prod_{i=1}^{n} e^{-\lambda_S t} = e^{-1.001\times 10^{-3}\times 1000} = 0.3675$$

3.3 并联系统模型

组成系统的所有单元都失效时才会导致系统失效的系统叫作并联系统。或者说，只要有一个单元正常工作时，系统就能正常工作的系统叫作并联系统。并联系统的可靠性框图如图3-10所示。

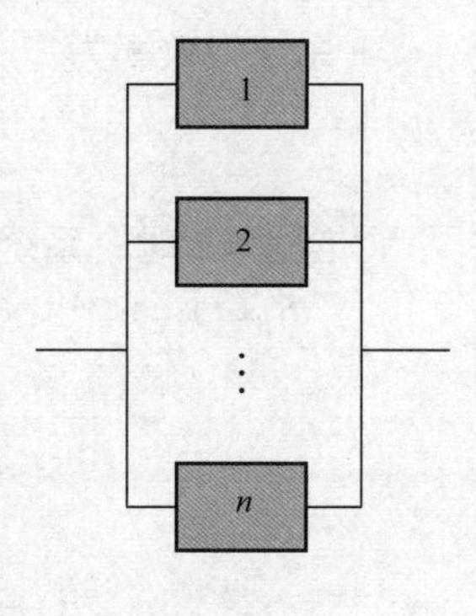

图3-10
并联系统的可靠性框图

对于串联系统来说，单元数目越多系统可靠性就越低，因此在设计上要求结构越简单越好。然而，对于任何一个高性能的复杂系统，即使是简单的设计，也需要为数众多的元器件。为了提高系统的可靠度，一个办法是提高零部件的可靠度，但又需要很高的成本，有时甚至高到不可能负担的地步。另一个办法就是贮备，即增加系统中部分或全部零部件作为贮备，一旦某一零部件发生失效，作为贮备的系统仍在工作。这样，由于某一零部件失效而不致使系统发生故障，只有当系统中贮备零部件全部发生失效的情况下，系统才发生故障。这样的系统就称为工作贮备系统，并联系统属于工作贮备系统的一种情况。本章后文所述“混联系统”和“表决系统”也属于工作贮备系统。

对于并联系统而言，如果各个分系统相互独立，根据并联系统的定义和各子系统的独立性有

$$P(F)=P(F_1)P(F_2)\cdots P(F_n)$$

式中　F——系统 S 发生故障的事件；

F_n——第 n 个分系统失效的事件；

$P(F)$——系统 S 发生故障的概率。

由于 $P(F)=1-R$，$P(F_i)=1-R_i$，故

$$R = 1 - \prod_{i=1}^{n}(1 - R_i) \tag{3-7}$$

由于可靠度是一个小于1的正数，从上述结果不难看出，并联系统的可靠度大于每个分系统的可靠度。而且，并联的分系统个数越多，系统的可靠度越高。这种情况与串联系统恰好相反，正是这个基本事实，使人们想到用并联的方法来提高系统的可靠度。

若单元寿命分布均是失效率为常数λ_i的指数分布，则

$$R_S(t) = 1 - \prod_{i=1}^{n}(1 - \mathrm{e}^{\lambda_i t}) \tag{3-8}$$

将式（3-8）展开得系统可靠度为

$$R_S(t) = \sum_{i=1}^{n}\mathrm{e}^{-\lambda_i t} - \sum_{1\leqslant i<j\leqslant n}\mathrm{e}^{-(\lambda_i+\lambda_j)t} + \sum_{1\leqslant i<j<k\leqslant n}\mathrm{e}^{-(\lambda_i+\lambda_j+\lambda_k)t} + \cdots + (-1)^{n-1}\mathrm{e}^{-(\sum_{i=1}^{n}\lambda_i)t} \tag{3-9}$$

系统平均寿命为

$$\theta_S = \int_0^\infty R_S(t) = \int_0^\infty 1 - \prod_{i=1}^{n}[1 - R_i(t)]$$

$$= \sum_{i=1}^{n}\frac{1}{\lambda_i} - \sum_{1\leqslant i<j\leqslant n}\frac{1}{\lambda_i + \lambda_j} + \cdots + (-1)^{n-1}\frac{1}{\lambda_1 + \lambda_2 + \cdots + \lambda_n} \tag{3-10}$$

系统失效率为

$$\lambda_S(t) = -\frac{1}{R_S(t)}\cdot\frac{\mathrm{d}R_S(t)}{\mathrm{d}t} \tag{3-11}$$

当 $n=2$ 时，系统的可靠度、平均寿命及失效率分别为

$$R_S(t) = \mathrm{e}^{-\lambda_1 t} + \mathrm{e}^{-\lambda_2 t} - \mathrm{e}^{-(\lambda_1+\lambda_2)t} = R_1(t) + R_2(t) - R_1(t)R_2(t) \tag{3-12}$$

$$\theta_S = \frac{1}{\lambda_1} + \frac{1}{\lambda_2} - \frac{1}{\lambda_1 + \lambda_2} \tag{3-13}$$

$$\lambda_S(t) = \frac{\lambda_1\mathrm{e}^{-\lambda_1 t} + \lambda_2\mathrm{e}^{-\lambda_2 t} - (\lambda_1+\lambda_2)\mathrm{e}^{-(\lambda_1+\lambda_2)t}}{\mathrm{e}^{-\lambda_1 t} + \mathrm{e}^{-\lambda_2 t} - \mathrm{e}^{-(\lambda_1+\lambda_2)t}} \tag{3-14}$$

当 $n=3$ 时，系统的可靠度、平均寿命及失效率分别为

$$R_S(t) = \mathrm{e}^{-\lambda_1 t} + \mathrm{e}^{-\lambda_2 t} + \mathrm{e}^{-\lambda_3 t} - \mathrm{e}^{-(\lambda_1+\lambda_2)t} - \mathrm{e}^{-(\lambda_1+\lambda_3)t} - \mathrm{e}^{-(\lambda_2+\lambda_3)t} + \mathrm{e}^{-(\lambda_1+\lambda_2+\lambda_3)t}$$

$$= R_1(t) + R_2(t) + R_3(t) - R_1(t)R_2(t) - R_1(t)R_3(t) - R_2(t)R_3(t) + R_1(t)R_2(t)R_3(t) \tag{3-15}$$

$$\theta_S = \frac{1}{\lambda_1} + \frac{1}{\lambda_2} + \frac{1}{\lambda_3} - \frac{1}{\lambda_1+\lambda_2} - \frac{1}{\lambda_1+\lambda_3} - \frac{1}{\lambda_2+\lambda_3} + \frac{1}{\lambda_1+\lambda_2+\lambda_3} \tag{3-16}$$

同样可写出$\lambda_S(t)$的公式（略）。

如果并联系统各分系统的可靠度相同，则有

$$R = 1 - (1 - R_1)^n \tag{3-17}$$

当各单元寿命分布为指数分布且可靠度相同时，系统的可靠度。

$$R_S = 1 - (1 - \mathrm{e}^{-\lambda t})^n \tag{3-18}$$

式（3-18）可改写为

$$R_S(t) = [\mathrm{e}^{-\lambda t} + (1 - \mathrm{e}^{-\lambda t})]^n - (1 - \mathrm{e}^{-\lambda t})^n$$

$$= \sum_{K=0}^{n} C_n^K \mathrm{e}^{-K\lambda t}(1 - \mathrm{e}^{-\lambda t})^{n-K} - (1 - \mathrm{e}^{-\lambda t})^n$$

$$= \sum_{K=1}^{n} C_n^K \mathrm{e}^{-K\lambda t}(1 - \mathrm{e}^{-\lambda t})^{n-K}$$

系统的平均寿命 θ_S 可按下式导出，即

$$\theta_S = \int_0^\infty R_S(t)\mathrm{d}t$$

$$= \sum_{K=1}^{n}\int_0^\infty C_n^K \mathrm{e}^{-K\lambda t}(1 - \mathrm{e}^{-\lambda t})^{n-K}\mathrm{d}t$$

可以证明

$$\int_0^\infty C_n^K \mathrm{e}^{-K\lambda t}(1 - \mathrm{e}^{-\lambda t})^{n-K}\mathrm{d}K = \frac{1}{K\lambda}$$

所以

$$\theta_S = \frac{1}{\lambda}\left(1 + \frac{1}{2} + \cdots + \frac{1}{n}\right) \tag{3-19}$$

当 n 较大时，有近似公式

$$\theta_S = \frac{1}{\lambda}\left(1 + \frac{1}{2} + \cdots + \frac{1}{n}\right) \approx \frac{1}{\lambda}\ln n \tag{3-20}$$

这样，当 $n=2$ 时，

$$R_S(t) = 2R(t) - R^2(t)$$

$$\theta_S = \frac{1}{\lambda} + \frac{1}{2\lambda} = \frac{3}{2\lambda} = \frac{3}{2}\theta$$

$$\lambda_S(t) = \frac{2\lambda e^{-\lambda t}(1 - e^{-\lambda t})}{1 - (1 - e^{-\lambda t})^2} = \frac{2\lambda(1 - e^{-\lambda t})}{2 - e^{-\lambda t}}$$

当 $n=3$ 时，

$$R_S(t) = 3R(t) - 3R^2(t) + R^3(t)$$

$$\theta_S = \frac{1}{\lambda} + \frac{1}{2\lambda} + \frac{1}{3\lambda} = \frac{11}{6\lambda} = \frac{11}{6}\theta$$

$$\lambda_S(t) = \frac{3\lambda e^{-\lambda t}(1 - e^{-\lambda t})^2}{1 - (1 - e^{-\lambda t})^3}$$

综上所述，可知并联系统的可靠度$R_S(t)$大于单元可靠度最大的值；n越大，$R_S(t)$越高。并联系统单元数多，说明系统的结构尺寸大，重量及造价都高。所以，机械系统中一般采用并联单元数不多，例如在动力装置、安全装置、制动装置采用并联时，常取 $n=2$ 或 3。

另外，即使单元的失效率为常数，由于$R_i(t) = e^{-\lambda_i t}$是时间的函数，因此系统的失效率也是时间的函数。

例 3-2 计算由两个单元组成的并联系统的可靠度、平均寿命和失效率。已知两个单元的失效率分别为$\lambda_1 = 0.00005/\text{h}$，$\lambda_2 = 0.00001/\text{h}$，工作时间 $t=1000\text{h}$。

解：1）由式（3-12）得

$$R_S(1000) = e^{-0.00005\times1000} + e^{-0.00001\times1000} - e^{-(0.00005+0.00001)\times1000} = 0.99925$$

2）由式（3-13）得

$$\theta_S = \left(\frac{1}{0.00005} + \frac{1}{0.00001} - \frac{1}{0.00005+0.00001}\right)\text{h} = 10333.33\text{h}$$

3）由式（3-14）得

$$\lambda_S(t) = \frac{0.00005\,e^{-0.00005\times1000} + 0.00001\,e^{-0.00001\times1000} - 0.00006\,e^{-0.00006\times1000}}{e^{-0.00005\times1000} + e^{-0.00001\times1000} - e^{-(0.00005+0.00001)\times1000}}\text{h}^{-1}$$

$$= 0.57\times10^7\text{h}^{-1}$$

3.4 混联系统模型

3.4.1 一般混联系统模型

把若干个串联系统或并联系统重复地再加以串联或并联，就能得到更

复杂的可靠性结构模型，称这个系统为混联系统，如图 3-11a 所示。计算混联系统的可靠度与平均无故障工作时间，要对其混联系统中的串联系统和并联系统的可靠度和平均无故障工作时间进行合并计算，最后就可计算出系统的可靠度和平均无故障工作时间。

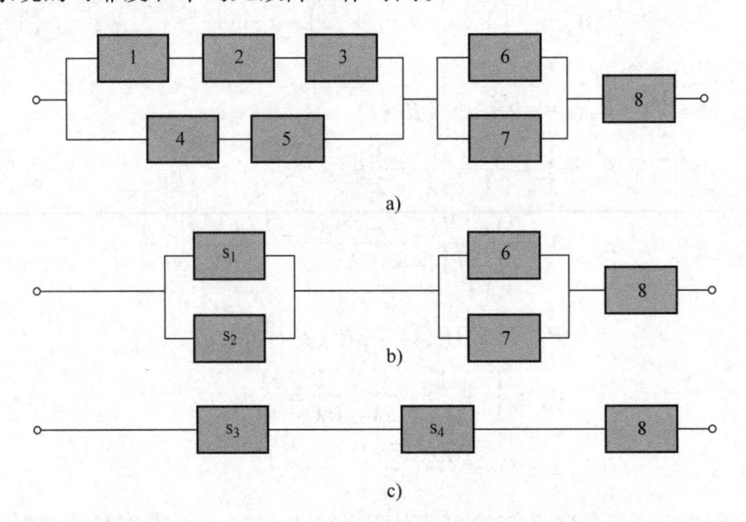

图 3-11 混联系统及其等效框图

对于一般混联系统，可用串联和并联原理，将混联系统中的串联和并联部分简化成等效单元，即子系统，如图 3-11b、c 所示。

先利用串联和并联系统可靠性特征量计算公式求出子系统的可靠性特征量，最后把每一个子系统作为一个等效单元得到一个与混联系统等效的串联或并联系统，即可求得全系统的可靠性特征量。如图 3-11a 所示的一般混联系统，可得

$$R_{S1}(t)=R_1(t)R_2(t)R_3(t)$$

$$R_{S2}(t)=R_4(t)R_5(t)$$

$$\begin{aligned}R_{S3}(t)&=1-[1-R_{S1}(t)][1-R_{S2}(t)]\\&=R_{S1}(t)+R_{S2}(t)-R_{S1}(t)R_{S2}(t)\\&=R_1(t)R_2(t)R_3(t)-R_4(t)R_5(t)-R_1(t)R_2(t)R_3(t)R_4(t)R_5(t)\end{aligned}$$

$$R_{S4}(t)=1-[1-R_6(t)][1-R_7(t)]=R_6(t)+R_7(t)-R_6(t)R_7(t)$$

整个系统的可靠度、失效率及平均寿命分别为

$$\begin{aligned}R_S(t)&=R_{S3}(t)\,R_{S4}(t)\,R_8(t)\\&=[R_1(t)\,R_2(t)\,R_3(t)+R_4(t)\,R_5(t)-R_1(t)\,R_2(t)\,R_3(t)\,R_4(t)\,R_5(t)]\times\\&\quad[R_6(t)\,R_7(t)+R_6(t)\,R_7(t)]\,R_8(t)\end{aligned}$$

$$\lambda_S(t)=-\frac{1}{R_S(t)}\cdot\frac{\mathrm{d}R_S(t)}{\mathrm{d}t}$$

$$\theta_S=\int_0^{+\infty}R_S(t)\,\mathrm{d}t$$

3.4.2 并－串联系统模型

并－串联系统是由一部分单元先并联组成一个子系统，再由这些子系统组成一个串联系统，如图3-12所示。

设每个单元的可靠度为$R_{i,j}(t)$，i行，$i=1, 2, \cdots, m_j$；j列，$j=1, 2, \cdots, n$，则第j列子系统的可靠度R_{jS}可由并联公式写出

$$R_{jS}(t) = 1 - \prod_{i=1}^{m_j}[1 - R_{i,j}(t)] \tag{3-21}$$

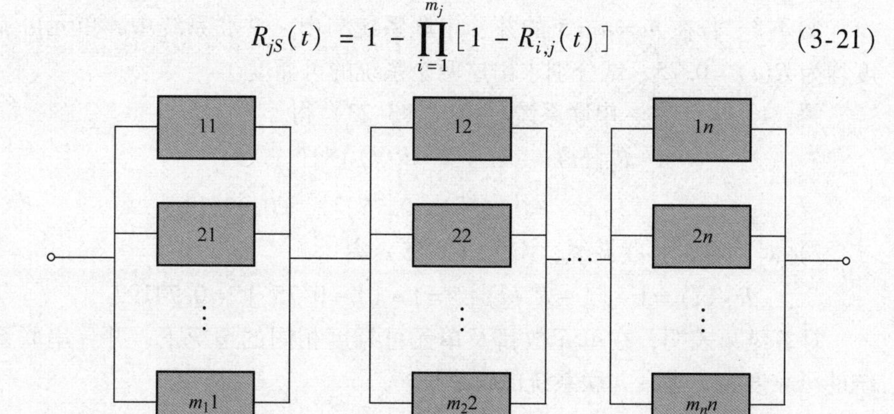

图3-12
并－串联系统

整个系统的可靠度R_S又可用串联系统公式得到

$$R_S(t) = \prod_{j=1}^{n} R_{jS}(t) = \prod_{j=1}^{n}\left\{1 - \prod_{i=1}^{m_j}[1 - R_{ij}(t)]\right\} \tag{3-22}$$

若每个单元的可靠度都相等，均为$R_{ij}(t)=R(t)$，且$m_1=m_2=\cdots=m_n=m$，则

$$R_S(t) = \{1 - [1 - R(t)]^m\}^n \tag{3-23}$$

3.4.3 串－并联系统模型

串－并联系统是由一部分单元先串联组成一个子系统，再由这些子系统组成一个并联系统，如图3-13所示。

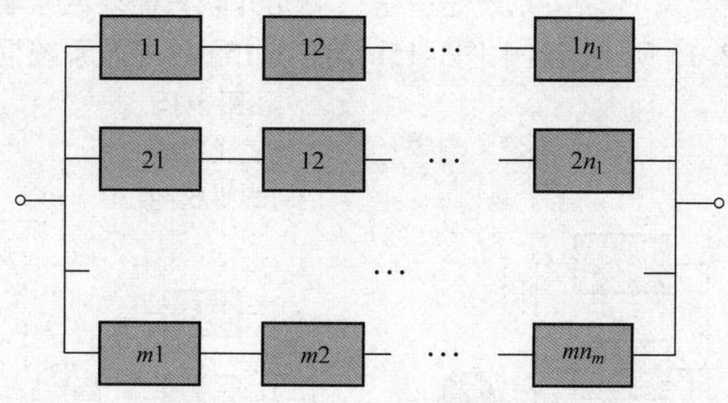

图3-13
串－并联系统

设每个单元可靠度为$R_{ij}(t)$，i行，$i=1, 2, \cdots, m$；j列，$j=1, 2, \cdots, n_m$，则第i行子系统的可靠度$R_{iS}(t)$为

$$R_{iS}(t) = \prod_{j=1}^{n_m} R_{ij}(t)$$

整个系统的可靠度又可用并联系统公式得

$$R_S(t) = 1 - \prod_{i=1}^{m}\left[1 - \prod_{j=1}^{n_m} R_{ij}(t)\right] \tag{3-24}$$

当$n_1 = n_2 = \cdots = n_m = n$，且$R_{ij}(t) = R(t)$时，则整个系统的可靠度又可简化为

$$R_S(t) = 1 - [1 - R^n(t)]^m \tag{3-25}$$

例 3-3 若在 $m = n = 5$ 的并－串联系统与串－并联系统中，单元可靠度均为 $R(t) = 0.75$，试分别求出这两个系统的可靠度。

解：1）对于并－串联系统，由式（3-23）得

$$R_{S1}(t) = \{1 - [1 - R(t)]^m\}^n$$
$$= \{1 - [1 - 0.75]^5\}^5 = 0.99513$$

2）对于串－并联系统，由式（3-25）得

$$R_{S2}(t) = 1 - [1 - R^n(t)]^m = 1 - [1 - 0.75^5]^5 = 0.74192$$

计算结果表明，在单元数目及单元可靠度相同的情况下，并－串联系统的可靠度高于串－并联系统的可靠度。

3.5 表决系统模型

组成系统的 n 个单元中，不失效的单元个数不少于 k（k 介于 1 和 n 之间），系统就不会失效，称为 k/n 表决系统。

当 $k = 1$ 时，$1/n$ 表决系统就是并联系统。

表决系统是一种特殊的并联系统，它是将三个以上的并联单元的输出进行比较，把一定数目以上的单元出现相同输出作为系统的输出，其可靠性框图如图 3-14 所示。

3.5.1 2/3 表决系统模型

2/3 表决系统是一个三单元并联只需要两个单元正常工作的系统，如图 3-15 所示，其中图3-15b是图 3-15a 的等效系统框图。

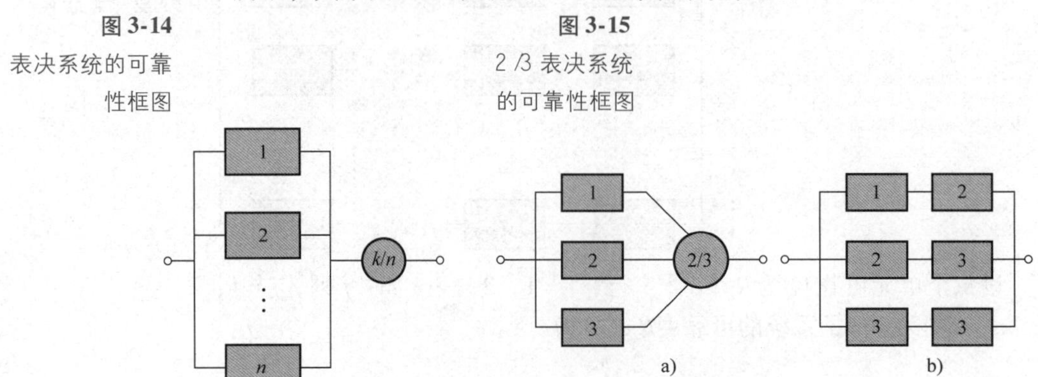

图 3-14 表决系统的可靠性框图

图 3-15 2/3 表决系统的可靠性框图

该系统的可靠度计算式，可用布尔代数真值表法求得，即

$$\begin{aligned}R_S &= R_1R_2R_3 + F_1R_2R_3 + R_1F_2R_3 + R_1R_2F_3 \\ &= R_1R_2R_3\left(1 + \frac{F_1}{R_1} + \frac{F_2}{R_2} + \frac{F_3}{R_3}\right)\end{aligned} \tag{3-26}$$

当单元的寿命为指数分布时，系统的可靠度按下式计算：

$$R_S = \mathrm{e}^{-(\lambda_1+\lambda_2+\lambda_3)t}(\mathrm{e}^{\lambda_1 t} + \mathrm{e}^{\lambda_2 t} + \mathrm{e}^{\lambda_3 t} - 2) \tag{3-27}$$

平均寿命为

$$\begin{aligned}\theta_S &= \int_0^\infty R_S(t)\,\mathrm{d}t \\ &= \int[\mathrm{e}^{-(\lambda_1+\lambda_2+\lambda_3)t} + (1-\mathrm{e}^{-\lambda_1 t})\mathrm{e}^{-(\lambda_2+\lambda_3)t} + (1-\mathrm{e}^{-\lambda_2 t})\mathrm{e}^{-(\lambda_1+\lambda_3)t} \\ &\quad + (1-\mathrm{e}^{-\lambda_3 t})\mathrm{e}^{-(\lambda_1+\lambda_2)t}]\,\mathrm{d}t \\ &= \frac{1}{\lambda_1+\lambda_2} + \frac{1}{\lambda_2+\lambda_3} + \frac{1}{\lambda_1+\lambda_3} - \frac{2}{\lambda_1+\lambda_2+\lambda_3}\end{aligned} \tag{3-28}$$

当三单元的可靠度相同，且为指数分布时，系统的可靠度和平均寿命分别为

$$R_S = R^3 + 3R^2(1-R) = 3R^2 - 2R^3 = 3\mathrm{e}^{-2\lambda t} - 2\mathrm{e}^{-3\lambda t} \tag{3-29}$$

$$\theta_S = \frac{3}{2\lambda} - \frac{2}{3\lambda} = \frac{5}{6\lambda} \tag{3-30}$$

3.5.2 $(n-1)/n$ 表决系统模型

$(n-1)/n$ 表决系统是 n 个单元并联只允许一个单元失效的系统。当各单元可靠度相同时，其可靠度计算式为

$$R_S = R^n + nR^{n-1}(1-R) = nR^{n-1} - (n-1)R^n \tag{3-31}$$

当 $R = e^{-\lambda t}$时，

$$R_S = ne^{-(n-1)\lambda t} - (n-1)\mathrm{e}^{-n\lambda t} \tag{3-32}$$

$$\theta_S = \frac{n}{(n-1)\lambda} - \frac{n-1}{n\lambda} \tag{3-33}$$

3.5.3 $(n-r)/n$ 表决系统模型

$(n-r)$ $/n$ 表决系统是 n 个单元并联只允许 r 个单元失效的系统。当各单元可靠度相同时，其可靠度计算式可用二项展开式求得，即

$$R_S = R^n + nR^{n-1}F + C_n^2R^{n-2}F^2 + \cdots + C_n^rR^{n-r}F^r \tag{3-34}$$

$$\theta_S = \frac{1}{n\lambda} + \frac{1}{(n-1)\lambda} + \frac{1}{(n-2)\lambda} + \cdots + \frac{1}{(n-r)\lambda} \tag{3-35}$$

由以上公式可以看出：

当 $r = l$ 时，

$$R_S = R^n + nR^{n-1}F = R^n + nR^{n-1}(1-R) = nR^{n-1} - (n-1)R^n$$

$$\theta_S = \frac{1}{n\lambda} + \frac{1}{(n-1)\lambda} = \frac{2n-1}{n(n-1)\lambda} = \frac{n}{(n-1)\lambda} - \frac{n-1}{n\lambda}$$

其结果与（$n-1$）/n 表决系统相同。

当 $r=n-1$ 时，

$$R_S=R^n+nR^{n-1}F+\cdots+C_n^{n-1}RF^{n-1}$$

$$\theta_S=\frac{1}{n\lambda}+\frac{1}{(n-1)\lambda}+\cdots+\frac{1}{\lambda}$$

$$=\frac{1}{\lambda}(1+\frac{1}{2}+\cdots+\frac{1}{n})$$

其结果与并联系统相同。

例 3-4 设每个单元的可靠度 $R=\mathrm{e}^{-\lambda t}$，$\lambda=0.001/\mathrm{h}$，$t=100\mathrm{h}$，求三单元并联系统和 2/3 表决系统的可靠度 R_S 及平均寿命 θ_S。

解：已知 $t=100\mathrm{h}$，则每个单元的可靠度

$$R(100)=\mathrm{e}^{-0.001\times100}=0.905$$

三单元并联系统，$n=3$，则

$$R_S=1-(1-R)^3=0.999$$

$$\theta_S=\frac{1}{\lambda}+\frac{1}{2\lambda}+\frac{1}{3\lambda}=1833\mathrm{h}$$

对于 2/3 表决系统，有

$$R_S=3R^2-2R^3=0.975$$

$$\theta_S=\frac{3}{2\lambda}-\frac{2}{3\lambda}=834\mathrm{h}$$

3.6 旁联系统模型

旁联系统是非工作贮备系统，其可靠性框图如图 3-16 所示。其特征是，其中一个单元工作，其余 $n-1$ 个单元处于非工作状态的贮备，当工作单元发生故障时，通过转换装置使贮备的单元逐个地去替换，直到所有单元都发生故障时，系统即失效。

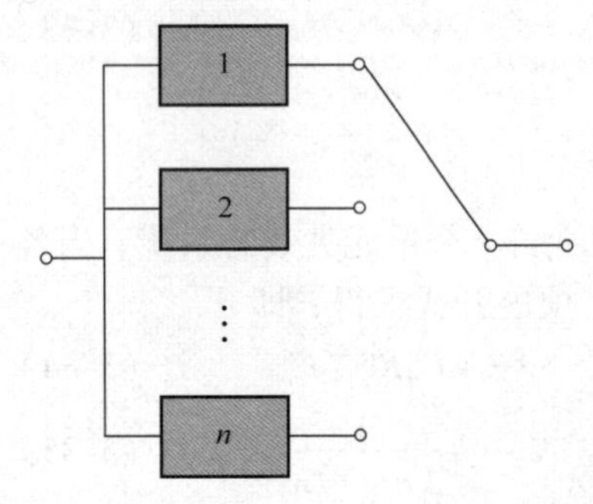

图 3-16 旁联系统可靠性框图

贮备系统应该有监测装置及转换装置。监测装置的作用是当工作单元一旦失效时，监测装置及时发现这一故障并发出信号，使转换装置及时工作。转换装置的作用就是及时使贮备单元逐个地去顶替失效单元，保证系统正常工作。

旁联系统也是常见的。比如飞机的正常放起落架和应急放起落架系统，车辆的正常制动与应急制动，备用轮胎，人工操纵与自动操纵等各种情况均为旁联系统。

旁联系统又可分为冷贮备和热贮备两种情况。

冷贮备的特点是当工作单元工作时，备用或待机单元完全不工作，一

般认为备用单元在贮备期间失效率为零，贮备期长短对以后的使用寿命无影响。

热贮备的特点是当工作单元工作时，备用或待机单元不是完全地处于停滞状态（如电动机已经起动但不承担负载；电子管灯丝已经预热但未加电压），因此，备用单元在贮备期间也有可能失效。

事实上不管是冷贮备还是热贮备，它们的备用单元在贮备期间的失效率都不等于零，只是冷贮备的失效率极低，人们一般可以认为它在贮备期间的失效率为零。而热贮备则不然，它在备用期间的失效率要比冷贮备高，因此，热贮备的备用单元失效率必须考虑。

3.6.1 冷贮备旁联系统

冷贮备旁联系统是贮备单元完全可靠的旁联系统，还存在监测装置及转换装置可靠与不完全可靠等情况。为了分析简便，略去监测装置不可靠的影响，只分析转换装置对系统的影响。

1. 不考虑转换装置可靠性

（1）两个单元（一个单元备用）的系统　设每个单元的可靠度相同，为 $R=\mathrm{e}^{-\lambda t}$，则

$$R_S=\mathrm{e}^{-\lambda t}(1+\lambda t) \tag{3-36}$$

$$\theta_S=\int_0^{-\infty}\mathrm{e}^{-\lambda t}(1+\lambda t)\,\mathrm{d}t=2/\lambda \tag{3-37}$$

（2）n 个单元（$n-1$ 个单元备用）的系统

$$R_S=\mathrm{e}^{-\lambda t}\left[1+\lambda t+\frac{(\lambda t)^2}{2!}+\frac{(\lambda t)^3}{3!}+\cdots+\frac{(\lambda t)^{n-1}}{(n-1)!}\right] \tag{3-38}$$

$$\theta_S=n/\lambda \tag{3-39}$$

实际上，如果一个单元的平均寿命为 θ，另一个单元的平均寿命也为 θ，第一个单元失效前第二个单元不工作，而且假定备用单元不工作就不会失效，那么可以推断，有一个备用单元的非工作冷贮备旁联系统的平均寿命必然等于 2θ，即为 $2/\lambda$，n 个单元的非工作冷贮备旁联系统的平均寿命必然等于 n/λ。

（3）多个单元工作的系统　若一个系统需要 L 个单元同时工作，而另外的 n 个单元是备用的，且每个单元的可靠度为 $R_i=\mathrm{e}^{-\lambda t}$，那么 L 个单元的可靠度为 $R=\mathrm{e}^{-L\lambda t}$。

假定所有单元都有相同的失效率，而且它们都在失效率为常数的这一阶段工作（即筛选后、耗损之前），所以未失效的单元的失效率总是一个常数，于是可以把这种情况考虑成失效率为 $L\lambda$ 的系统。故

$$R_S=\mathrm{e}^{-L\lambda t}\left[1+L\lambda t+\frac{(L\lambda t)^2}{2!}+\cdots+\frac{(L\lambda t)^n}{n!}\right] \tag{3-40}$$

$$\theta_S=\frac{n+1}{L\lambda} \tag{3-41}$$

例 3-5　试比较均由两个相同的单元组成的串联系统、并联系统、旁联

系统（转换装置完全可靠及贮备单元完全可靠）的可靠度。假定单元寿命服从指数分布，失效率为 λ，单元可靠度 $R(t)=e^{-\lambda t}=0.9$。

解：1）串联系统：

$$R_{S串}(t)=R^2(t)=0.9^2=0.81$$

2）并联系统：

$$R_{S并}(t)=1-[1-R(T)]^2=2R-R^2=2\times0.9-0.9^2=0.99$$

3）旁联系统：

$$\begin{aligned}R_{S旁}(t)&=(1+\lambda t)e^{-\lambda t}=(1+\lambda t)R(t)=[1-\ln R(t)]R(t)\\&=(1-\ln 0.9)\times0.9=0.9948\end{aligned}$$

一般而言，当认为监测装置和转换装置可靠度为 1 时，冷贮备旁联系统的可靠度大于并联系统的可靠度。这是因为冷贮备旁联系统中贮备单元在顶替前不参加工作的缘故。

2. 考虑转换装置可靠性

转换装置也有错误动作或不动作和接触不良等问题，所以它们不可能百分之百地可靠。如用 R_a 表示它的可靠度，同时认为在系统设计中，转换装置只与备用单元有关而不影响工作单元的性能。这样，两个相同单元的冷贮备旁联系统的可靠度为

$$R_S=e^{-\lambda t}(1+R_a\lambda t) \tag{3-42}$$

两个不同单元的冷贮备旁联系统的可靠度为

$$R_S=e^{-\lambda_1 t}+R_a\frac{\lambda_1}{\lambda_2-\lambda_1}(e^{-\lambda_2 t}-e^{-\lambda_1 t}) \tag{3-43}$$

平均寿命 θ_S 仍可用公式 $\theta_S=\int_0^\infty R(t)\mathrm{d}t$ 求出。

3.6.2　热贮备旁联系统

热贮备旁联系统与冷贮备旁联系统的不同在于热贮备旁联系统中备用单元的失效率不能忽略。备用单元的失效率与工作单元的失效率是不同的，一般地说备用单元的失效率低于工作单元的失效率。

热贮备系统在工程实际中应用比较多。例如，飞机上的备用发动机，在飞机正常飞行时备用发动机是已经起动但处于空载状态的，一旦工作发动机产生故障时，备用发动机马上可以投入工作而不需要经过起动阶段。这是飞机空中飞行时的工作需要，必须采用热贮备而不能采用冷贮备。

热贮备旁联系统的可靠性特征值计算要比冷贮备旁联系统更加复杂，这里只讨论最简单的情况，即两个单元组成的热贮备旁联系统。

1. 不考虑转换装置可靠性

由于考虑备用单元在贮备期间也有失效的情况存在，假设 λ_1 为工作单元的失效率，λ_2 为备用单元的失效率，λ_3 为备用单元在贮备期间的失效率，则

$$R_S = e^{-\lambda_1 t} + \lambda_1 e^{-\lambda_2 t}\int_0^t e^{-\lambda_3 t} e^{-(\lambda_1-\lambda_2)t} dt$$

$$= e^{-\lambda_1 t} + \frac{\lambda_1}{\lambda_1 + \lambda_3 - \lambda_2}[e^{-\lambda_2 t} - e^{-(\lambda_1+\lambda_2)t}] \quad (3\text{-}44)$$

$$\theta_S = \frac{1}{\lambda_1} + \frac{\lambda_1}{\lambda_2(\lambda_1+\lambda_3)} \quad (3\text{-}45)$$

两个特殊情况：①当 $\lambda_3=0$ 时，即为两单元冷贮备旁联系统；②当 $\lambda_3=\lambda_2$ 时，即为两单元并联系统。

2. 考虑转换装置可靠性

设转换装置的可靠度为 R_a，假设 λ_1 为工作单元的失效率，λ_2 为备用单元的失效率，λ_3 为备用单元在贮备期间的失效率，则

$$R_S = e^{-\lambda_1 t} + R_a\frac{\lambda_1}{\lambda_1+\lambda_3-\lambda_2}[e^{-\lambda_2 t} - e^{-(\lambda_1+\lambda_3)t}] \quad (3\text{-}46)$$

$$\theta_S = \frac{1}{\lambda_1} + R_a\frac{\lambda_1}{\lambda_2(\lambda_1+\lambda_3)} \quad (3\text{-}47)$$

例3-6 由两个相同单元组成的热贮备旁联系统，单元寿命服从指数分布，$\lambda_1=0.0002/\text{h}$，$\lambda_2=0.001/\text{h}$，$\lambda_3=0.00001/\text{h}$，其中，$\lambda_1$ 为工作单元的失效率，λ_2 为备用单元的失效率，λ_3 为备用单元在贮备期间的失效率，转换装置的可靠度 $R_a=0.99$，求在 $t=1000\text{h}$ 下系统的$R_S(t)$及θ_S。

解：1）系统可靠度，由式（3-46）得

$$R_S(1000) = e^{-0.0002\times1000} + \frac{0.0002\times0.99}{0.0002+0.00001-0.001}[e^{-0.001\times1000} - e^{-(0.0002+0.00001)\times1000}]$$
$$=0.92969$$

2）系统平均寿命，由式（3-47）得

$$\theta_S = \frac{1}{\lambda_1} + R_a\frac{\lambda_1}{\lambda_2(\lambda_1+\lambda_3)} = \frac{1}{0.0002}\text{h} + 0.99\times\frac{0.0002}{0.001\times(0.0002+0.00001)}\text{h}$$
$$=5943\text{h}$$

3.7 复杂系统模型

在工程实际中，有些系统并不是由简单的串、并联系统组合而成的（如桥式逻辑框图），因此不能用前面所介绍的方法去计算系统的可靠度。下面将讨论任意可靠性结构的系统可靠度计算方法。

1. 真值表法（状态枚举法）

真值表法又称布尔真值表法，其原理是将系统中各个单元的“失效”和“能工作”的所有可能搭配的情况一一排列出来。排列出来的每一种情况称为一种状态，把每一种状态都一一排列出来，因此又叫状态枚举法。每一种状态都对应着系统的“失效”和“能工作”两种情况，最后把所有系统失效的状态和能工作的状态分开，然后对系统进行可靠度计算。

若系统中有 n 个单元，每个单元都有两个状态（即失效和能工作），那么 n 个单元所构成的系统共有 2^n 个状态，且每个状态都是互不相容的。

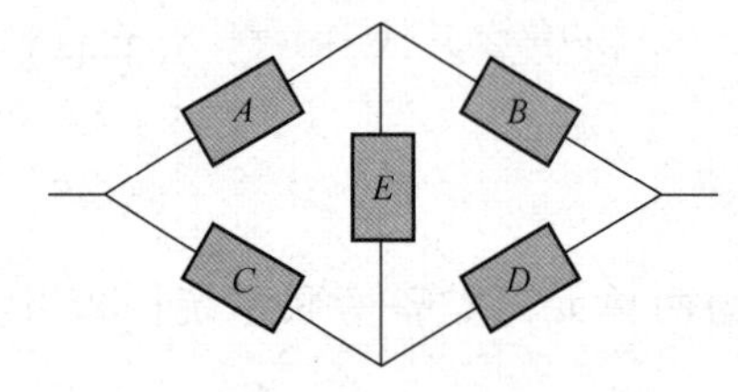

图 3-17 桥式系统可靠性框图

现以桥式系统为例，说明真值表法计算系统可靠度的步骤及方法。桥式系统可靠性框图如图 3-17 所示。

桥式系统共有 5 个单元，每个单元失效状态用“0”表示，工作状态用“1”表示，系统总共有 $2^5=32$ 种状态，把这 32 种状态以表格的形式列出，见表 3-2。

其中，系统正常工作记为 $S(i)$，i 表示保证系统正常工作的单元个数。系统失效记为 $F(j)$，j 表示引起系统失效的单元个数。

设单元 A、B、C、D、E 的可靠度分别为 $R_A=0.8$，$R_B=0.7$，$R_C=0.8$，$R_D=0.7$，$R_E=0.9$。计算每一种状态发生的概率，然后填入表内。单元为 0 状态时，以 $(1-R_i)$ 代入。单元为 1 状态时，以 R_i 代入。

例如，表 3-2 中 7 号状态发生的概率为

$$P(\bar{A}\,\bar{B}CD\bar{E}=0.2\times0.3\times0.8\times0.7\times0.1=0.00336$$

表 3-2 桥式系统状态枚举法计算

状态编号	单元工作状态					系统状态	概率
	A	B	C	D	E		
1	0	0	0	0	0	$F(5)$	
2	0	0	0	0	1	$F(4)$	
3	0	0	0	1	0	$F(4)$	
4	0	0	0	1	1	$F(3)$	
5	0	0	1	0	0	$F(4)$	
6	0	0	1	0	1	$F(3)$	
7	0	0	1	1	0	$S(2)$	0.00336
8	0	0	1	1	1	$S(3)$	0.03024
9	0	1	0	0	0	$F(4)$	
10	0	1	0	0	1	$F(3)$	
11	0	1	0	1	0	$F(3)$	
12	0	1	0	1	1	$F(2)$	
13	0	1	1	0	0	$F(3)$	
14	0	1	1	0	1	$S(3)$	0.03024
15	0	1	1	1	0	$S(3)$	0.00784
16	0	1	1	1	1	$S(4)$	0.07056
17	1	0	0	0	0	$F(4)$	
18	1	0	0	0	1	$F(3)$	
19	1	0	0	1	0	$F(3)$	
20	1	0	0	1	1	$S(3)$	0.03024

（续）

状态编号	单元工作状态					系统状态	概率
	A	B	C	D	E		
21	1	0	1	0	0	$F(3)$	
22	1	0	1	0	1	$F(3)$	
23	1	0	1	1	0	$S(3)$	0.01344
24	1	0	1	1	1	$S(4)$	0.12096
25	1	1	0	0	0	$S(2)$	0.00336
26	1	1	0	0	1	$S(3)$	0.03024
27	1	1	0	1	0	$S(3)$	0.00784
28	1	1	0	1	1	$S(4)$	0.07056
29	1	1	1	0	0	$S(3)$	0.01344
30	1	1	1	0	1	$S(4)$	0.12096
31	1	1	1	1	0	$S(4)$	0.03136
32	1	1	1	1	1	$S(5)$	0.28224

将表3-2中“系统状态”栏内所有$S(i)$项的概率值相加即可得到系统的可靠度

$$R_S = 0.00336 + 0.03024 + \cdots + 0.28224 = 0.86688$$

如果表3-2中“系统状态”栏内$F(j)$状态的个数少于$S(i)$状态的个数，则可以先计算系统的不可靠度F_S，然后由$R_S = 1 - F_S$计算系统的可靠度。

真值表法计算系统的可靠度原理简单、容易掌握，但是当n较大时，计算量过大，此时要借助于计算机进行计算。另外，真值表法只能求出系统在某时刻的可靠度，而不能求解作为时间函数的可靠度函数。

2. 全概率公式法（分解法）

全概率公式法的原理是首先选出系统中的主要单元，然后把这个单元分成正常工作与故障两种状态，再用全概率公式计算系统的可靠度。

设被选出的单元为x，其可靠度为R_x，则其不可靠度$F_x = 1 - R_x$。

系统可靠度按下式计算

$$R_S = R_x R(S|R_x) + R(S|F_x) F_x \tag{3-48}$$

式中，$R(S|R_x)$表示在单元x可靠的条件下，系统能正常工作的概率；$R(S|F_x)$表示在单元x不可靠的条件下，系统能正常工作的概率。

这个方法的关键一环在于选择和确定x单元，如果能做到巧妙地选择x单元，这个方法比布尔真值表法更为简单有效。下面仍以桥式系统为例说明该方法。桥式系统可靠性框图如图3-17所示。

在桥式系统中，选择单元E作为x，那么$R_x = R_E = 0.9$，$F_x = F_E = 0.1$。单元E正常工作时与E失效时的可靠性框图如图3-18所示。

图3-18a所示为E正常工作状态时的系统等效可靠性框图；图3-18b

所示为 E 失效状态时的系统等效可靠性框图。

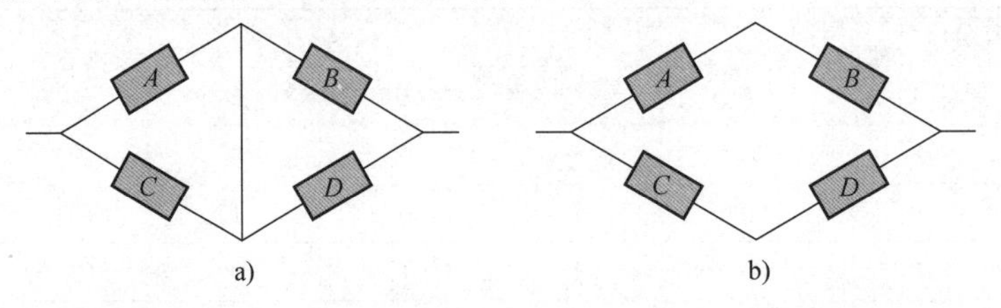

图 3-18 桥式系统等效可靠性框图

从图 3-18 中可以看出，等效可靠性框图把桥式系统变成了简单的串、并联系统，简化了计算。

$R(S|R_x)$ 为 x 可靠条件下系统的正常工作概率，由图 3-18a 可以看出，这是由单元 A、C 并联，B、D 并联，然后再串联起来的系统。故

$$R(S|R_x)=(1-F_AF_C)(1-F_BF_D) \tag{3-49}$$

$R(S|F_x)$ 为 x 失效条件下系统的正常工作概率，由图 3-18b 可以看出，这是由单元 A、B 串联，C、D 串联，然后再并联起来的系统。故

$$R(S|F_x)=R_AR_B+R_CR_D-R_AR_BR_CR_D \tag{3-50}$$

把上述结果代入式（3-48），得

$$R_S=R_E(1-F_AF_C)(1-F_BF_D)+F_E(R_AR_B+R_CR_D-R_AR_BR_CR_D)$$

$$F_A=0.2,\ F_B=0.3,\ F_C=0.2,\ F_D=0.3$$

$$R_S=0.9\times0.96\times0.91+0.1\times(0.56+0.56-0.3136)=0.86688$$

这个结果与布尔真值表法求出来的结果是一致的。这个方法看起来很简单，但有两点需要注意。首先 x 单元要选择适当，它必须是系统中最主要的并且是与其他单元联系最多的单元，只有这样才能简化计算，更重要的是只有这样才能得出正确的结果；其次是对于很复杂的混联系统这个方法也不方便，因为除了被选择的单元外，剩下的系统仍然是很复杂的，仍不能简单地计算出它的可靠度。

3. 检出支路法（路径枚举法）

这种方法类似于状态枚举法，其思想方法是根据系统的可靠性逻辑框图，将所有能使系统正常工作的路径（支路）一一列举出来，再利用概率的加法定理和乘法定理来计算系统的可靠度。

若系统能正常工作的支路有 n 条，并用 L_i 表示第 i 条支路能正常工作的这一事件，其中 $i=1$，2，3，…，n，则系统的可靠度为

$$\begin{aligned}R_S &= P(\bigcup_{i=1}^{n} L_i)\\ &= \sum_{i=1}^{n}P(L_i)-\sum_{i\neq j}^{n}P(L_i\cap L_j)+\sum_{i\neq j\neq k}^{n}P(L_i\cap L_j\cap L_k)+\cdots\\ &\quad +(-1)^{n-1}P(\bigcap_{i=1}^{n}L_i)\end{aligned} \tag{3-51}$$

仍以桥式系统为例说明检出支路法计算系统可靠度的方法。从图 3-17 中可以看出，使系统能正常工作的支路共有 4 条：

$$L_1=AB$$

$$L_2 = AED$$
$$L_3 = CD$$
$$L_4 = CEB$$

为了便于计算，特别是为了便于上机计算，人们规定：当某单元在某支路上时用“1”表示，不在支路上时用“0”表示。这样，每条支路都可用“1”“0”表示出来。而为了计算 $P(L_i \cap L_j)$ 等，还需要考虑事件 $L_i \cap L_j$ 等由哪些单元组成。用上面同样的方法，当某单元在 $L_i \cap L_j$ 上时用“1”表示，不在时用“0”表示。将上述各支路列成表格并在表中列出各支路发生的概率，见表3-3。

表3-3　桥式系统检出支路法计算

支　路	A	B	C	D	E	符　号	概　率
	0.8	0.7	0.8	0.7	0.9		
L_1	1	1	0	0	0	+	0.56
L_2	1	0	0	1	1	+	0.504
L_3	0	0	1	1	0	+	0.56
L_4	0	1	1	0	1	+	0.504
$L_1 \cap L_2$	1	1	0	1	1	−	0.3528
$L_1 \cap L_3$	1	1	1	1	0	−	0.3136
$L_1 \cap L_4$	1	1	1	0	1	−	0.4032
$L_2 \cap L_3$	1	0	1	1	1	−	0.4032
$L_2 \cap L_4$	1	1	1	1	1	−	0.28224
$L_3 \cap L_4$	0	1	1	1	1	−	0.3528
$L_1 \cap L_2 \cap L_3$	1	1	1	1	1	+	0.28224
$L_1 \cap L_2 \cap L_4$	1	1	1	1	1	+	0.28224
$L_1 \cap L_3 \cap L_4$	1	1	1	1	1	+	0.28224
$L_2 \cap L_3 \cap L_4$	1	1	1	1	1	+	0.28224
$L_1 \cap L_2 \cap L_3 \cap L_4$	1	1	1	1	1	−	0.28224

根据式（3-51）将表3-3中所得概率值代入公式，即可求得桥式系统的可靠度 $R_S = 0.86688$。

3.8　若干典型可靠性框图的可靠度表达式

串联系统、并联系统、混联系统、表决系统和旁联系统在生产实际中经常用到，这也是计算系统可靠度的基础，因为可以把复杂的可靠性模型分解成简单的串联、并联系统模型或贮备系统模型，然后按照上文所述各种方法计算系统可靠度。

表3-4为若干典型可靠性框图的系统可靠度表达式，其中假定各单元的可靠度相等，并服从指数分布。

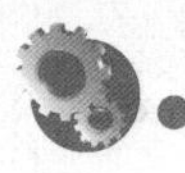

表 3-4　若干典型可靠性框图的系统可靠度表达式

系统可靠度 R_S 的表达式	可靠性框图
$R_S = \prod_{i=1}^{n} R_i = R_i^n = \mathrm{e}^{-n}\lambda^t$	1　2　…　n
$R_S = R + R^2 - R^3$	
$R_S = 2R^2 - R^3$	
$R_S = 1 - \prod_{i=1}^{n}(1 - R_i) = 1 - (1 - R_i)^n$	1　2　⋮　n
$R_S = 2R - R^2$	
$R_S = 2R - 2R^3 + R^4$	
$R_S = 2R^2 - R^4$	
$R_S = 4R - 6R^2 + 4R^3 - R^4$	
$R_S = R + 2R^2 - 3R^3 + R^4$	
$R_S = 1 - (1 - R^n)^m$	1　2　…　n　m　…　1　2　…　n

（续）

系统可靠度 R_S 的表达式	可靠性框图
$R_S=[1-(1-R^m)]^n$	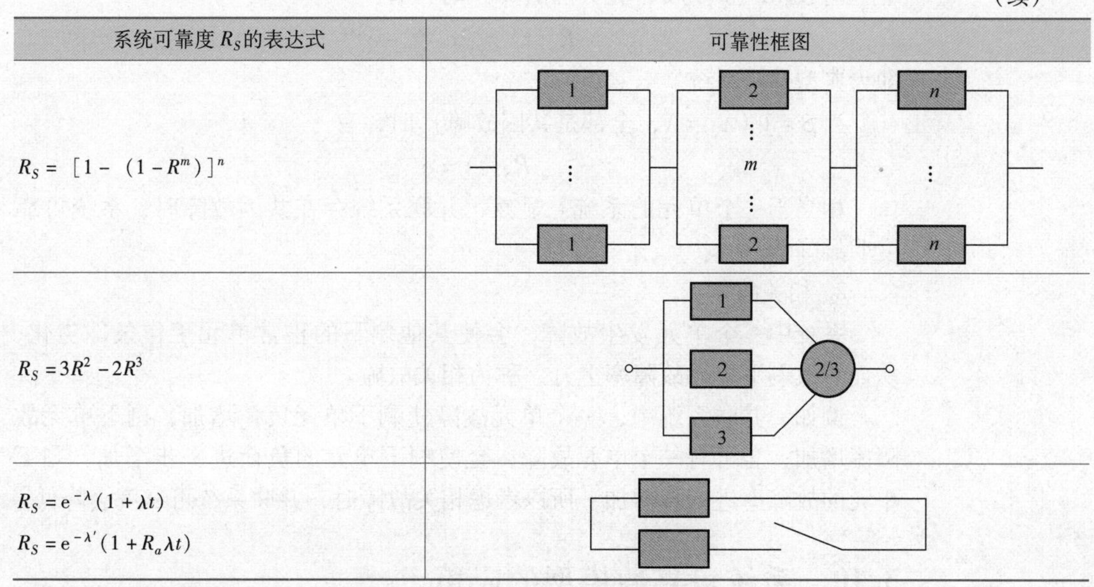
$R_S=3R^2-2R^3$	
$R_S=\mathrm{e}^{-\lambda}(1+\lambda t)$ $R_S=\mathrm{e}^{-\lambda'}(1+R_a\lambda t)$	

3.9 单元故障对系统可靠性模型的影响

前文讨论的典型不可修复系统可靠性模型是理想情况，实际上还需要注意一些其他情况。

1. 共因故障

共因故障是由于某种共同原因而造成的故障。这种共同原因，有可能是设计原因、生产原因，也有可能是环境原因（如温度）。

当部件之间存在共因故障时，其不相互独立。将故障原因分为两种：一种是由于各自的独立原因引起的故障，设其故障率为λ_1；另一种是由于共同原因引起的故障，设其故障率为λ_2。则部件总故障率 λ 为

$$\lambda=\lambda_1+\lambda_2$$

令共因故障因子 β 为

$$\beta=\frac{\lambda_2}{\lambda}$$

则

$$\lambda_2=\beta\lambda$$

$$\lambda_1=\lambda-\lambda_2=(1-\beta)\lambda$$

当两个相同单元并联，存在共因故障时，由于共因故障会使两个单元同时故障，其可靠性框图如图 3-19 所示，其中共因故障部分可靠度为$R_2=\mathrm{e}^{-\beta\lambda t}$，独立原因部分可靠度为$R_1=\mathrm{e}^{-(1-\beta)\lambda t}$。

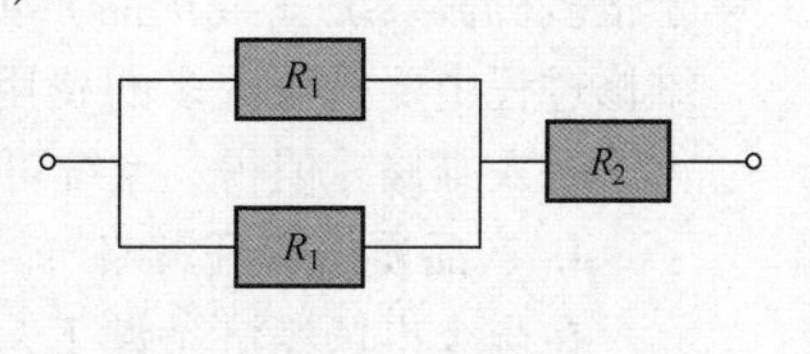

图 3-19 考虑共因故障的并联系统可靠性框图

考虑共因故障后，系统可靠度$R_S(t)$为

$$R_S(t)=\{1-[1-\mathrm{e}^{-(1-\beta)\lambda t}]^2\}\mathrm{e}^{-\beta\lambda t}=2\mathrm{e}^{-\lambda t}-\mathrm{e}^{2\lambda t}$$

当$\beta=0$（$\lambda_1=\lambda$，无共因故障）时，有

$$R_S(t) = 2e^{-\lambda t} - e^{2\lambda t}$$

即为典型并联系统。

当$\beta=1$（$\lambda_2=\lambda$，全部是共因故障）时，有

$$R_S(t) = e^{-\lambda t}$$

相当于一个单元的系统。显然，并联系统存在共因故障时，系统可靠度明显降低。

2. 相关故障

系统中一个单元发生故障，会使其他剩下的正常单元工作条件劣化，从而导致剩下单元故障率上升，称为相关故障。

例如，并联系统中，一个单元故障使剩下单元负荷增加，剩下单元故障率增加；若再有一个单元故障，会使剩下单元的负荷进一步增加，剩下单元的故障率进一步增加。所以考虑相关故障时，并联系统可靠度会降低。

3.10 系统可靠性模型的应用

系统可靠性模型在可靠性工程及可靠性管理中具有重要作用，主要包括：

1. 复杂系统可靠性分析与预测

可靠性是系统（或产品）最重要的特性之一，确保系统的可靠性是工程设计中最重要的课题之一。对于复杂系统，以一个整体去分析和预测其可靠性几乎是不可能的。而系统可靠性模型是将子系统及其单元的可靠性有机地结合起来，形成对系统可靠性的描述。因此，先对相对简单的子系统或单元进行可靠性分析，进而采用其系统可靠性模型对系统进行可靠性分析和预测则较容易做到。

2. 系统可靠性设计

当一个系统的可靠性达不到要求时，则必须采取措施加以改进。通过对该系统进行可靠性分析能够提供改进提高系统可靠性的方向。而直接采用可靠性设计则提出了解决该问题的一种合适的方法。

3. 维修决策

系统（或产品）会随着使用时间的推移发生功能衰退并最终失效，对于很多机械系统（或产品）可以通过维修来延缓系统（或产品）的失效。维修过程中要投入较多的费用，延缓失效又可以获取收益，一般来说收益大于投入维修才值得。系统可靠性模型能在进行维修活动分析中提供帮助。

4. 产品质量保证策略

在当今市场经济条件下，产品的质量是企业生存的根本保证，也是消费者的基本要求。产品（或系统）的可靠性是衡量产品质量的重要指标之一，其指标的数量化自然借助于产品（或系统）的可靠性模型分析获得。例如小天鹅洗衣机的可靠性指标——平均无故障工作时间达到5000次。

5. 风险分析

对复杂及昂贵的系统（或产品），在可靠性分析中要涉及出现失效（或故障）时引起负面后果的概率。可靠性模型可应用于解决此类问题。

习　题

3-1　简述建立系统可靠性模型的目的。

3-2　简述系统的结构框图与可靠性框图的区别与联系。

3-3　已知某并联系统由两个服从指数分布的单元组成，两个单元的失效率分别为 $\lambda_1 = 0.0002/h$，$\lambda_2 = 0.0003/h$，工作时间 $t = 800h$。试求该系统的可靠度、失效率和平均寿命。

3-4　行星齿轮机构简图如图3-20所示。如果太阳轮a、行星轮g（3个）及齿圈b的可靠度分别为 $R_a = 0.995$，$R_{g1} = R_{g2} = R_{g3} = R_g = 0.999$，$R_b = 0.990$，画出该行星齿轮机构的可靠性框图，并求其可靠度 R_S。设任一齿轮的失效是独立事件。

3-5　某网络系统如图3-21所示，假设 $R_1 = R_2 = R_3 = R_4 = R_5 = R_6 = R_7 = R$，求该系统的可靠度 R_S。

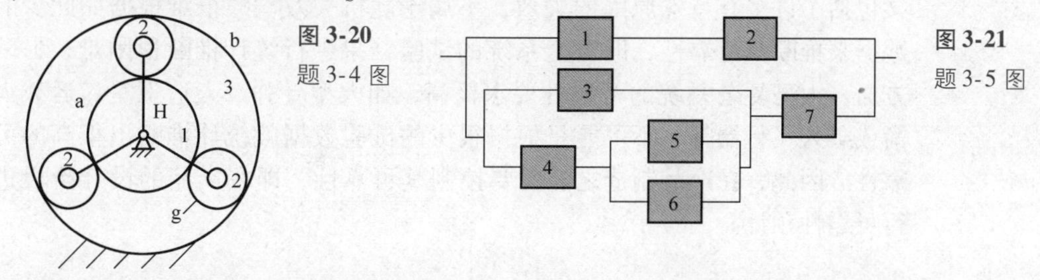

图 3-20
题3-4图

图 3-21
题3-5图

3-6　假设单元寿命服从指数分布，失效率 $\lambda = 0.0005$，系统工作时间 $t = 100h$，试比较均有两个相同单元组成的串联系统、并联系统、冷贮备旁联系统的可靠度及系统平均寿命。

3-7　如图3-22所示，该系统的各单元互相独立，可靠度分别为 $R_1 = R_2 = 0.7$，$R_3 = R_4 = 0.8$，$R_5 = R_6 = 0.9$，试用全概率公式法求该系统的可靠度。

3-8　已知某产品可靠度的表达式为 $R_t = e^{-\lambda t}$，当 $\lambda = 5 \times 10^{-4}/h$，求 $t = 100h$，$t = 1000h$，$t = 2000h$ 的可靠度，并求该产品的平均寿命。

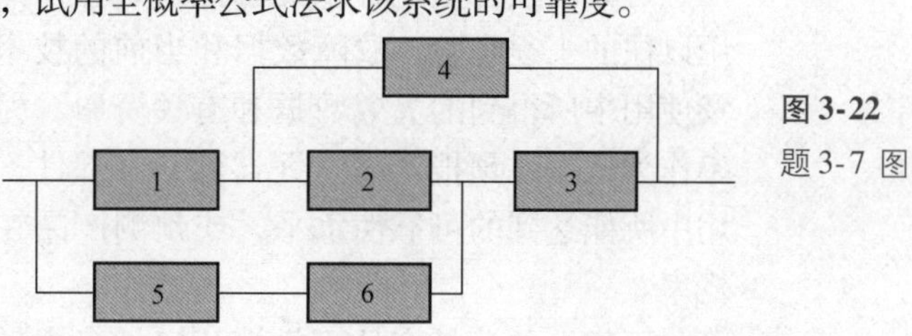

图 3-22
题3-7图

3-9　试比较分析下列4个系统的可靠度，设各单元的可靠度相同，均为 $R = 0.99$。

1）4个单元构成的串联系统。

2）4个单元构成的并联系统。

3）串-并联系统（$m = 2$，$n = 2$）。

4）并-串联系统（$m = 2$，$n = 2$）。

第 4 章

系统可靠性预计

从理论上讲，产品可靠度应是在产品进行大量寿命试验结束后才能得到的。然而，在工业生产中，采用测量成品可靠度的方法来保证产品的可靠度是一种很不经济的方法，而且测试时间太晚，特别是对一些被称为系统的大型昂贵的复杂产品，根本不能采用这种方法。

一方面，由于大型复杂系统同类产品的失效记录数据甚少，而在其中又包括了许多有特殊原因的失效，不属于随机失效，故很难根据如此少的数据来推断其可靠性，即对全系统的试验结果进行统计推断很困难；另一方面，大型复杂系统的可靠性要求极高，如大型导弹、人造卫星、运载火箭或载人飞行器等，不可能只根据很少的试验数据就统计推断出很高的可靠性。因此，在产品制造之前就要控制其可靠性，即在产品的设计阶段进行可靠性预计。

4.1 系统可靠性预计概述

4.1.1 可靠性预计的定义

可靠性预计是一种预测方法，是在产品可靠性结构模型的基础上，运用以往的工程经验、故障数据和当前的技术水平，根据同类产品研制过程及使用中所得到的失效数据和有关资料，尤其是以元器件、零部件的失效率作为依据，预报产品（元器件、零部件、子系统或系统）在未来实际使用中所能达到的可靠性水平，或预测产品在特定的应用中符合规定功能的概率。

可靠性预计是产品可靠性从定性考虑转为定量考虑的关键，也是实施可靠性工程的基础。在方案研究和工程设计阶段，产品可靠性指标的确定，产品所包含的子系统、组件乃至元器件的可靠性指标的分配，以及如何改进设备使之达到指标要求的可靠性水平等工作，都必须反复进行可靠性预计。

可靠性预计是一个由局部到整体、由小到大、由下到上的过程，是一个综合过程。

4.1.2 可靠性预计的目的

可靠性预计的目的在于发现薄弱环节、提出改进措施、进行方案比较，避免盲目地进行系统设计并选择最佳方案。在确定任务和方案论证阶段，可靠性预计是判断论证方案的可靠性指标是否合理、是否可以实现的重要手段，也是优选满足可靠性要求总体设计方案的依据；在技术设计阶段，设计人员可以从可靠性观点出发，发现工程设计中的薄弱环节及存在的问题，及时采取改进措施，提高可靠性水平。

具体目的有以下几方面：

1）了解方案设计是否与技术要求的可靠性指标相符合，这种相符合的可能性有多大。

2）设计的产品在进行试验和实际运行时所获得的数据中，若发现可靠度达不到原预计的可靠度或可靠度下降时，便可根据失效率异常的情况来查找产品中的某一特定部位是否发生了失效。

3）在设计的最初阶段，找出薄弱环节，并采取改进措施。

4）可靠性预计是可靠性分配的依据，在制订可靠性指标时，有助于找到可能实现的合理值。

5）有助于零部件的正确选择。

6）有助于可靠性指标和性能参数综合考虑。

7）对于某些无法进行整机可靠性试验的产品，可采用把各部件的试验数据综合起来以计算整机可靠度的办法，这就是根据零部件的可靠度来预计全系统的可靠度。

8）为可靠性增长试验、验证试验及费用核算等方面的研究提供依据。

4.1.3 可靠性预计的步骤

可靠性预计一般按一定的工作程序进行。对研制产品进行可靠性预计，一般按如下步骤进行。

1. 对被预计的系统做出明确定义

即明确规定系统的功能和功能容许极限，当系统已被明确定义，则其工作条件、工作性能和容许偏差都为已知，那么系统的故障也就有了定义，当系统的一项或几项性能超出了容许偏差，就认为是系统出了故障。

2. 确定分系统

把系统分解成若干分系统，各分系统应能明确区分而不应有重复，同时要考虑它的贮备结构和工作的独立性。

3. 找出影响系统可靠度的主要零件

在各分系统中，总有某些零件对系统的可靠度几乎不产生影响，这样的零件在总体可靠性预计中可以忽略不计。另外也有某些零件在系统中使用数量多、故障率高、对系统可靠度影响大，找出这些零件并加以控制以便于提高系统可靠度。

4. 确定各分系统中所用的零部件的失效率

对零件进行分类分析，根据零部件名称可以查零部件失效数据手册，从而得到基本失效率数据。然后再根据使用环境条件等计算出零部件的失效率。

5. 计算分系统的失效率

根据零部件的失效率，计算出各分系统的失效率。

6. 定出用以修正各分系统失效率基本数值的修正系数

如果同一分系统内的零件都承受相同的应力，在计算零件失效率时又没有考虑这些应力，则为了修正分系统的失效率，可确定一个单一的修正系数。在对整个分系统施加应力时，实际上大多不是对每个零件乘以修正系数，而是将分系统的失效率乘上一个修正系数。

7. 计算系统失效率的基本数值

根据每一个分系统的失效率，就可以计算整个系统的失效率，其中包括贮备系统的失效率计算。

8. 定出用以对系统失效率的基本数值进行修正的修正系数

有些特殊的应力，在计算零件和分系统时并不加以考虑，但会对系统起作用，这种应力将会使系统失效率发生变化，因此必须加以修正。

9. 计算系统的失效率

将系统失效率的基本数值，乘以适合于系统的修正系数，从而求出系统的失效率。

10. 预计系统的可靠度

当系统的可靠度函数为指数分布时，可根据 $R(t)=e^{-\lambda t}$，求出系统的可靠度。

4.1.4 机械系统可靠性预计的特点

对机械类产品而言，可靠性预计具有一些不同于电子类产品的特点，诸如：

1）许多机械产品是为特定用途单独设计的，通用性不强，标准化程度不高。

2）机械产品的故障率通常不是常值，其设备的故障往往是由于耗损、疲劳和其他与应力有关的故障机理造成的。

3）机械产品的可靠性与电子产品的可靠性相比，对载荷、使用方式和利用率更加敏感。

基于上述特点，对看起来很相似的机械部件，其故障率往往是非常分散的。因此，用数据库中已有的统计数据进行预测，其精度是无法保证的。

目前预计机械产品可靠性尚没有相当于电子产品那样通用、可接受的方法。近年来，美国、英国、加拿大、澳大利亚等国家积极地开展此项工作研究，并取得了一定的成果，出版了一些手册和数据集，如《机械设备可靠性预计程序手册》（草案）、《非电子零部件可靠性数据》（NPRD-3）等，这些材料均对现阶段机械产品可靠性预计工作具有很大的参考价值。

4.1.5 单元可靠性预计

系统是由许多单元组成的，因此系统可靠性预计是以单元的可靠度为基础。在可靠性预计中首先会遇到单元（特别是其中的零部件）的可靠性预计问题。

预计单元的可靠度，首先要确定单元的基本失效率 λ_G，它们是在一定的环境条件（包括一定的试验条件、使用条件）下得到的，设计时可从手册、资料中查得。世界各发达国家均设有可靠性数据收集部门，专门收集、整理、提供各种可靠性数据。在有条件的情况下，也应进行有关试验，以得到某些元器件或零部件的失效率。表4-1给出了一些机械零部件的基本失效率 λ_G，具体条件下的数据，还应查阅有关的资料。

表4-1　一些机械零部件的基本失效率 λ_G

零部件	$\lambda_G/(10^{-5}/h)$	零部件	$\lambda_G/(10^{-5}/h)$
向心球轴承：		密封元件：	
低速轻载	0.003～0.17	O形密封圈	0.002～0.006
高速轻载	0.05～0.35	酚醛塑料	0.005～0.25
高速中载	0.2～2	橡胶密封圈	0.002～0.10
高速重载	1～8	联轴器：	
滚子轴承	0.2～2.5	挠性	0.1～1
齿轮：		刚性	10～60
轻载	0.01～0.1	齿轮箱体：	
普通载荷	0.01～0.3	仪表用	0.0005～0.004
重载	0.1～0.5	普通用	0.0025～0.02
普通轴	0.01～0.05	齿轮：	
轮毂销钉或键	0.0005～0.05	轻载	0.0002～0.1
螺钉、螺栓	0.0005～0.012	有载推动	1～2
拉簧、压簧	0.5～7		

单元的基本失效率 λ_G 确定以后，就要根据其使用条件确定其应用失效率，即单元在现场使用中的失效率。它可以直接使用现场实测的失效率数据，也可以根据不同的使用环境选取相应的修正系数 K_F，并按下式计算求出该环境下的失效率。即

$$\lambda = K_F \lambda_G \tag{4-1}$$

表4-2给出的失效率修正系数 K_F 值只是一些选择范围，具体环境条件

下的具体数据，应查阅有关的资料。

表 4-2 失效率修正系数 K_F

环境条件					
实验室设备	固定地面设备	活动地面设备	船载设备	飞机设备	导弹设备
1～2	5～20	10～30	15～40	25～100	200～1000

由于单元多为零部件，而在机械产品中的零部件都是经过磨合阶段才正常工作的，因此其失效率基本保持一定，处于偶然失效期，其可靠度函数服从指数分布，即

$$R(t)=e^{-\lambda t}=\exp(-K_F\lambda_G t) \tag{4-2}$$

在完成了组成系统的单元（零部件）的可靠性预计后，即可进行系统的可靠性预计。

4.2 数学模型法

对于能够直接给出可靠性数学模型的串联系统、并联系统、混联系统、表决系统、旁联系统等，可以采用第 3 章介绍的有关公式进行系统可靠性预计和计算，通常称为数学模型法。

工程上的具体计算步骤是：建立系统的可靠性框图及可靠性数学模型，并利用相应的公式，依据已知条件求出系统的可靠度。如串联系统可靠性乘积法则：

$$R_S(t)=\prod_{i=1}^{n}R_i(t) \quad A_S(t)=\prod_{i=1}^{n}A_i(t)$$

式中 $R_i(t)$——第 i 个单元可靠度，$i=1, 2, \cdots, n$；

$A_i(t)$——第 i 个单元有效度，$i=1, 2, \cdots, n$。

单元若是设备或装置的某一分系统，最好能有分系统的可靠性数据，否则需要将其分解成更小的单元，直到最基本的零件、元件。关于单元的可靠性数据可以运用以往积累的资料进行预计。资料来源于国家或企业的数据库、标准规范、参考资料、文献、外购件厂商数据、用户的调查、专门试验等。在设计中期和后期，则可按设计的详细资料对主要零部件或性能参数进行预计计算。

例 4-1 以某飞行器控制系统为例，以数学模型法进行可靠性预计。

1. 系统功能和任务

1）系统由检测发控、姿控、制导和电源四个分系统组成。

2）系统要完成地面检测和飞行两方面任务。

3）相同的两套电源并联使用，地面检查都要合格，飞行中允许一套失效。

4）相同的三套制导系统并联使用，地面检查都要正常，飞行中允许一套失效。

5）四个分系统必须同时合格才能完成发射和飞行两方面任务。

6）发射必须在规定时间内完成，检测失败，也算任务失败。

7）地面检测 12h，通电工作 2h，飞行时间为 0. 5h。

8）地面环境系数π_{E1}取 5，飞行环境系数π_{E2}取 50。

9）各分系统失效率已知。

2. 建立可靠性模型

1）地面检查阶段的可靠性框图如图 4-1 所示。

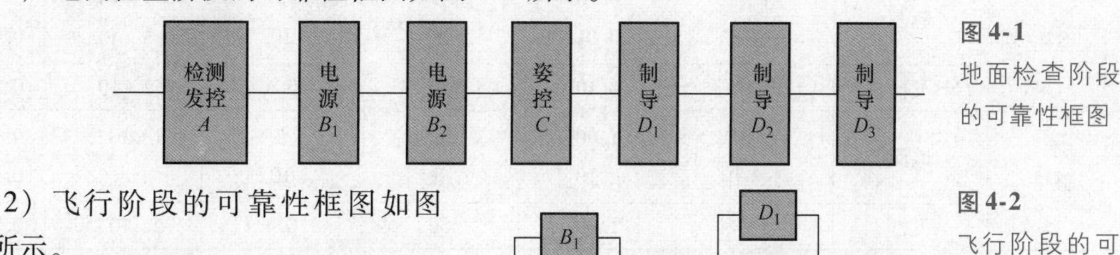

图 4-1 地面检查阶段的可靠性框图

2）飞行阶段的可靠性框图如图 4-2所示。

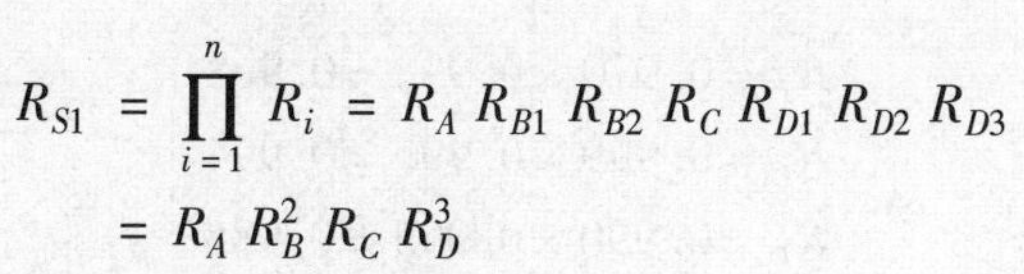

图 4-2 飞行阶段的可靠性框图

3）建立系统的可靠性数字模型。

地面检查阶段：系统为全串联结构，系统可靠性等于各分系统可靠性之积。即

$$R_{S1} = \prod_{i=1}^{n} R_i = R_A R_{B1} R_{B2} R_C R_{D1} R_{D2} R_{D3}$$
$$= R_A R_B^2 R_C R_D^3$$

飞行阶段：电源为简单并联系统，且

$$R_{B1} = R_{B2}$$
$$R_{电源} = 2R_B - R_B^2$$

制导分系统是 2/3 表决系统，且

$$R_D = R_{D1} = R_{D2} = R_{D3}$$
$$R_{制导} = 3R_D^2 - 2R_D^3$$

系统可靠性是电源、姿控和制导三个分系统可靠度的乘积，即

$$R_{S2} = (2R_B - R_B^2) R_C (3R_D^2 - 2R_D^3)$$

系统的可靠度为

$$R_S = R_{S1} R_{S2}$$

3. 确定各分系统的任务失效率

各分系统的任务失效率为

$$F = \pi_E \lambda_b t$$

经计算，各分系统的任务失效率见表 4-3。

4. 求各分系统在各任务阶段的可靠性

假定失效服从指数分布，则

$$R = e^{-\pi_E \lambda_b t}$$

根据预计的任务失效率求出各分系统在各任务阶段的可靠性。

表 4-3 分系统的任务失效率

分系统名称	任务	工作方式	失效率 $\lambda_b/(10^{-3}/\mathrm{h})$	环境系数π_E	任务时间 t/h	任务失效率 $F=\pi_E\lambda_b t$	$R=\mathrm{e}^{-F}$
电源	地面	工作	3.00	5	2	3×10^{-2}	0.970
		不工作	0.04	5	10	0.2×10^{-2}	0.998
	飞行	工作	3.00	50	0.4	6×10^{-2}	0.940
姿控	地面	工作	0.10	5	2	0.1×10^{-2}	0.999
		不工作	0.01	5	10	0.5×10^{-2}	0.995
	飞行	工作	0.10	50	0.4	0.2×10^{-2}	0.998
制导	地面	工作	1.00	5	2	1×10^{-2}	0.990
		不工作	0.10	5	10	0.5×10^{-2}	0.995
	飞行	工作	1.00	50	0.4	2×10^{-2}	0.980
检测发控	地面	工作	0.40	5	2	0.4×10^{-2}	0.996
		不工作	0.02	5	10	0.1×10^{-2}	0.999

地面阶段各分系统可靠性等于工作状态可靠性与不工作状态可靠性之积，分别为

$$R_B=0.970\times0.998=0.968$$
$$R_C=0.999\times0.995=0.994$$
$$R_D=0.990\times0.995=0.985$$
$$R_A=0.996\times0.999=0.965$$

飞行阶段各分系统的可靠性为

$$R_B=0.940$$
$$R_C=0.998$$
$$R_D=0.980$$

5. 利用系统可靠性数学模型求系统可靠性的预计值

地面为

$$R_{S1}=R_AR_B^2R_CR_D^3=0.995\times0.968^2\times0.994\times0.985^3=0.886$$

飞行阶段为

$$\begin{aligned}R_{S2}&=(2R_B-R_B^2)R_C(3R_D^2-2R_D^3)\\&=(2\times0.940-0.940^2)\times0.998\times(3\times0.980^2-3\times0.980^3)\\&=0.993\end{aligned}$$

系统总可靠度为

$$R_S=R_{S1}R_{S2}=0.886\times0.993=0.880$$

4.3 元器件计数法

元器件计数法是把设备的可靠性作为设备内所包含的各种元器件数目的函数来估算，其特点是可以快速进行预计，以便从可靠性观点来判断设

计方案是否可行。这种方法不要求了解每个元器件的详细应力和设计数据，因此适用于方案论证和早期设计阶段。

元器件计数法的具体做法为：

1）统计设备中各种型号和各种类型的元器件数目。

2）乘以相应型号或相应类型元器件的基本故障率。

3）把各乘积累加起来，即可得到部件、系统的故障率。

这种方法的优点是只使用现有的工程信息，不需要详尽地了解每个元器件的应力及元器件之间的逻辑关系，就可以迅速地估算出该系统的故障率。其数学表达式为

$$\lambda_S = \sum_{i=1}^{n} N_i(\lambda_{G_i}\pi_{Q_i}) \tag{4-3}$$

式中 λ_S——系统总的失效率；

λ_{G_i}——第 i 种元器件的失效率；

π_{Q_i}——第 i 种元器件的质量系数；

N_i——第 i 种元器件的数量；

n——系统所用元器件的种类数。

使用元器件计数法预计系统失效率时，需要考虑以下几个方面的内容：

1）系统所用元器件的种类及每种元器件的数量。

2）各类元器件的质量等级。所谓质量等级是指元器件装机使用之前，在制造、检验及筛选过程中质量的控制等级，不同质量等级的元器件的失效率差异程度用质量系数 π_{Q_i} 来表示。

3）设备应用的环境类别。元器件的应用环境不同，其失效率也不同，环境越恶劣失效率越高。因此在确定通用失效率时，应确定其环境类别。

注意：若系统的各个单元在同一条件下工作则可以直接使用式（4-3）；如果一个系统的几个单元在不同的环境条件中工作，则该式就应分别应用于不同环境的各个设备，然后再把各个故障率相加，计算出系统的总故障率。

例 4-2 用元器件计数法预计某电子产品的平均故障间隔时间 MTBF，该产品所使用的元器件及失效率见表4-4。

表 4-4 某电子产品使用的元器件及失效率

元器件类型	数量	失效率/(10^{-8}/h)	总失效率/(10^{-5}/h)
集成电路	2146	3.1	6.65
晶体管	507	2.4	1.22
二极管	1268	0.84	1.07
电容	416	1.2	0.49
电阻	2063	0.04	0.083
总和			9.513

解：取 $K=1.2$（修正系数），则

$$\lambda_S = K\sum_{i=1}^{n} n_i \lambda_i = 1.2 \times 9.513 \times 10^{-5}/\text{h} = 1.142 \times 10^{-4}/\text{h}$$

平均故障间隔时间

$$\text{MTBF} = \frac{1}{\lambda_S} = 8757\text{h}$$

4.4 相似设备法

相似设备法是利用成熟的相似系统（或产品）所得到的经验数据来估计新设备的可靠性，成熟设备的可靠性数据来自现场使用评价和试验室的试验结果。这种方法在试验初期广泛应用，在研制的任何阶段也都适用，尤其是机械系统，查不到故障数据，全靠自身数据的积累，成熟产品的详细故障数据记录越全，比较的基础越好，预计的准确度也越高，当然也取决于产品的相似程度。

相似设备法是一种比较快速粗略的预测方法，但它的优点是设计一开始就把提高系统可靠性的技术措施贯彻到工程设计中去，以免事后被迫更改设计。相似设备法一般预计程序为：

1. 确定相似产品

考虑前述的相似因素，选择确定与新产品最为相似，且有可靠性数据的产品。

2. 分析相似因素对可靠性的影响

分析所考虑的各因素对产品可靠性的影响程度，分析新产品与老产品的设计差异及这些差异对可靠性的影响。

3. 新产品可靠性预计

根据上一步的分析，确定新产品与老产品的可靠性指标值的比值，然后由有经验的专家对这些比值进行评定，最后根据比值预计出新产品的可靠性指标值。

例 4-3 某型号导弹射程为3500km，已知飞行可靠性指标 $R=0.8857$，各分系统可靠度见表4-5。为了将该型号导弹射程提高到5000km，对发动机采取了三项改进措施：①采用能量更高的装药；②发动机长度增加 1m；③发动机壳体壁厚由 5mm 减小为 4.5mm。试预计改进后的导弹飞行可靠性。

表 4-5 某型号导弹各分系统可靠度

分系统	可靠度
战斗部	0.99
安全自毁系统	0.98
弹体结构	0.99
控制系统	0.98
发动机	0.9409

解：新的导弹与原来的导弹十分相似，其区别就在发动机。根据经验，新型装药是成熟工艺，加长后的药柱质量有保证，都不会对发动机的可靠性带来大的影响，唯有壁厚减薄会使壳体强度下降，会使燃烧室的可靠性下降，因而影响发动机的可靠性。因此，可粗略地认为发动机的可靠性与壳体强度成正比。经计算，原发动机壳体的结构强度为 9.806×10^6Pa，现在发动机壳体的结构强度为 9.412×10^6Pa，则发动机的可靠度为

$$R=0.9409\times(9.412\times10^6/9.806\times10^6)=0.9033$$

这种方法对于具有继承性的或其他相似的产品是比较适用的，但对于全新的产品或功能、结构改变比较大的产品就不太适用。而且这种方法的前提是相似产品具有可靠性数据。

4.5 评分预计法

组成系统的各单元可靠性由于产品的复杂程度、技术水平、工作时间和环境条件等主要影响可靠性的因素不同而有所差异。评分预计法是在可靠性数据非常缺乏的情况下（可以得到个别产品的可靠性数据），通过有经验的设计人员或专家对影响可靠性的几种因素进行评分，对评分结果进行综合分析以获得各单元产品之间的可靠性相对比值，再以某一个已知可靠性数据的产品为基准，预计其他产品的可靠性。

1. 评分因素

评分预计法通常考虑的因素有复杂程度、技术水平、工作时间和环境条件。在工程实际中可以根据产品的特点而增加或减少评分因素。

2. 评分原则

以产品故障率为预计参数来说明评分原则，评分原则如下：

各因素评分值范围为 1 ~ 10，评分越高说明可靠性越差。

（1）复杂程度　根据组成单元的零部件数量以及它们组装的难易程度来评定。最简单的评 1 分，最复杂的评 10 分。

（2）技术水平　根据单元目前的技术水平的成熟度来评定。水平最低的评 10 分，水平最高的评 1 分。

（3）工作时间　根据单元工作的时间来评定（前提是以系统的工作时间为时间基准）。系统工作时，单元也一直工作的评 10 分，工作时间最短的评 1 分。如果系统中所有单元的故障率是以系统工作时间为基准，即所有单元故障率统计是以系统工作时间为同级时间计算的，那么各单元的工作时间虽不相同，但统计时间却相等（实际工作中，外场统计很多是以系统工作时间统计的），因此必须考虑此因素，如果系统中所有单元的故障率是以单元自身工作时间为基准，即所有单元故障率统计是以单元自身工作时间为统计时间计算的，则各单元的工作时间不相同时，故障率统计时间也不同，可不考虑此因素。

（4）环境条件　根据单元所处的环境来评定。单元工作过程中会处于

极其恶劣和严酷的环境条件评 10 分，环境条件最好的评 1 分。

3. 预计方法

已知某单元的故障率为 λ^*，则其他单元故障率 λ_i 为

$$\lambda_i = \lambda^* C_i \tag{4-4}$$

式中 C_i——第 i 个单元的评分系数，$i=1, 2, \cdots, n$；n 为单元数。

$$C_i = \omega_i / \omega^* \tag{4-5}$$

式中 ω_i——第 i 个单元评分数；

ω^*——故障率为 λ^* 的单元的评分数。

$$\omega_i = \prod_{j=1}^{4} r_{ij} \tag{4-6}$$

式中 r_{ij}——第 i 个单元第 j 个因素的评分数，$j=1$ 代表复杂程度，$j=2$ 代表技术水平，$j=3$ 代表工作时间，$j=4$ 代表环境条件。

例 4-4 某飞行器由动力装置、武器、制导装置、飞行控制装置、机体、辅助动力装置六个分系统组成。已知制导装置故障率为 284.5×10^{-6}/h，即 $\lambda^*=284.5\times10^{-6}$/h，试用评分预计法求其他分系统的故障率。

解：其他分系统的故障率见表 4-6。

表 4-6 某飞行器的故障率计算

序号	分系统	复杂程度 r_{i1}	技术水平 r_{i2}	工作时间 r_{i3}	环境条件 r_{i4}	第 i 个单元评分数 ω_i	第 i 个单元评分系数 $C_i=\omega_i/\omega^*$	其他单元的故障率/(10^{-6}/h)，$\lambda_i=\lambda^* C_i$
1	动力装置	5	6	5	5	750	0.3	85.4
2	武器	7	6	10	2	840	0.335	95.6
3	制导装置	10	10	5	5	2500	1.0	284.5
4	飞行控制装置	8	8	5	7	2240	0.896	254.9
5	机体	4	2	10	8	640	0.256	72.8
6	辅助动力装置	6	5	5	5	750	0.3	85.4

评分预计法主要适用于产品的初步设计与详细设计阶段，可用于各类产品的可靠性预计。这种方法是在产品可靠性数据十分缺乏的情况下进行可靠性预计的有效手段，但其预计的结果受人为因素影响较大。因此，在应用时，尽可能多请几位专家评分，以保证评分的客观性，提高预计的准确性。

4.6 上下限法

4.6.1 基本原理

上下限法又称为界限法，其基本思想是将一个不能用前述数学模型法求解的复杂系统，先简单地看成是某些单元的串联系统，求该串联系统的

可靠度预计值的上限值和下限值，然后再逐步考虑系统的复杂情况，并逐次求出可靠度越来越精确的上限值和下限值，当达到一定的精度要求后，再将上限值和下限值做数学处理，合成一个单一的可靠度预计值，它应是满足实际精确度要求的可靠度值。

上下限法的原理是根据 $R=1-F$，把1减去系统的失效概率作为可靠度预计的上限值 R_{U}，而把系统的成功概率相加作为可靠度的下限值 R_{L}。在计算上限的过程中，略去了某些失效概率，这时所得出的可靠度就比实际的要高，所以定为上限。同样，在下限计算中，略去了某些成功的概率，这时所预计出来的可靠度就比实际的要低，所以定为下限。

上下限法可用如图4-3所示的图解表示。若用 $R_{上限}^{(m)}$ 代表第 m 次简化的系统可靠度上限值，用 $R_{下限}^{(n)}$ 代表第 n 次简化的系统可靠度下限值，则图中 $R_{上限}^{(1)}$ 和 $R_{上限}^{(2)}$ 分别代表第1次和第2次简化的系统可靠度上限值，$R_{下限}^{(1)}$、$R_{下限}^{(2)}$ 和 $R_{下限}^{(3)}$ 分别代表第1次、第2次和第3次简化的系统可靠度下限值。由于每次简化都在前一次简化的基础上进行，因此选定的 m 值和 n 值越大，得出的系统可靠度上限值和下限值就越逼近可靠度真值。如果略去的情况越少，上下限就越接近。

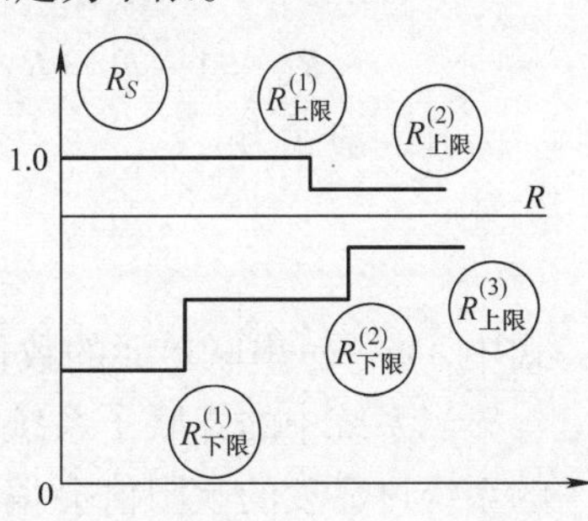

图4-3 上下限法的图解表示

根据求得的系统可靠度上、下限值 R_{U}、R_{L}，可求出系统可靠度的单一预测值。最简单的办法就是求它们的算术平均值，但经验表明该值偏于保守。一般都采用式（4-7）进行计算，即

$$R_S=1-\sqrt{(1-R_{\mathrm{U}})(1-R_{\mathrm{L}})} \tag{4-7}$$

4.6.2 预计方法

现以图4-4所示六单元混联系统为例进行上下限法分析。

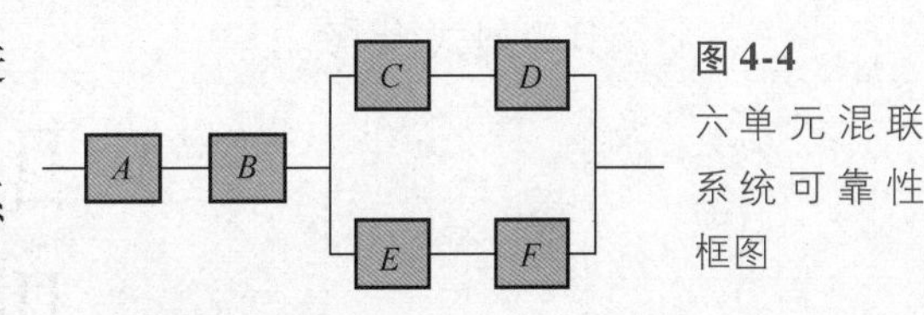

图4-4 六单元混联系统可靠性框图

图4-4所示为一个具有六个单元的混联系统，用数学模型的方法来计算时，可立即得出

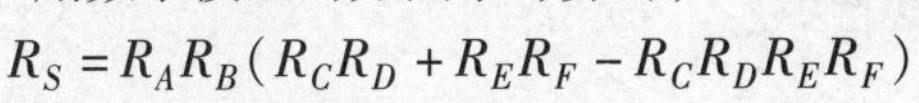

$$R_S=R_AR_B(R_CR_D+R_ER_F-R_CR_DR_ER_F)$$

如用不可靠度 F 来表示时，$F=1-R$，则上式可化成下列两种形式：

$$R_S=R_AR_BR_CR_DR_ER_F\left(1+\frac{F_C}{R_C}+\frac{F_D}{R_D}+\frac{F_E}{R_E}+\frac{F_F}{R_F}+\frac{F_CF_D}{R_CR_D}+\frac{F_EF_F}{R_ER_F}\right)$$

或

$$R_S=R_AR_B(1-F_CF_E-F_EF_D-F_CF_F-F_DF_F+F_CF_DF_F+F_CF_EF_F+F_CF_DF_E+F_DF_EF_F-F_CF_DF_EF_F)$$

1. 上限值计算

当系统中的并联子系统的可靠性很高时，可以认为这些并联部分或冗

余部分的可靠度都近似于1，而系统失效主要是由串联单元引起的，因此在计算系统可靠度的上限值时，只考虑系统中的串联单元。

因此，可靠度上限值计算的第一步：

$$R_{U_1}=1-F_1$$

F_1 为只考虑串联单元发生失效时的失效概率，即忽略了并联单元的失效概率。

$$\begin{aligned}F_1&=F_AR_B+F_BR_A+F_AF_B\\&=(1-R_A)R_B+(1-R_B)R_A+(1-R_A)(1-R_B)\\&=1-R_AR_B\end{aligned}$$

$$R_{U_1}=1-F_1=R_AR_B$$

其一般式为

$$R_{U_1}=\prod_{i=1}^{m}R_i \tag{4-8}$$

式中　m——串联单元的数目。

当系统中的并联子系统的可靠性较差时，若只考虑串联单元则所算得的系统可靠度的上限值会偏高，因而应当考虑并联子系统对系统可靠度上限值的影响。

因此，可靠度上限值计算的第二步：

R_{U_2}为考虑串联单元正常时，并联单元中有两个（一对）元件发生失效而引起系统失效的概率的可靠度。F_2 为并联单元中有两个（一对）元件失效而引起系统失效的失效概率。

$$F_2=R_AR_B(F_CF_E+F_CF_F+F_DF_E+F_DF_F)$$

$$R_{U_2}=1-F_1-F_2=R_AR_B[1-(F_CF_E+F_CF_F+F_DF_E+F_DF_F)]$$

若与数学模型方法比较，可见略去了失效概率中的高阶项，即 $F_CF_DF_F$、$F_CF_EF_F$、$F_CF_DF_E$、$F_DF_EF_F$和 $F_CF_DF_EF_F$。

其一般式为

$$\begin{aligned}R_U&=\prod_{i=1}^{m}R_i-\prod_{i=1}^{m}R_i\sum_{K,K'=1}^{x}(F_KF_{K'})\\&=\prod_{i=1}^{m}R_i[1-\sum_{K,K'=1}^{x}(F_KF_{K'})]\end{aligned} \tag{4-9}$$

式中　m——系统中的串联单元数；

x——同一并联单元中两个元件同时故障引起系统故障的状态数，此例 $x=4x$；

$F_KF_{K'}$——同一并联单元中两个元件同时失效而导致系统失效时，该两个单元失效概率之积。

2. 下限值计算

首先是把系统中的所有单元，不管是串联的、并联的还是贮备的，都看成是串联的。这样，即可得出系统的可靠度下限初始值 R_{L_0}为

$$R_{L_0}=R_A R_B R_C R_D R_E R_F \tag{4-10}$$

其一般式为

$$R_{L_0} = \prod_{i=1}^{n} R_i \tag{4-11}$$

式中　n——系统中的单元数。

实际上在系统的并联子系统中如果仅有一个单元失效，系统仍能正常工作。有的并联子系统，甚至允许有两个、三个或更多的单元失效而不影响整个系统的正常工作，考虑这些因素对系统可靠度的影响，则系统的可靠度下限值应逐步计算。

以 R_{L_P} 表示并联单元中只有一个失效时，系统正常工作的概率。

$$R_{L_P}=R_A R_B F_C R_D R_E R_F+R_A R_B R_C F_D R_E R_F+R_A R_B R_C R_D F_E R_F+R_A R_B R_C R_D R_E F_F$$
$$=R_A R_B R_C R_D R_E R_F\left(\frac{F_C}{R_C}+\frac{F_D}{R_D}+\frac{F_E}{R_E}+\frac{F_F}{R_F}\right)$$

其一般式为

$$R_{L_P} = \prod_{i=1}^{n} R_i\left(\sum_{j=1}^{q} \frac{F_j}{R_j}\right) \tag{4-12}$$

式中　n——系统中的单元数；

　　q——并联单元中一个元件失效后，系统能正常工作的状态数。

$$R_{L_1}=R_{L_0}+R_{L_P}$$

其一般式为

$$R_{L_1} = \prod_{j=1}^{n} R_i\left(1+\sum_{j=1}^{q} \frac{F_j}{R_j}\right) \tag{4-13}$$

R_{L_1} 为系统中没有元件失效和有一个并联元件失效，系统正常工作的概率。

如以 R_{L_t} 表示下限值的第三步计算。R_{L_t} 为并联单元中有两个元件失效时系统正常工作的概率。

$$R_{L_t}=R_A R_B F_C F_D R_E R_F+R_A R_B R_C R_D F_E F_F$$
$$=R_A R_B R_C R_D R_E R_F\left(\frac{F_C F_D}{R_C R_D}+\frac{F_E F_F}{R_E R_F}\right)$$

其一般式为

$$R_{L_t} = \prod_{i=1}^{n} R_i\left(\sum_{K,L=1}^{p} \frac{F_K}{R_K}\frac{F_L}{R_L}\right) \tag{4-14}$$

式中　p——并联单元中两个元件失效，系统能正常工作的状态数。

$$R_{L_2}=R_{L_1}+R_{L_t}$$

R_{L_2}——系统中没有元件失效和有一个并联元件失效和有两个并联元件失效，系统正常工作的概率。

其一般式为

$$R_{L_2} = \prod_{i=1}^{n} R_i\left(1+\sum_{j=1}^{q} \frac{F_j}{R_j}+\sum_{K,L=1}^{q} \frac{F_K}{R_K}\cdot\frac{F_L}{R_L}\right) \tag{4-15}$$

3. 按上、下限值综合预计系统的可靠度

根据上面求得的系统可靠度上、下限值，采用式（4-7）综合预计系统的可靠度。

4.6.3 上下限法的特点与注意事项

上下限法是一个经验法则，没有严格的数学推导，但实质上是一种简化了的数学模型计算法。由于只是略去了高阶项，这样虽然在精度上受了些影响，但还是保证有一定的精确度，而且大大简化了计算，节省了大量时间。

当系统太复杂，无法建立精确的数学模型时，它的优点特别突出，因此，这种方法都用在比较复杂的系统上。美国已将此法用于阿波罗飞船（复杂系统）的可靠性预计上，其精度已被实践所证明。在处理复杂系统时，它比模拟法节省费用；当系统较简单时，用此法又比数学模型法简便，且所得结果也相当精确。

该方法不苛求单元之间是否相互独立，且各种冗余系统都可使用，也适用于多种目的的系统可靠性预计。由于上下限法需要预先知道各个单元的可靠度，因此一般用于详细设计阶段。

采用上下限法计算系统可靠度时，为了使预计值在真值附近并逐渐逼近它，在计算上下限时，立足点一定要相同。也就是说，上限值和下限值的数量级要相当。具体地说，如果上限只考虑一个单元发生故障引起系统出现故障的情况，下限也必须只考虑没有单元故障和并联单元中一个单元发生故障时，系统正常工作的情况。如果上限只考虑一个单元发生故障及同一并联单元中两个单元同时发生故障的情况，则下限须考虑没有单元故障，并联单元中一个元件发生故障及同一并联单元中两个元件发生故障时，系统正常工作的情况。

考虑的情况越多，算出的上、下限值就越接近，但计算也越复杂，也就失去了这个方法的优点。实际上，两个较粗略的上、下限值和两个精确的上、下限值分别综合起来得到的两种系统可靠度预计值一般相差不会太大。

4.7 修正系数法

修正系数法预计的基本思路是虽然机械产品的“个性”较强，难以建立产品级的可靠性预计模型，但若将它们分解到零件级，则有许多基础零件是通用的。如密封件既可用于阀门，也可用于作动器或气缸等。

通常将机械零件分成密封件、弹簧、电磁铁、阀门、轴承、齿轮、花键、作动器、泵、过滤器、制动器和离合器等多类。这样，对诸多零件进行故障模式及影响分析，找出其主要故障模式及影响这些模式的主要设计与使用参数，再通过数据收集、处理及回归分析，就可以建立各零件故障率与上述参数的数学函数关系（即故障率模型或可靠性预计模型）。

实践结果表明，具有耗损特征的机械产品，在其耗损期到来之前的一定使用期限内，某些机械产品寿命近似服从指数分布。例如，《机械设备可靠性预计程序手册》中介绍的齿轮故障率模型表达式为

$$\lambda_{GE}=\lambda_{GE\cdot B}C_{GS}C_{GP}C_{GA}C_{GL}C_{GN}C_{GT}C_{GV} \tag{4-16}$$

式中 λ_{GE}——在特定使用情况下齿轮故障率（故障数/10^6r）；

$\lambda_{GE\cdot B}$——制造商确定的基本故障率（故障数/10^6r）；

C_{GS}——计及速度偏差的修正系数；

C_{GP}——计及扭矩偏差（相当于设计）的修正系数；

C_{GA}——计及不同轴性的修正系数；

C_{GL}——计及润滑偏差（相对于设计）的修正系数；

C_{GN}——计及污染环境的修正系数；

C_{GT}——计及温度的修正系数；

C_{GV}——计及振动和冲击的修正系数。

4.8 系统可靠性预计的注意事项与局限性

1. 系统可靠性预计的注意事项

1）应尽早地进行可靠性预计，以便当任何层次上的可靠性预计值未达到可靠性分配值时，能及早地在技术上和管理上予以注意，并采取必要的措施。

2）在系统（产品）研制的各个阶段，可靠性预计应反复迭代进行。在方案论证和初步设计阶段，由于缺乏较准确的信息，所做的可靠性预计只能提供大致的估计值，为设计者和管理人员提供关于达到可靠性要求的有效反馈信息。随着设计工作的进展，产品定义进一步确定和可靠性模型的细化，可靠性预计工作也应反复进行。

3）可靠性预计结果的相对意义比绝对值更为重要。一般而言，预计值与实际值的误差在 1 ~2 倍之内可认为是正常的。通过可靠性预计可以找到系统易出故障的薄弱环节，加以改进；在对不同的设计方案进行优选时，可靠性预计结果是方案优选、调整的重要依据。

4）可靠性预计值应大于成熟期的规定值。

2. 系统可靠性预计的局限性

系统可靠性预计本身是根据已有数据、资料，对产品可靠性的一种预测。因此，可靠性预计值会与用户测得的现场可靠性有一定差值。但这并不否定可靠性预计在可靠性工程中的价值，而是提示人们在进行可靠性预计时，灵活地使用各行业可靠性手册中所提供的数据和资料，使得预测结果接近实际可靠度。可靠性预计具有局限性的原因包括以下两方面：

（1）数据收集　元器件的失效率模型是根据有限数据进行的点估计，因此失效率模型在获得数据所处的条件下适用，虽然对所覆盖的元器件进

行了某些外推，但也不能满足新器件、新工艺的发展需要。通常数据积累的速度比技术发展的速度还要慢，因此数据永远也达不到有效的程度，这正是可靠性预计的局限性。

(2) 预计技术的复杂性　预计的方法简单，就会忽略细微的差别，预计就不会准确。但预计的方法太细微，又可能使预计工作花费很长的时间和很高的费用，甚至可能延误主要硬件的研制工作。而且在早期的设计阶段，有许多细节不可能获得。所以在不同的阶段，应采用不同的预计方法。

可靠性预计的主要价值在于：它可以作为设计手段，对设计决策提供依据。因此，要求预计工作具有及时性，即要求在决策之前做出预计，提供有用的信息。否则可靠性预计就会失去应有的意义。为了达到预计的及时性，在设计的不同阶段及系统的不同级别上采取的预计方法是不同的。

习　题

4-1　什么是可靠性预计？

4-2　简述可靠性预计的步骤。

4-3　简述可靠性预计的主要价值与局限性。

4-4　某系统可靠性逻辑框图如图 4-5 所示，其中 7 个组成单元的可靠度分别为$R_1=0.8$，$R_2=0.7$，$R_3=0.8$，$R_4=0.7$，R_5，$R_4=0.1$，$R_6=0.7$，$R_7=0.8$，试用上下限法求系统的可靠度。

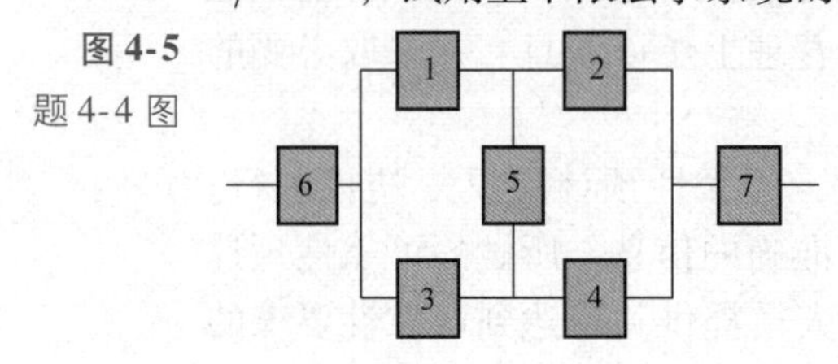

图 4-5
题 4-4 图

第5章

系统可靠性分配

5.1 系统可靠性分配概述

5.1.1 可靠性分配的定义

在机械产品的设计阶段，首先必须确定整个机械系统的可靠性指标，这一指标一般由订购方提出并在研制合同中规定。为了保证这一指标的实现，必须把系统的指标分配给各个分系统，然后再把各个分系统的可靠性指标分配给下一级的单元，一直分配到零件级。这种把系统的可靠性指标按一定的原则合理地分配给分系统和零部件的方法叫作可靠性分配（Reliability Allocation）。

5.1.2 可靠性分配的目的

可靠性指标分配的目的是使各级设计人员明确产品可靠性设计的要求，将产品的可靠性定量要求分配到规定的层次中去。通过定量分配，使整体和部分的可靠性定量要求协调一致，并把设计指标落实到产品相应层次的设计人员身上，用这种定量分配的可靠性来估计所需的人力、时间和资源，以保证可靠性指标的实现。

通过可靠性分配还可以论证所确定的产品可靠性指标是否合理。通过分配，如果发现各单元均难以达到所分配的可靠性指标，则说明确定的可靠性指标过高，需做适当降低；反之则可以适当提高。如果可靠性指标必须达到，则应重新改进系统及各部件的设计，以满足要求。

简而言之，就是明确要求，落实任务，研究达到要求和实现任务的可能性及方法。可归纳为以下几点：

1）帮助设计者了解元器件、部件或子系统的可靠度与整机的可靠度之间的关系，分析整机可靠性指标是否能够得到保证。

2）在保证整机可靠度的前提下，明确对子系统、部件、元器件的可靠性要求。

3）促使设计者全面考虑诸如重量、费用和性能等因素，以期获得合理的设计。

4）暴露系统的薄弱环节，为改进设计提供依据。

5.1.3 可靠性分配的过程

可靠性分配是一个由整体到局部、由上到下的分解过程。通过分配把责任落实到相应层次产品的设计人员身上，并用这种定量分配的可靠性要求估计所需的人力、时间和资源。

如果说可靠性预计是按零部件→分系统→系统自下而上进行的话，那么可靠性分配则是按系统→分系统→零部件自上而下地落实可靠性指标的过程。预计是分配的基础，所以一般总是先进行可靠性预计，再进行可靠性分配。在分配过程中，若发现了薄弱环节，就要改进设计或调换零部件和分系统。这样一来又需要重新预计、重新分配。所以，两者结合起来就形成了一个自下而上，又自上而下的反复过程，直到主观要求与客观现实达到统一为止。

5.1.4 可靠性分配的本质

可靠性分配的本质是一个工程决策问题，应按系统工程原则“技术上合理，经济上效益高，时间方面见效快”来进行。在进行可靠性分配时，必须明确目标函数和约束条件。随着目标函数和约束条件的不同，可靠性的分配方法也会有所不同。有的是以系统可靠度指标为约束条件，把体积、重量、成本等系统参数值尽可能减小作为目标函数；有的则以体积、重量、成本等为约束条件，要求将系统可靠度尽可能高地分配到各单元，一般还应根据系统的用途分析哪些参数应予以优先考虑，哪些单元在系统中占有重要位置，其可靠度应予以优先保证等来选择设计方案。

可靠性分配的关键在于求解下面的基本不等式：

$$f(R_1,\ R_2,\ \cdots,\ R_n) \geqslant R_S^* \tag{5-1}$$

式中 R_S^*——系统的可靠性指标；

R_1，R_2，…，R_n——分配给第1，2，…，n 个分系统的可靠性指标；

$f(R_i)$——分系统的可靠性和系统的可靠性之间的函数关系。

对于简单的串联系统而言，式（5-1）就成为

$$R_1(t)R_2(t)\cdots R_n(t) \geqslant R_S^* \tag{5-2}$$

如果对分配没有任何约束条件的话，式（5-1）有无数个解。因此，要确定一个方法，通过该方法能得到合理的可靠性分配值的唯一解或有限个解。

5.1.5 可靠性分配的原则

可靠性分配的方法很多，但要做到根据实际情况又在当前技术水平允许的条件下，既快又好地分配可靠性指标也不是一件容易的事情。一个产品的设计，往往采用了以前成功产品的部件，如果这些部件的可靠性数据

已经收集得比较完整，那么可靠性分配就容易得多。

实际上不论哪一种方法都不可能完全反映产品的实际情况。由于机械产品各不相同，工程上的问题又各式各样，因此在做具体可靠性分配时，需要留有一定的可靠性指标余量作为机动使用，或者按某一原则先计算出各级可靠性指标，然后根据以下的几点原则做一定程度的修正。在进行可靠性分配时有六点原则可以考虑：

1）对于改进潜力大的分系统或部件，分配的指标可以高一些。

2）由于系统中关键件发生故障将会导致整个系统的功能受到严重影响，因此关键件的可靠性指标应分配得高一些。

3）在恶劣环境条件下工作的分系统或部件，可靠性指标要分配得低一些。

4）新研制的产品，采用新工艺、新材料的产品，可靠性指标也应分配得低一些。

5）易于维修的分系统或部件，可靠性指标可以分配得低一些。

6）复杂的分系统或部件，可靠性指标可以分配得低一些。

另外，在进行可靠性分配时要掌握系统和零部件的可靠性预计数据，如果预计的数据不十分精确时，相对的预计值也是有很大用处的。其次必须考虑当前的技术水平，要按现有的技术水平在费用、生产、功能、研制时间等限制条件下，考虑所能达到的可靠性水平，单纯地提高分系统或元器件的可靠度是不现实的也是没有意义的。

5.2 比例组合法

如果一个新设计的系统与老的系统非常相似，也就是组成系统的各分系统类型相同，对于这个新系统只是根据新情况提出新的可靠性要求。考虑一般情况下设计都具有继承性，即根据新的设计要求在原来老产品的基础上进行改进。这样新老产品的基本组成部分非常相似，此时若有老产品的故障统计数据（如某个分系统的故障数占系统的故障数的比例），那么就可应用比例组合法由老系统中各分系统的失效率，按新系统可靠性要求，给新系统的各分系统分配失效率。其数字表达式为

$$\lambda_{i新} = \lambda_{i老}\lambda_{S新}/\lambda_{S老} \tag{5-3}$$

式中 $\lambda_{i新}$——分配给第 i 个新的分系统的失效率；

$\lambda_{S新}$——规定的新系统失效率；

$\lambda_{i老}$——老系统中第 i 个分系统的实效率；

$\lambda_{S老}$——老系统的失效率。

如果有老系统中各分系统故障占系统故障数百分比 K_i 的统计资料，而且新老系统又极相似，那么可以按式（5-4）进行分配。即

$$\lambda_{i新} = \lambda_{S新}K_i \tag{5-4}$$

式中 K_i——第 i 个分系统故障数占系统故障数的百分比。

这种做法的基本出发点是，考虑原有系统基本上反映了一定时间内产品能实现任务的可靠性，如果在技术方面没有什么重大的突破，那么按照现实水平把新的可靠性指标按原有能力成比例地进行调整是完全合理的。

比例组合法只适用于新、老系统结构相似，而且有老系统统计数据或是在已有各组成单元预计数据基础上进行分配的情况。

例 5-1 有一个液压系统，其故障率 $\lambda_{S老}=256.0\times10^{-6}/h$，各分系统的故障率见表 5-1。现设计一个新的液压动力系统，其组成部分与老系统完全一样，只是要求提高新系统的可靠性，即 $\lambda^*_{S新}=200.0\times10^{-6}/h$，试把这个指标分配给各分系统。

表 5-1 某液压系统各分系统的故障率

序号	分系统名称	$\lambda_{i老}/(10^{-6}/h)$	$\lambda^*_{i新}/(10^{-6}/h)$
1	油箱	3.0	2.3
2	拉紧装置	1.0	0.78
3	液压泵	75.0	59.0
4	电动机	46.0	36.0
5	止回阀	30.0	23.0
6	安全阀	26.0	20.0
7	过滤器	4.0	3.1
8	联轴器	1.0	0.78
9	导管	3.0	2.3
10	起动器	67.0	52.0
	总计（系统）	256.0	199.26

解：1）已知：$\lambda^*_{S新}=200.0\times10^{-6}/h$；$\lambda_{S老}=256.0\times10^{-6}/h$。

2）计算：$\lambda^*_{S新}/\lambda_{S老}=200.0\times10^{-6}/(256.0\times10^{-6})=0.78125$

3）利用式（5-3）计算分配给各分系统的故障率（见表 5-1 中第 4 列）。

$$\lambda^*_{油箱}=3.0\times10^{-6}/h\times0.78125\approx2.3\times10^{-6}/h$$

$$\lambda^*_{拉紧装置}=1.0\times10^{-6}/h\times0.78125\approx0.78\times10^{-6}/h$$

$$\vdots$$

$$\lambda^*_{起动器}=67.0\times10^{-6}/h\times0.78125\approx52.0\times10^{-6}/h$$

4）验算：$\lambda_{S新}=\sum_{i=1}^{10}\lambda^*_{i新}=199.26\times10^{-6}/h<\lambda^*_{i新}$

5.3 评分分配法

1. 基本含义

在可靠性数据非常缺乏的情况下，通过有经验的设计人员或专家对影响可靠性的几种因素进行评分，对评分进行综合分析而获得各单元产品之间的可靠性相对比值，根据评分情况给每个分系统或设备分配可靠性指标。

主要考虑以下四种因素，即复杂程度、技术水平、环境条件及工作时间。每种因素的分数为1~10。

复杂程度——根据组成分系统的零部件数量以及它们组装的难易程度来评分，最简单的评1分，最复杂的评10分。

技术水平——根据分系统目前的技术水平和成熟程度来评分，水平最低的评10分，水平最高的评1分。

环境条件——根据分系统所处的环境条件来评分，分系统经受极其恶劣而严酷的环境条件的评10分，环境条件最好的评1分。

工作时间——根据分系统任务时间评分，任务时间长的评10分，短时工作的评1分。

2. 分配原理

分配给每个分系统的失效率 λ_i 为

$$\lambda_i = C_i \lambda_S \tag{5-5}$$

式中 C_i——第 i 个分系统的评分系数；

λ_S——规定的系统失效率指标。

$$C_i = \omega_i / \omega \tag{5-6}$$

式中 ω_i——第 i 个分系统的评分系数；

ω——系统的评分数。

$$\omega_i = \prod_{i=1}^{4} r_{ij} \tag{5-7}$$

式中 r_{ij}——第 i 个分系统第 j 个因素的评分数，$j=1$ 代表复杂程度，$j=2$ 代表技术水平，$j=3$ 代表环境条件，$j=4$ 代表工作时间。

$$\omega = \sum_{i=1}^{n} \omega_i \tag{5-8}$$

式中 i——分系统数。

3. 分配步骤

1）确定系统的基本可靠性指标，对系统进行分析，确定评分因素。

2）确定该系统中“货架”产品或已单独给定可靠性指标的产品。

3）聘请评分专家，专家人数不宜过少（至少5人）。

4）产品设计人员向评分专家介绍产品及其组成部分的构成、工作原理、功能流程、任务时间、工作环境条件、研制生产水平等情况；或专家通过查阅相关技术文件获得相关信息。

5）评分。首先由专家按照评分原则给各单元打分，填写评分表格。再由负责可靠性分配的人员，将各专家对产品的各项评分总和，即每个单元的4个因素评分为各专家评分的平均值，填写表格。

6）按公式分配各单元可靠性指标。

5.4 等分配法

为了使系统达到规定的可靠度水平，不考虑各单元的重要程度等因素而给所有的单元分配相等的可靠度，这种分配方法称为等分配法（Equal Apportionment Technique）。

1. 串联系统的可靠度分配

当系统中 n 个单元具有近似的复杂程度、重要性以及制造成本时，可用等分配法分配系统各单元的可靠度。这种分配法的另一出发点是考虑串联系统的可靠度往往取决于系统中的最弱单元。因此，对其他单元分配以高的可靠度无实际意义。

设系统由 n 个单元串联而成，则系统的预计可靠度为

$$R_S = \prod_{i=1}^{n} R_i$$

式中 R_i——第 i 单元原预计的可靠度。

若系统按要求的可靠度已知为 $R'_S = R_S$，则按等分配法分配给各单元的可靠度为

$$R_i = (R_S)^{\frac{1}{n}} \quad i=1, 2, \cdots, n \tag{5-9}$$

式中 R_i——第 i 单元的可靠度分配值。

2. 并联系统的可靠度分配

当系统的可靠度指标要求很高而选用已有的单元又不能满足要求时，则可选用 n 个相同单元的并联系统，这时单元的可靠度 R_i 可大大低于系统的可靠度 R_S。

$$R_S = 1 - (1 - R_i)^n$$

故单元的可靠度应分配为

$$R_i = 1 - (1 - R_S)^{\frac{1}{n}} \tag{5-10}$$

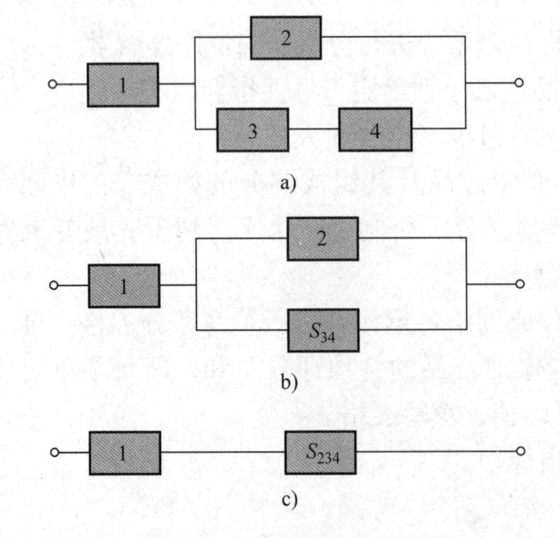

图 5-1 串并联系统的可靠度分配
a）串并联系统
b）中间等效系统
c）等效系统

3. 串并联系统的可靠度分配

如利用等分配法对串并联系统进行可靠度分配时，可先将串并联系统简化为“等效串联系统”和“等效单元”，再给同级等效单元分配以相同的可靠度。

例如，对于图 5-1a 所示的串并联系统做两步简化后，则可先从最后的等效串联系统（图 5-1c）开始按等分配法对各单元分配可靠度。即

$$R_1 = R_{S234} = R_S^{\frac{1}{2}}$$

再由图5-1b分配得

$$R_2 = R_{S34} = 1 - (1 - R_{S234})^{\frac{1}{2}}$$

然后再求图5-1a中的R_3及R_4，得

$$R_3 = R_4 = R_{S234}{}^{\frac{1}{2}}$$

这一方法简单易行，但在进行可靠度分配时，未考虑组成系统的各分系统的特殊工作条件及复杂程度，因此分配不太合理，但在系统简单、各分系统的复杂程度应用条件相似，且要求又不太高的情况下，又是一个粗略简便的方法，故有时也被采用。

5.5 再分配法

如果已知串联系统（或串并联系统的等效串联系统）各单元的可靠度预计值为$\widehat{R}_1$，$\widehat{R}_2$，…，$\widehat{R}_n$，则系统的可靠度预计值为

$$\widehat{R}_n = \prod_{i=1}^{n} \widehat{R}_i$$

若设计规定的系统可靠度指标$R_S > \widehat{R}_S$，表示预计值不能满足要求，需改进单元的可靠度值并按规定的R_S值做再分配计算。显然，提高低可靠性单元的可靠度并按等分配法进行再分配，效果要好且容易些，为此，先将各单元的可靠度预计值按由小到大的次序排列，则有

$$\widehat{R}_1 < \widehat{R}_2 < \cdots < \widehat{R}_m < \widehat{R}_{m+1} < \cdots < \widehat{R}_n$$

令$R_1 = R_2 = \cdots = R_m = R_0$，并找出$m$值，使

$$\widehat{R}_m < R_0 = \left(\frac{R_S}{\prod_{i=m+1}^{n} \widehat{R}_i}\right)^{\frac{1}{m}} < \widehat{R}_{m+1} \tag{5-11}$$

单元可靠度的再分配可按下式进行

$$\left.\begin{aligned} R_1 &= R_2 = \cdots = R_m = \left(\frac{R_S}{\prod_{i=m+1}^{n} \widehat{R}_i}\right)^{\frac{1}{m}} \\ R_{m+1} &= \widehat{R}_{m+1}, R_{m+2} = \widehat{R}_{m+2}, \cdots, R_n = \widehat{R}_n \end{aligned}\right\} \tag{5-12}$$

例5-2 设串联系统4个单元的可靠度预计值由小到大的排列为$\widehat{R}_1 = 0.9507$，$\widehat{R}_2 = 0.9570$，$\widehat{R}_3 = 0.9856$，$\widehat{R}_4 = 0.9998$。若设计规定串联系统的可靠度$R_S = 0.9560$，试进行可靠度再分配。

解：由于系统的可靠度预计值（$\widehat{R}_S = 0.8965$）不能满足设计指标，因此要提高单元的可靠度，并进行可靠度再分配。

设$m = l$，则由式（5-11）得

$$R_0 = \left(\frac{R_S}{R_2R_3R_4}\right)^{\frac{1}{1}} = \left(\frac{0.9650}{0.9570 \times 0.9856 \times 0.9998}\right)^1 = 1.0138 > \widehat{R_2}$$

因此需另设 m 值，设 $m=2$，则有

$$R_0 = \left(\frac{R_S}{R_3R_4}\right)^{\frac{1}{2}} = \left(\frac{0.9650}{0.9856 \times 0.9998}\right)^{\frac{1}{2}} = 0.9850$$

$$\widehat{R_2} = 0.9570 < R_0 = 0.9850 < \widehat{R_3} = 0.9856$$

因此，分配有效，再分配的结果为

$$R_1 = R_2 = 0.9850,\quad R_3 = \widehat{R_3} = 0.9856,\quad R_4 = \widehat{R_4} = 0.9998$$

5.6 代数分配法（AGREE 法）

系统可靠度代数分配法是由美国电子设备可靠性顾问组（AGREE）提出的，因而又称 AGREE 法。这种方法既考虑组成系统的各子系统的重要程度，又考虑各子系统的复杂程度，所以既适用于串联系统，也适用于并联和串联同时存在的混联系统。

应用代数法进行系统可靠度分配的关键是要分析各子系统的重要程度和复杂程度，要熟悉和掌握组成系统的各子系统的结构和功能，从而确定各子系统的重要性因子和复杂性因子。

1. 子系统重要程度对可靠度分配的影响

设系统 A 由 n 个子系统 A_1，A_2，…，A_n 组成，要求系统 A 的故障率为 λ，要求分配给各子系统的故障率为 λ_1，λ_2，…，λ_n。若系统 A 和子系统的故障服从指数分布，则在不考虑各子系统的重要程度时，第 i 个子系统应达到的可靠度为

$$R'_i = e^{-\lambda_i t_i} \tag{5-13}$$

式中　t_i——第 i 个子系统的实际工作时间。

事实上，由于子系统的功能不同，因而在系统中的作用不一样，即各子系统在系统中的重要程度不一样。在代数分配法中，用子系统出现故障对整个系统是否发生故障的作用和影响，来描述子系统的重要程度。引入重要性因子 W_i，重要性因子的定义为

$$W_i = \frac{\text{第 } i \text{ 个子系统的故障引起系统故障次数}}{\text{第 } i \text{ 个子系统的故障次数}} \tag{5-14}$$

W_i 称为第 i 个子系统的重要性因子，也称重要性系数。对于串联子系统而言，由可靠性串联结构模型可知，各串联子系统中有任意一个出现故障，都将引起整个系统发生故障，因而各串联系统的重要程度都是相同的，它们的重要性因子 $W_i=1$；但是，对于并联子系统而言，它出现某些故障时，并不一定会引起整个系统发生故障，因而不同的并联子系统具有不同的重要程度，它们的重要性因子 $W_i<1$。

由子系统重要性因子的定义式（5-14）可知，第 i 个子系统的重要性

因子 W_i 就是第 i 个子系统的故障引起整个系统发生故障的概率。再由式(5-13)可知，在不考虑子系统重要程度的条件下，第 i 个子系统的故障概率为

$$F'_i = 1 - e^{-\lambda_i t_i}$$

显然，在不考虑子系统的重要程度时，相当于把各子系统作为串联子系统，也就是认为各子系统具有同等的重要程度。因而，F'_i 就是在不考虑子系统的重要程度时，第 i 个子系统的故障对整个系统发生故障的概率。在考虑了子系统的重要程度后，第 i 个子系统的故障引起系统发生故障的概率为

$$F_i = W_i F'_i = W_i(1 - e^{\lambda_i t_i}) \tag{5-15}$$

于是得第 i 个子系统的可靠度为

$$R_i = 1 - F_i = 1 - W_i(1 - e^{-\lambda_i t_i}) \tag{5-16}$$

在考虑到子系统的重要程度后，系统的可靠度为

$$R = \prod_{i=1}^{n} R_i = \prod_{i=1}^{n} [1 - W_i(1 - e^{-\lambda_i t_i})] \tag{5-17}$$

当 $\lambda_i t_i$ 很小，例如 $\lambda_i t_i < 0.01$ 时有

$$R_i = 1 - W_i \lambda_i t_i = \exp(-W_i \lambda_i t_i) \tag{5-18}$$

则

$$R = \prod_{i=1}^{n} R_i = \prod_{i=1}^{n} \exp(-W_i \lambda_i t_i) = \exp(-\sum_{i=1}^{n} W_i \lambda_i t_i) \tag{5-19}$$

式(5-19)为在考虑子系统重要程度时，系统的可靠度与子系统的故障率 λ_i 和重要性因子 W_i 之间的关系。

2. 子系统复杂程度对系统可靠性分配的影响

在系统可靠性代数分配法中，除考虑子系统的重要程度之外，还要考虑系统和各子系统的复杂程度。系统和各子系统的复杂程度与系统的结构和各子系统的结构密切相关。

对于机电设备而言，要根据设备中的运动零件数和静止零件数来确定其复杂程度。例如，一根转动的轴或丝杠，往往要配置轴承、齿轮销子、螺钉、螺母等其他零件。运动零件数越多，系统的复杂程度就越高。因而对于机械系统就用所包含的运动零件数 n_i 表示其复杂程度。

设系统 A 由 A_1，A_2，…，A_n 个子系统组成，各子系统的复杂程度分别为 n_1，n_2，…，n_K，则定义

$$N = \sum_{i=1}^{K} n_i \tag{5-20}$$

为系统 A 的复杂性因子，或称复杂性系数。而定义 n_i/N 为第 i 个子系统的相对复杂性系数。

若要求整个系统的可靠度为 R，则按复杂程度分配可靠度时，第 i 个子系统分配到的可靠度为

$$R_i = R^{n_i/N} \tag{5-21}$$

式（5-21）为考虑子系统的复杂程度时，可靠度分配的计算公式。

3. 代数分配法的分配公式

在同时考虑子系统的重要程度和复杂程度后，就可以得到系统可靠性的代数分配法公式。由式（5-18）和式（5-21）可得

$$\exp(-W_i\lambda_i t_i)=R^{n_i/N}$$

两端取对数后整理可得

$$\lambda_i=-\frac{n_i\ln R}{NW_i t_i} \tag{5-22}$$

式（5-22）就是系统可靠性代数分配法的分配公式，它是在给出了整个系统的可靠度 R 后，要求各子系统所应分配到的故障率。当系统和子系统的失效均服从指数分布时，由于 $R_i=e^{-\lambda_i t_i}$，于是 $\ln R_i=-\lambda_i t_i$，就可将式（5-21）变化为

$$R_i=R^{n_i/(NW_i)} \tag{5-23}$$

这就是第 i 个子系统从整个系统分配到的可靠度 R。

如果给出的是整个系统的故障率为 λ，分配给各子系统的故障率为 λ_1，λ_2，…，λ_n，则定义 λ_i 为第 i 个子系统的相对故障率。

显然，系统的复杂程度越高，发生故障的可能性越大，所以系统的故障率 λ 应与系统的复杂性系数 N 成正比；同理，各子系统所分配到的故障率 λ_i 应与相应的子系统的复杂性系数 n_i 成正比。因而各系统的相对故障率 λ_i/λ 应与相应的子系统的相对复杂性系数 n_i/N 成正比。若同时考虑各子系统的重要程度时，则子系统的重要程度越高，对它的可靠度要求越高，要求该子系统的相对故障率就越低。因此，各子系统的相对故障率 λ_i/λ 应反比于相应子系统的重要性因子 W_i。于是可以得到

$$\frac{\lambda_i}{\lambda}=\frac{n_i}{NW_i} \tag{5-24}$$

由此可以得到在要求故障率为 λ 的系统中，第 i 个子系统所分配到的故障率为

$$\lambda_i=\frac{n_i\lambda}{NW_i} \tag{5-25}$$

上述讨论得到了系统可靠度代数分配法的分配公式。它是在已知系统的可靠度 R 或故障率 λ 的条件下，按组成系统的各子系统的重要程度和复杂程度，将可靠度 R 或故障率 λ 合理分配给各子系统的普遍关系式。它不仅适用于串联系统，也适用于并联系统；它不仅适用于系统对子系统的分配，也适用于子系统对组成子系统的部件、元件的分配。因此，代数分配法是系统可靠度分配的一种较好方法。

例 5-3 一个由四单元组成的串联系统，要求在连续工作 48h 期间内系统的可靠度 $R_S(T)=0.96$。而单元 1、单元 2 的重要性因子 $W_1=W_2=1$；单元 3 工作时间为 10h，重要性因子 $W_3=0.90$；单元 4 的工作时间为 12h，重要性因子 $W_4=0.85$。已知它们的零件、组件数分别为 10、20、40、50，试

问如何分配它们的可靠度？

解：系统的重要零件、组件总数为

$$N = \sum_{i=1}^{4} n_i = 10 + 20 + 40 + 50 = 120$$

按式（5-22）可得各单元的容许失效率为

$$\lambda_1 = \frac{10(-\ln 0.96)}{120 \times 1 \times 48}/\text{h} = 0.00007/\text{h}$$

$$\lambda_2 = \frac{20(-\ln 0.96)}{120 \times 1 \times 48}/\text{h} = 0.00014/\text{h}$$

$$\lambda_3 = \frac{40(-\ln 0.96)}{120 \times 0.90 \times 10}/\text{h} = 0.00151/\text{h}$$

$$\lambda_4 = \frac{50(-\ln 0.96)}{120 \times 0.85 \times 12}/\text{h} = 0.00167/\text{h}$$

按式（5-23）可得分配给各单元的可靠度为

$$R_1(48) = 0.96^{\frac{10}{120 \times 1}} = 0.99660$$

$$R_2(48) = 0.96^{\frac{20}{120 \times 1}} = 0.99322$$

$$R_3(10) = 0.96^{\frac{40}{120 \times 0.9}} = 0.98499$$

$$R_4(12) = 0.96^{\frac{50}{120 \times 0.85}} = 0.98019$$

系统可靠度为

$$R_S = 0.99660 \times 0.99322 \times 0.98499 \times 0.98016 = 0.9557$$

此值比规定的系统可靠度略低是由于公式计算的近似性质缘故。

由上例各单元的可靠度值也可看出，单元的零件数越少（即结构越简单），重要程度越高，则分配的可靠度就越高；反之，分配的可靠度就越低，这种分配结果显然是合理的。

5.7 相对失效率法与相对失效概率法

相对失效率法是使系统中各单元的容许失效率正比于该单元的预计失效率，并根据这一原则来分配系统中各单元可靠度的。此法适用于失效率为常数的串联系统。对于冗余系统，可将它化简为串联系统后再按此法进行。

相对失效概率法是使系统中各单元的容许失效概率正比于该单元的预计失效概率，并根据这一原则来分配系统中各单元可靠度的。因此，它与相对失效率法的可靠度分配原则十分类似。实际上如果单元的可靠度服从指数分布，从而系统的可靠度也服从指数分布，则有

$$R(t) = \mathrm{e}^{-\lambda t} \approx 1 - \lambda t$$

$$F(t) = 1 - R(t)$$

所以按失效率成比例地分配可靠度，可以近似地以按失效概率（不可靠度）成比例地分配可靠度所代替。

1. 串联系统可靠度分配

串联系统的任一单元失效都将导致系统失效。假定各单元的工作时间与系统的工作时间相同并取为 t；λ_i 为第 i 个单元的预计失效率，$i=1$，2，…，n；λ_S 为由单元预计失效率算得的系统失效率，则有

$$e^{-\lambda_1 t}e^{-\lambda_2 t}\cdots e^{-\lambda_i t}\cdots e^{-\lambda_n t}=e^{-\lambda_S t}$$

所以

$$\sum_{i=1}^{n}\lambda_i = \lambda_S \tag{5-26}$$

由式（5-26）可见：串联系统失效率为各单元失效率之和。因此，在分配串联系统各单元的可靠度时，往往不是直接对可靠度进行分配，而是把系统的容许失效率或不可靠度（失效概率）合理地分配给各单元。因此，按相对失效率的比例或按相对失效概率的比例进行分配比较方便。

各单元的相对失效率为

$$\omega_i = \frac{\lambda_i}{\sum_{i=1}^{n}\lambda_i} \quad i = 1,2,\cdots,n \tag{5-27}$$

显然有

$$\sum_{i=1}^{n}\omega_i = 1$$

各单元的相对失效概率也可表达为

$$\omega'_i = \frac{F_i}{\sum_{i=1}^{n}F_i} \quad i = 1,2,\cdots,n \tag{5-28}$$

若系统的可靠度设计指标为 R_{Sd}，则可求得系统失效率设计指标（即容许失效率）λ_{Sd}和系统失效概率设计指标 F_{Sd}分别为

$$\lambda_{Sd} = \frac{-\ln R_{Sd}}{t} \tag{5-29}$$

$$F_{Sd} = 1 - R_{Sd} \tag{5-30}$$

则系统各单元的容许失效率和容许失效概率（即分配给它们的指标）分别为

$$\lambda_{Sd} = \omega_i\lambda_{Sd} = \frac{\lambda_i}{\sum_{i=1}^{n}\lambda_i}\lambda_{Sd} \tag{5-31}$$

$$F_{id} = \omega'_i F_{Sd} = \frac{F_i}{\sum_{i=1}^{n}F_i}F_{Sd} \tag{5-32}$$

式中　λ_i、F_i——单元失效率和失效概率的预计值。

从而求得各单元分配的可靠度 R_{id}，按相对失效率法求得 R_{id}为

$$R_{id} = \exp(-\lambda_{id}t) \tag{5-33}$$

按相对失效概率法求得 R_{id} 为

$$R_{id} = 1 - F_{id} \tag{5-34}$$

例 5-4 一个串联系统由 3 个单元组成，各单元的预计失效率分别为 $\lambda_1 = 0.005/\text{h}$，$\lambda_2 = 0.003/\text{h}$，$\lambda_3 = 0.002/\text{h}$，要求工作 20h 时系统可靠度 $R_{Sd} = 0.980$。试问应给各单元分配的可靠度各为何值？

解：可按相对失效率法为各单元分配可靠度，其计算步骤如下：

1）预计失效率的确定：一般根据统计数据或现场使用经验给出各单元的预计失效率 λ_i。本题已给出 $\lambda_1 = 0.005/\text{h}$，$\lambda_2 = 0.003/\text{h}$，$\lambda_3 = 0.002/\text{h}$，故按式（5-26），可求出系统失效率的预计值为

$$\lambda_S = \sum_{i=1}^{3} \lambda_i = (0.005 + 0.003 + 0.002)/\text{h} = 0.01/\text{h}$$

2）校核 λ_S 能否满足系统的设计要求：由预计失效率 λ_S 所决定的工作 $20h$ 的系统可靠度为

$$R_S = \mathrm{e}^{-\lambda_S t} = \mathrm{e}^{-0.01 \times 20} = 0.8187 < R_{Sd} = 0.980$$

因 $R_S < R_{Sd}$，故须提高单元的可靠度并重新进行可靠度分配。

3）计算各单元的相对失效率 ω_i：

$$\omega_1 = \frac{\lambda_1}{\lambda_1 + \lambda_2 + \lambda_3} = \frac{0.005}{0.005 + 0.003 + 0.002} = 0.5$$

$$\omega_2 = \frac{\lambda_2}{\lambda_1 + \lambda_2 + \lambda_3} = 0.3$$

$$\omega_3 = \frac{\lambda_3}{\lambda_1 + \lambda_2 + \lambda_3} = 0.2$$

4）计算系统的容许失效率 λ_{Sd}：

$$\lambda_{Sd} = \frac{-\ln R_{Sd}}{t} = \frac{-\ln 0.980}{20}/\text{h} = \frac{0.0202027}{20}/\text{h} = 0.001010/\text{h}$$

5）计算各单元的容许失效率 λ_{id}：

$$\lambda_{1d} = \omega_1 \lambda_{Sd} = 0.5 \times 0.001010/\text{h} = 0.000505/\text{h}$$
$$\lambda_{2d} = \omega_2 \lambda_{Sd} = 0.3 \times 0.001010/\text{h} = 0.000303/\text{h}$$
$$\lambda_{3d} = \omega_3 \lambda_{Sd} = 0.2 \times 0.001010/\text{h} = 0.000202/\text{h}$$

6）计算各单元分配的可靠度 R_{id}（20）：由式（5-33）得

$$R_{1d}(20) = \exp(-\lambda_{1d} t) = \exp(-0.000505 \times 20) = 0.98995$$
$$R_{2d}(20) = \exp(-\lambda_{2d} t) = \exp(-0.000303 \times 20) = 0.99396$$
$$R_{3d}(20) = \exp(-\lambda_{3d} t) = \exp(-0.000202 \times 20) = 0.99597$$

7）检验系统可靠度是否满足要求：

$$\begin{aligned} R_{Sd}(20) &= R_{1d}(20) R_{2d}(20) R_{3d}(20) \\ &= 0.98995 \times 0.99396 \times 0.99597 = 0.9800053 > 0.980 \end{aligned}$$

即系统的设计可靠度 R_{Sd}（20）大于给定值 0.980，满足要求。

2. 混联系统可靠度分配

对于混联系统，要想把系统的可靠度指标分配给各单元，计算比较复

杂。通常是将每组并联单元组合成单个单元，并将此单个单元看成是串联系统中并联部分的一个等效单元，这样便可用上述串联系统可靠度分配方法，将系统的容许失效率或失效概率分配给各个串联单元和等效单元，然后再确定并联部分中每个单元的容许失效率或失效概率。

如果作为代替 n 个并联单元的等效单元在串联系统中分到的容许失效概率为 F_B，则

$$F_B = \prod_{i=1}^{n} F_i \tag{5-35}$$

式中　F_i——第 i 个并联单元的容许失效概率。

若已知各并联单元的预计失效概率 F'_i，$i=1, 2, \cdots, n$，则可以取（$n-1$）个相对关系式，即

$$\left.\begin{aligned} \frac{F_2}{F'_2} &= \frac{F_1}{F'_1} \\ \frac{F_3}{F'_3} &= \frac{F_1}{F'_1} \\ &\vdots \\ \frac{F_n}{F'_n} &= \frac{F_1}{F'_1} \end{aligned}\right\} \tag{5-36}$$

求解式（5-35）和式（5-36），就可以求得各并联单元应该分配到的容许失效概率 F_i。这就是相对失效概率法对混联系统可靠性分配的过程。

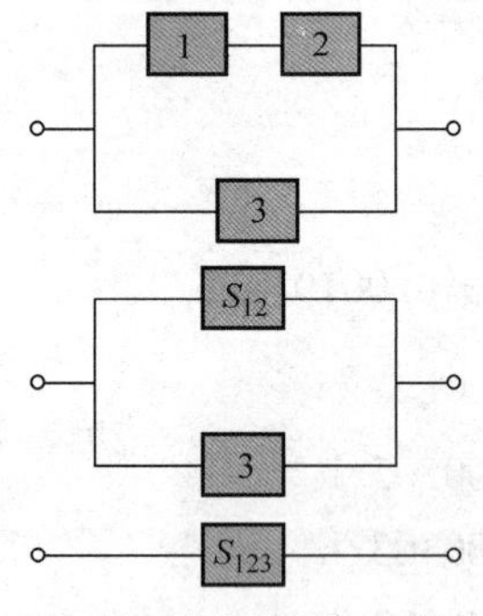

图 5-2
并联子系统及其简化过程

例 5-5　图 5-2 所示的并联子系统由 3 个单元组成，已知它们的预计失效概率分别为 $F'_1=0.04$，$F'_2=0.06$，$F'_3=0.12$。如果该并联子系统在串联系统中的等效单元分得的容许失效概率 $F_Y=0.005$，试计算并联子系统中各单元所容许的失效概率。

解：可按相对失效概率法为各单元分配可靠度，其计算步骤如下：

1）列出各单元的预计失效概率 F'_i，计算预计可靠度，即

$$F'_1=0.04, \quad R'_1=1-F'_1=0.96$$
$$F'_2=0.06, \quad R'_2=1-F'_2=0.94$$
$$F'_3=0.12, \quad R'_3=1-F'_3=0.88$$

2）将并联子系统化简为一个等效单元，并画出简化过程图，如图 5-2 所示。

3）求各分支的预计失效概率和预计可靠度。

分支 A（包含单元 1、2）：

$$R'_A=R'_1R'_2=0.96\times0.94=0.9024\approx0.90$$
$$F'_A=1-R'_A=1-0.90=0.10$$

分支 B（包含单元 3）：

$$R'_B = R'_3 = 0.88$$
$$F'_B = 1 - R'_B = 0.12$$

4）求并联子系统等效单元的预计失效概率和预计可靠度。

由式（5-35）得并联子系统的预计失效概率为

$$F'_Y = F'_A F'_B = 0.10 \times 0.12 = 0.012$$
$$R'_Y = 1 - F'_Y = 1 - 0.012 = 0.988$$

5）按并联子系统的等效单元所分得的总容许失效概率 F_Y，求各分支的容许失效概率。

若 $F_Y = 0.005$，则按式（5-35）和式（5-36）得

$$\begin{cases} F_Y = F_A F_B = 0.005 \\ \dfrac{F_A}{F'_A} = \dfrac{F_B}{F'_B}，\text{即} F_A = \dfrac{F'_A}{F'_B} F_B = \dfrac{0.10}{0.12} F_B \end{cases}$$

解上面的联立方程式可得

$$\begin{cases} F_A = 0.0645 \\ F_B = 0.0775 \end{cases}$$

6）将分支的容许失效概率分配给该分支的各单元。

由于第一分支为两个串联单元，故应将 $F_A = 0.0645$ 再分配给该两单元（单元1及单元2）。由式（5-32）得

$$F_1 = \frac{F'_1}{F'_1 + F'_2} F_A = \frac{0.04}{0.04 + 0.06} \times 0.0645 = 0.0258$$

$$F_2 = \frac{F'_2}{F'_2 + F'_2} F_A = \frac{0.06}{0.04 + 0.06} \times 0.0645 = 0.0387$$

7）列出最后的分配结果，即

$$F_1 = 0.0258, \quad R_1 = 1 - F_1 = 0.9742$$
$$F_2 = 0.0387, \quad R_2 = 1 - F_2 = 0.9613$$
$$F_3 = 0.0775, \quad R_3 = 1 - F_3 = 0.9225$$

习　　题

5-1　什么是可靠性分配？

5-2　简述可靠性分配的过程。

5-3　简述可靠性分配的原则。

5-4　要求系统的可靠度 $R_S = 0.850$，选择3个复杂程度相似的元件串联工作和并联工作，如何分配每个元件的可靠度？

5-5　设由3个单元组成的系统，3个单元的预计故障率分别是 $\lambda_1 = 0.003/\text{h}$，$\lambda_2 = 0.001/\text{h}$，$\lambda_3 = 0.004/\text{h}$，该系统的任务时间是20h，系统规定的可靠度是0.9，试求出3个单元所分配的可靠度。

第 6 章

系统可靠性设计

"产品的可靠性是设计出来的，生产出来的，管理出来的"。要从本质上提高产品的固有可靠性，必须通过各种具体的可靠性设计。系统可靠性设计是为了在设计过程中挖掘、分析及确定隐患和薄弱环节，并采取设计、预防和改进措施有效地消除隐患和薄弱环节，提高系统和设备的可靠性。

机械系统可靠性一般可分为结构可靠性和机构可靠性。结构可靠性主要考虑机械结构的强度以及由于载荷的影响使之疲劳、磨损、断裂等引起的失效；机构可靠性则主要考虑的不是强度问题引起的失效，而是考虑机构在动作过程中由于运动学问题而引起的故障。

6.1 系统可靠性设计概述

6.1.1 系统可靠性设计的定义

系统可靠性设计是指在遵循系统工程规范的基础上，在系统设计过程中，采用一些专门技术，将可靠性"设计"到系统中去，以满足系统可靠性的要求。

系统可靠性设计是根据产品的需要和可能，在考虑产品可靠性诸因素基础上的一种事先设计方法。

6.1.2 系统可靠性设计的意义

系统可靠性设计是系统总体工程设计的重要组成部分。根据相关文献统计，因设计原因而导致的故障占产品总故障数的40%～50%，足以说明系统可靠性设计的重要性。

系统可靠性设计是通过工程设计与结构设计等方法，为保证系统的可靠性而进行的一系列分析与设计技术，其意义主要包括以下5个方面：

1）可靠性贯穿于系统（或产品）的整个寿命周期。从产品的设计、生产、制造到安装、使用、维护等阶段都涉及可靠性问题。"预防为主、早期投入"，就是要从头抓起，从产品的设计阶段开始进行可靠性设计，把不可

靠因素消除在设计过程中。反之，一个忽视可靠性设计的产品，必然是“先天不足，后患无穷”。在使用过程中难免会暴露一系列不可靠问题，从而导致事故的发生。据统计，由于设计不当而影响产品可靠性占各种影响因素的首位。所以，在进行性能指标设计前，绝对不可忽视可靠性的设计。

2）设计规定了系统的固有可靠性。系统的固有可靠性是系统的内在特性之一。系统一旦完成设计，其固有可靠性就被确定了。制造过程的主要任务是实现设计过程所形成的潜在可靠性，使用和维护过程是维持已获得的固有可靠性，而对系统可靠性起决定性作用的是设计过程。因此，在设计阶段把可靠性工程设计作为首要任务是理所当然的。如果在设计过程中没有慎重考虑其可靠性，如材料、元器件选择不当，安全系数太低，检查、调整、维修不便等问题，在以后的制造或使用、维护过程中无论采取怎样的控制措施，也将难以实现系统的可靠性要求。

3）设计阶段采取措施提高产品可靠性投入成本费用最少，效果显著。图6-1所示为产品不同时期可靠性设计和产品总费用之间的关系。可以看出，产品在草图设计阶段考虑可靠性，产品投入的总费用明显要少（曲线1），同时产品质量很高；产品在设计阶段考虑可靠性技术（曲线2），总费用相对曲线1要高，同时生产过程查处的废品费用占的比例较高；交付生产阶段产品质量控制考虑可靠性（曲线3），产品总费用不仅超过预定拨款额，而且还要追加附加的返工费；如无可靠性设计，产品直接出厂（曲线4），产品总费用明显要高出其他阶段考虑可靠性的总费用。

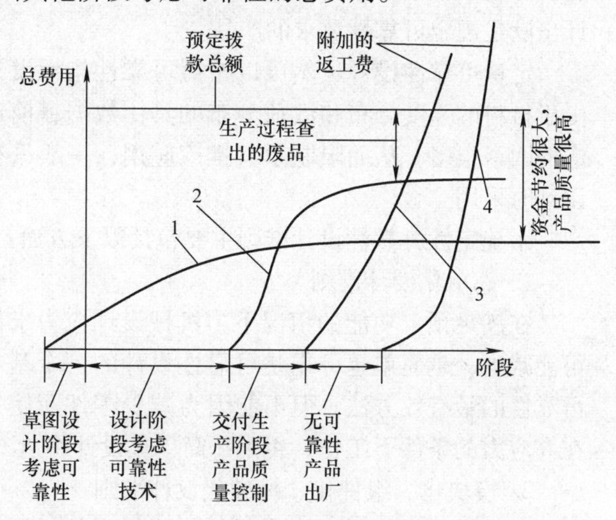

图6-1 产品不同时期可靠性设计和产品费用关系

4）随着科学技术和经济的进步与发展，各类机电产品日益向多功能、小型化、高可靠性方向发展。功能的复杂化，使设备使用的元器件越来越多，每一个元器件的失效，都可能导致设备或系统发生故障。所以，必须加强系统可靠性设计，并通过提高元器件的固有可靠性，保证系统的可靠性。

5）各种机电产品、设备或系统广泛应用于各种场所，会遇到各种复杂的环境因素，如高温、高湿、低气压、有害气体、霉菌、冲击、振动、辐射、电磁干扰等，这些环境因素的存在，都将大大影响产品的可靠性。只有通过可靠性设计，充分考虑产品在使用过程中可能遇到的各种环境条件，采取耐环境设计等各项措施，才能保证产品在规定环境条件下的可靠性。

综上所述，系统可靠性设计在总体工程设计中占有十分重要的地位，必须遵循“预防为主”的思想把可靠性工程的重点放在设计阶段，在设计阶段采取提高可靠性的措施，尽可能把不可靠的因素消除在产品设计过程的早期。

6.1.3 系统可靠性定性设计准则

系统可靠性设计准则是指在进行产品设计时工程设计人员应该遵循的规章、原则，是进行产品设计的重要依据，也是保证产品可靠性的重要前提条件。在进行产品设计时，如果工程设计人员遵循了可靠性的设计准则，就能保证产品的可靠性；否则，就达不到产品的可靠性要求，甚至造成严重后果。

机械可靠性设计可分为定性可靠性设计和定量可靠性设计。所谓定性可靠性设计就是在进行故障模式影响及危害性分析的基础上，有针对性地应用成功的设计经验使所设计的产品达到可靠的目的。所谓定量可靠性设计就是在充分掌握所设计零件的强度分布和应力分布以及各种设计参数的随机性基础上，通过建立隐式极限状态函数或显式极限状态函数的关系设计出满足规定可靠性要求的产品。

定量可靠性设计虽然可以按照可靠性指标设计出满足要求的零件，但由于材料的强度分布和载荷分布的具体数据目前还很缺乏，加之其中要考虑的因素很多，从而限制了其推广应用，一般只在关键或重要的零部件的设计时采用。

系统定性可靠性设计准则主要包括以下方面：

1. 简单化设计准则

在满足预定功能的情况下，机械设计应力求简单、零部件的数量应尽可能减少，越简单越可靠是可靠性设计的一个基本原则，是减少故障提高可靠性的最有效方法。但不能因为减少零件而使其他零件执行超常功能或在高应力的条件下工作；否则，简单化设计将达不到提高可靠性的目的。

2. 模块化、组件化、标准化设计准则

机械产品一般属于串联系统，要提高整机可靠性，首先应从零部件的严格选择和控制做起。例如，尽量采用模块化、通用化设计方案；优先选用标准件，提高互换性。在通用化设计时，应使接口、连接方式是通用的；选用经过使用分析验证的可靠的零部件；严格对标准件的选择及对外购件的控制；充分运用故障分析的成果，采用成熟的经验或经分析试验验证后的方案。日本一些企业的专家认为：一个新产品的设计，其 80% 是采用原有产品或相似产品的设计经验，只有 20% 是因为产品的功能、性能的变化需要进行重新设计。

3. 降额设计和安全裕度设计准则

降额设计是使零部件的使用应力低于其额定应力的一种设计方法。降额设计可以通过降低零件承受的应力或提高零件的强度的办法来实现。工程经验证明，大多数机械零件在低于额定承载应力条件下工作时，其故障率较低，可靠性较高。为了找到最佳降额值，需做大量的试验研究。当机械零部件的载荷应力以及承受这些应力的具体零部件的强度在某一范围内呈不确定分布时，可以采用提高平均强度（如通过加大安全系数实现）、降低平均应力、减少应力变化（如通过对使用条件的限制实现）和减少强度变化（如合理选择工艺方法，严格控制整个加工过程，或通过检验或试验剔除不合格的零件）等方法来提高可靠性。对于涉及安全性的重要零部件，还可以采用极限设计方法，以保证其在最恶劣的极限状态下也不会发生故障。

4. 合理选材准则

在机械可靠性的影响因素中，零部件材料的影响程度占总体可靠性的30%，在齿轮、轴类零件、轴承、弹簧等基础性零部件中，其失效模式在很大程度上取决于材料的选择。众所周知的美国“挑战者”号航天飞机爆炸事故，就是由于燃料箱密封装置材料在低温下失效而引起的，可见材料的性能在可靠性设计中占有非常重要的地位。因此，合理选择零部件的材料是机械可靠性设计必须遵循的准则之一。机械零部件原材料的选择按如下原则进行。

1）选用的零部件原材料除满足结构尺寸、重量、强度、刚度要求外，还应满足使用环境和寿命要求。

2）压缩零部件原材料的种类和规格，优先采用符合军标、国标和专业标准的通用件和标准件。

5. 冗余设计准则

冗余设计（余度设计）是对完成规定功能设置重复的结构、备件等，以备局部发生失效时，整机或系统仍不至于发生丧失规定功能的设计。当某部分可靠性要求很高，但目前的技术水平很难满足，如采用降额设计、简化设计等可靠性设计方法，还不能达到可靠性要求。或者提高零部件可靠性的改进费用比重复配置还高时，冗余技术可能成为唯一或较好的一种设计方法，例如采用双泵或双发动机配置的机械系统。但应该注意，冗余设计往往使整机的体积、重量、费用均相应增加。冗余设计提高了机械系统的任务可靠性，但基本可靠性相应降低了，因此采用冗余设计时要慎重。

6. 耐环境设计准则

耐环境设计是在设计时就考虑产品在整个寿命周期内可能遇到的各种环境影响，例如装配、运输时的冲击，振动影响，贮存时的温度、湿度、霉菌等影响，使用时的气候、沙尘振动等影响。因此，必须慎重选择设计方案，采取必要的保护措施，减少或消除有害环境的影响。具体地讲，可以从认识环境、控制环境和适应环境三方面加以考虑。认识环境指不应只注意产品的工作环境和维修环境，还应了解产品的安装、贮存、运输环境。在设计和试验过程中必须同时考虑单一环境和组合环境两种环境条件；不应只关心产品所处的自然环境，还要考虑使用过程所诱发出的环境。控制环境指在条件允许时，应在小范围内为所设计的零部件创造一个良好的工作环境条件，或人为地改变对产品可靠性不利的环境因素。适应环境指在无法对所有环境条件进行人为控制时，在设计方案、材料选择、表面处理、涂层防护等方面采取措施，以提高机械零部件本身耐环境的能力。

7. 失效安全设计准则

系统某一部分即使发生故障，使其限制在一定范围内，不致影响整个系统的功能。如传动系统中的安全剪切销、扭矩轴等。

8. 防错设计准则

进行防差错设计，采用不同的安全保护装置，如灯光、音响等报警装置，监视装置，保护性开关、防误插定位卡、定位销等，并有符合国家标准的醒目的识别标志、防差错或危险标志；防止误动作引起重大事故，主要用于产品或设备的操作系统设计。

9. 维修性设计准则

进行产品或设备的结构设计应充分考虑其维修性能的优劣。例如，采煤机底托架燕尾槽结构、滚筒的连接等。

10. 人机工程设计准则

人机工程设计的目的是为减少使用中人的差错，发挥人和机器各自的特点以提高机械产品的可靠性。当然，人为差错除了人自身的原因外，操纵台、控制及操纵环境等也与人的误操作有密切的关系。因此，人机工程设计是要保证系统向人传达的信息的可靠性。例如，指示系统不仅要有显示器，其显示的方式，显示器的配置都应使人易于无误地接受；控制、操纵系统可靠，不仅仪器及机械有满意的精度，而且适于人的使用习惯，便于识别操作，不易出错。与安全有关的部件，更应具有防误操作的功能；设计的操作环境尽量适合于人的工作需要，减少引起疲劳、干扰操作的因素，如温度、湿度、气压、光线、色彩、噪声、振动、沙尘、空间等。

当然，机械可靠性设计的方法绝不能离开传统的机械设计和其他的一些优化设计方法，如机械计算机辅助设计、有限元分析等。

6.2 应力－强度分布干涉理论与可靠度计算

6.2.1 应力－强度分布干涉理论

机械系统或机械产品都是由零部件组成的，机械零部件设计的基本目标是在一定的可靠度下保证其危险断面上的最小强度（抗力）不低于最大的应力，否则，零件将由于未满足可靠度要求而导致失效。

系统可靠性设计理论的基本任务是在故障物理学研究的基础上，结合可靠性试验以及故障数据的统计分析，提出可供实际计算的物理数学模型及方法。

系统可靠性设计的应力和强度都不是一个确定的值，而是由若干随机变量组成的多元随机函数（随机变量），它们都具有一定的分布规律，如图 6-2 所示。

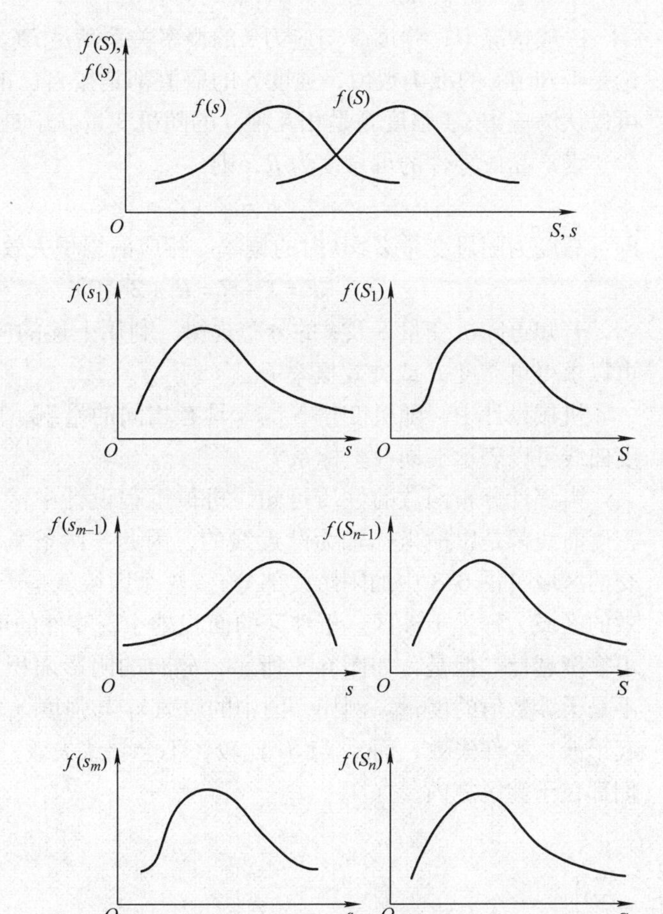

图 6-2
应力 – 强度综合干涉模型

应力 – 强度模型又称干涉模型，它可以清楚地揭示机械零件可靠性设计的本质，是可靠性设计的基本模型。

一般而言，施加于产品或零件上的物理量，如应力、压力、温度、湿度、冲击等，统称为产品或零件所受的应力，用 s 表示；产品或零件能够承受这种应力的程度，统称为产品或零件的强度，用 S 表示。如果产品或零件的强度 S 小于应力 s，则它们就不能完成规定的功能，称为失效。欲使产品或零件在规定的时间内可靠地工作，必须满足

$$Z = S - s \geqslant 0 \tag{6-1}$$

机械设计中，应力 s 及强度 S 本身是某些变量的函数，如图 6-2 所示，即

$$
\begin{aligned}
s &= f(s_1, s_2, \cdots, s_m) \\
S &= f(S_1, S_2, \cdots, S_n)
\end{aligned}
\tag{6-2}
$$

式中　S_i——影响强度的随机量，如零件材料性能、表面质量、尺寸效应、材料对缺口的敏感性等；

s_j——影响应力的随机量，如载荷情况、应力集中、工作温度、润滑状态等。

一般情况下，强度 S 与应力 s 的概率关系满足 $P(S|s)=P(S)$，因为无论是否知道 s 的准确数值，强度 S 的取值都是按自己的规律出现的。所以，可以认为应力 s、强度 S 是相互独立的随机变量。于是，Z 也为随机变量。

设产品或零件的可靠度为 R，则

$$R = P\ (Z \geqslant 0) \tag{6-3}$$

即可靠度为随机变量 $Z \geqslant 0$ 时的概率。相应的累积失效概率为

$$F = 1 - R = P\ (Z < 0) \tag{6-4}$$

若知道随机变量 S 及 s 的分布规律，利用下述的应力－强度干涉模型，可以求得可靠度 R 或失效概率 F。

机械设计中，随机变量 S 与 s 具有相同的量纲，因此，S、s 的概率密度曲线可以表示在同一坐标系上。

由统计分布函数的性质可知，机械工程设计中常用的分布函数的概率密度曲线都是以横坐标轴为渐近线的，因此，两条概率密度曲线必定有相交的区域（图 6-3 中的阴影线部分）。这个区域就是产品或零件可能出现失效的区域，称为干涉区。干涉区的面积越小，零件的可靠度就越高；反之，可靠度越低。但是，如图 6-3 所示，分布的阴影面积只是干涉的表示，而不是干涉数值的度量。例如，图中的应力 s_1 与强度 S_1 比较，因 $s_1 > S_1$，引起干涉，零件失效，而 s_2 与 S_2 比较，不会导致失效，因为 $s_2 < S_2$，尽管它们都在于涉区之内。

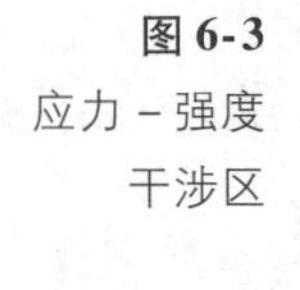
图 6-3
应力－强度
干涉区

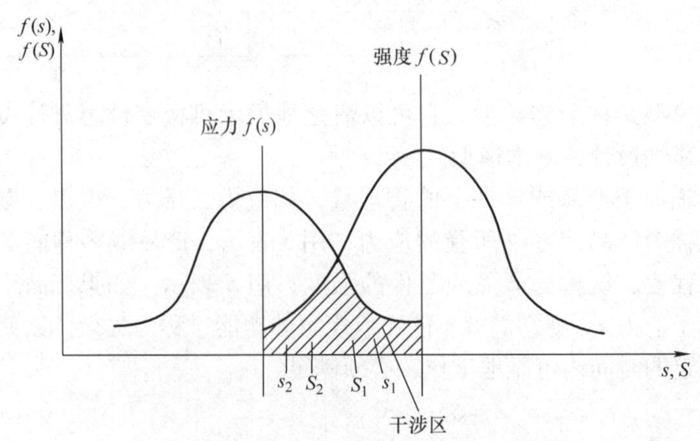

应力－强度干涉模型揭示了概率设计的本质。从干涉模型可以看到，

就统计学的观点而言，任一设计都存在着失效概率，即可靠度 $R<1$，所以，人们能够做到的仅仅是将失效概率限制在一个可以接受的限度之内，这个观点在普通设计的安全系数法中是不明确的，因为根据安全系数进行的设计不考虑存在失效的可能性。可靠性设计这一重要特征，客观地反映了产品设计和运行的真实情况，同时，它还可以定量地回答产品在使用中的失效概率或可靠度，因而受到设计人员的重视。

下面介绍恒幅循环载荷的简单情况。图6-4所示为材料的等寿命曲线的强度分布与应力分布的干涉情况，这是两个三维曲面的干涉问题。如取应力比 r 为常数，截取得到的应力－强度干涉模型，就成为应力－强度平面干涉模型（图6-5）。

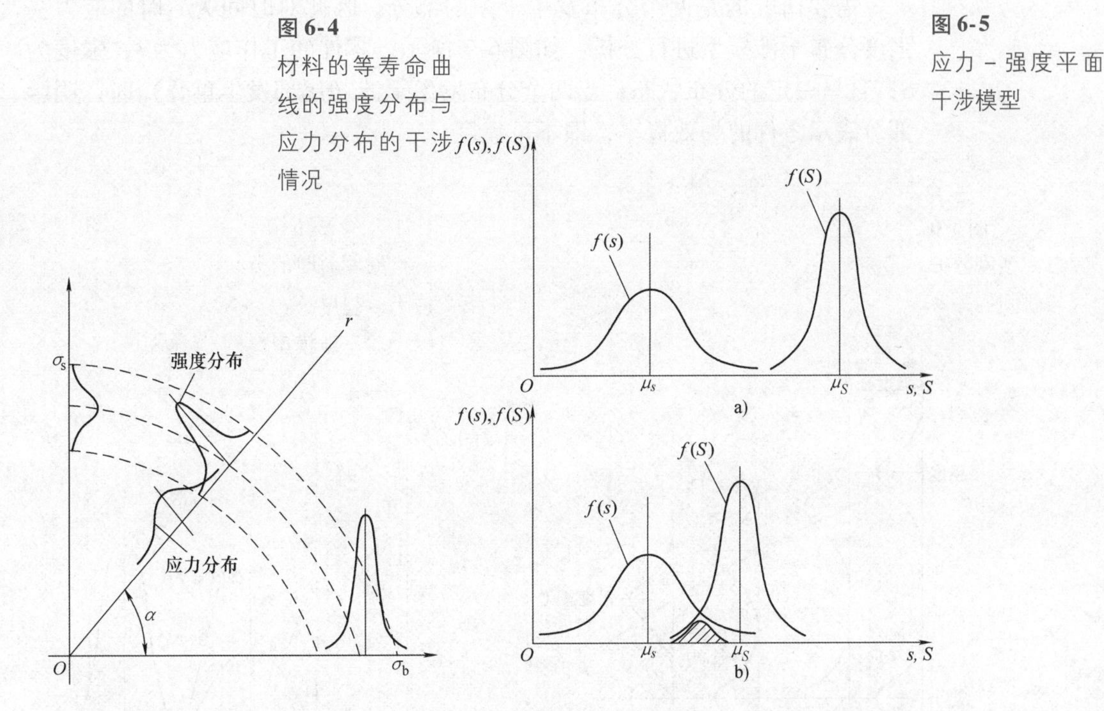

图6-4 材料的等寿命曲线的强度分布与应力分布的干涉情况

图6-5 应力－强度平面干涉模型

因图6-5a所示没有损伤的零件或构件的情况。令 s 为应力随机变量，S 为强度随机变量。$f(s)$ 为应力的概率密度函数，$f(S)$ 为强度的概率密度函数，μ_s 为应力分布的均值，μ_S 为强度分布的均值。零件和构件在投入运行前，没有受到损伤。以后在循环载荷的长期作用下，强度逐渐降低，由图6-5a所示的位置逐渐移到图6-5b所示的位置，应力与强度的干涉面积增大。在概率疲劳设计中，当零件和构件的寿命给出时，由试验可以得到在该寿命下的强度概率分布。也就是说，用给定寿命条件下的疲劳强度概率分布，可以将动态应力－强度干涉模型变成静态应力－强度干涉模型，使计算简化。

6.2.2 应力-强度分布干涉模型求可靠度

由应力分布和强度分布的干涉理论可知，可靠度是“强度大于应力的整个概率”，表示为

$$R(t)=P(S>s)=P(S-s>0)=P\left(\frac{S}{s}>1\right) \tag{6-5}$$

如果能满足上式，则可保证零件不会失效，否则将出现失效，图 6-6 表示出了这两种情况。当 $t=0$ 时，两个分布之间有一定的安全裕度，因而不会产生失效。但随着时间的推移，由于材料和环境等因素，强度恶化，导致在时间 t_1 时应力分布与强度分布发生干涉，这时将产生失效。

需要研究的是两个分布发生干涉的部分。因此对时间为 t_1 时的应力-强度分布干涉模型进行分析，如图 6-7 所示，零件的工作应力为 s，强度为 S，且呈一定的分布状态，当两个分布发生干涉（尾部发生重叠）时，阴影部分表示零件的失效概率，即不可靠度。

图 6-6
应力-强度分布
与时间的关系

图 6-7
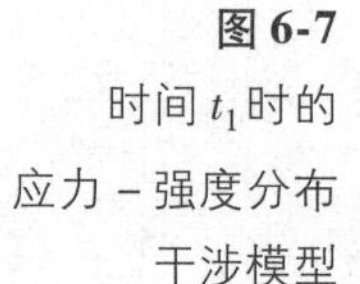
时间 t_1 时的
应力-强度分布
干涉模型

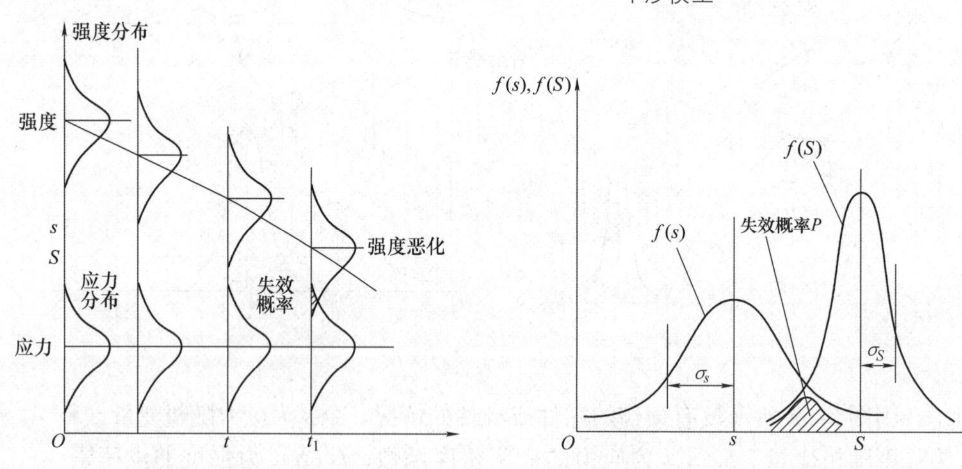

两个分布的重叠面积不能用来作为失效概率的定量表示。因为即使两个分布曲线完全重叠时，失效概率也仅为50%，即仍有50%的可靠度。还应注意，两个分布的差仍为一种分布，所以应按图 6-7 所示，失效概率仍表示为分布状态。

为了计算零件的可靠度，把图 6-6 中的干涉部分放大表示为图 6-8。

在机械零件的危险断面上，当材料的强度 S 大于应力 s 时，不会发生失

效，反之，则将发生失效。由图6-8可知，应力 s_1 存在于区间 $[s_1-\frac{ds}{2}, s_1+\frac{ds}{2}]$ 内的概率等于面积 A_1，即

$$P(s_1-\frac{ds}{2}\leqslant s_1\leqslant s_1+\frac{ds}{2})=f(s_1)ds=A_1 \tag{6-6}$$

同时，强度 S 超过应力 s_1 的概率等于阴影面积 A_2，表示为

$$P(S>s)=\int_{s_1}^{\infty}f(S)dS=A_2 \tag{6-7}$$

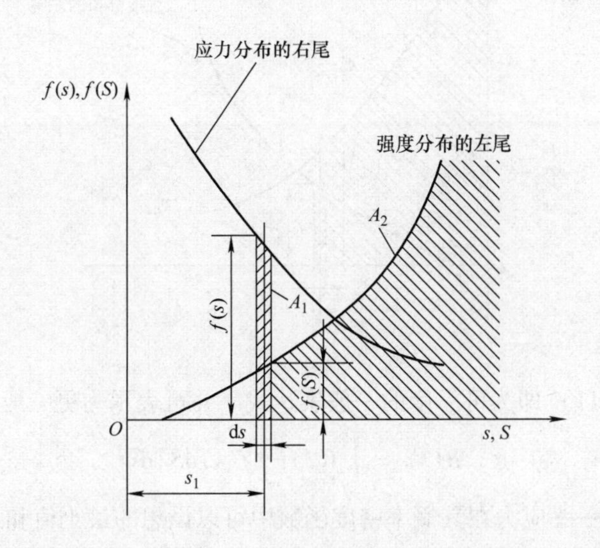

图6-8 强度值大于应力值时，应力和强度的概率面积

式（6-6）和式（6-7）表示的是两个独立事件各自发生的概率。如果这两个事件同时发生，则可应用概率乘法定理来计算应力为 s_1 时的不失效概率，即可靠度：

$$dR=A_1A_2=f(s_1)ds\int_{s_1}^{\infty}f(S)dS$$

因为零件的可靠度为强度 S 大于所有可能的应力 s 的整个概率，所以

$$R(t)=\int_{-\infty}^{\infty}dR=\int_{-\infty}^{\infty}f(s)[\int_{s}^{\infty}f(s)dS]ds \tag{6-8}$$

同理，如从应力 s 小于一给定的强度 S_1 出发，则可测得可靠度的另一表达式。

如图6-9所示，给定的强度 S_1 存在于区间 $[S_1-\frac{dS}{2}, S_1+\frac{dS}{2}]$ 内的概率为

$$P(S_1-\frac{dS}{2}\leqslant S_1\leqslant S_1+\frac{dS}{2})=f(S_1)dS=A'_1 \tag{6-9}$$

同时，应力 s 小于强度 S_1 的概率为

$$P(s < S_1) = \int_{-\infty}^{S_1} f(s)\,\mathrm{d}s = A'_2 \tag{6-10}$$

同理，强度为 S_1 时的不失效概率为这两个概率的乘积，即

$$\mathrm{d}R = A'_1 A'_2 = f(S_1)\,\mathrm{d}S \int_{-\infty}^{s_1} f(s)\,\mathrm{d}s$$

零件的可靠度为所有可能的强度 s 的整个概率，所以

$$R(t) = \int_{-\infty}^{\infty} \mathrm{d}R = \int_{-\infty}^{\infty} f(S)\left[\int_{-\infty}^{s} f(s)\,\mathrm{d}s\right]\mathrm{d}S \tag{6-11}$$

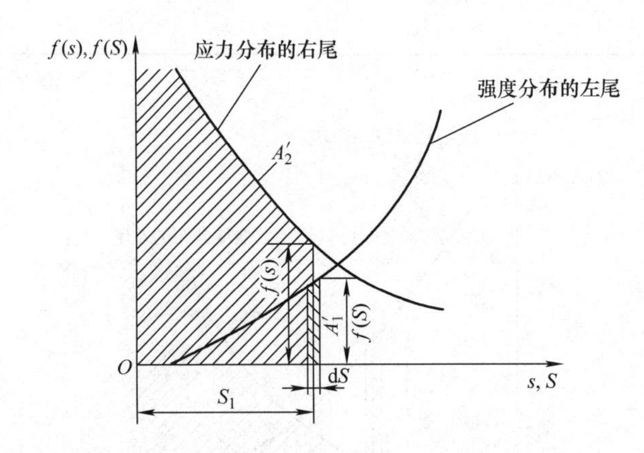

图 6-9 强度小于应力时，应力和强度的概率面积

式（6-11）即为可靠度的一般表达式，并可表示为更一般的形式

$$R(t) = \int_{a}^{b} f(s)\left[\int_{s}^{c} f(s)\,\mathrm{d}S\right]\mathrm{d}s \tag{6-12}$$

式中 a、b——应力在其概率密度函数中可以设想的最小值和最大值；

c——强度在其概率密度函数中可以设想的最大值。

对于对数正态分布、威布尔分布，a 为位置参数，b 和 c 为无穷大。

显然，应力 - 强度分布干涉理论的概念可以进一步延伸。零件的工作循环次数 n 可以理解为应力，而零件的失效循环次数 N 可以理解为强度。与此相应，有

$$R(t) = P(N > n) = P(N - n > 0) = P\left(\frac{N}{n} > 1\right) \tag{6-13}$$

$$R(t) = \int_{-\infty}^{\infty} f(n)\left[\int_{n}^{\infty} f(N)\,\mathrm{d}N\right]\mathrm{d}n \tag{6-14}$$

式中 n——工作循环次数；

N——失效循环次数。

6.3 已知应力 - 强度分布时机械零件的可靠度计算

本节讨论几种应力 - 强度服从常用分布下，机械零件的可靠度计算方法。

6.3.1 应力和强度分布都为正态分布时可靠度计算

当应力和强度分布都为正态分布时，可靠度的计算大大简化。可以用联结方程求出联结系数 Z_R，然后利用标准正态分布表求出可靠度。

前已述及，呈正态分布的应力和强度概率密度函数分别为

$$f(s)=\frac{1}{\sigma_s\sqrt{2\pi}}\exp\left[-\frac{1}{2}\left(\frac{s-\bar{s}}{\sigma_s}\right)^2\right] \tag{6-15}$$

$$f(S)=\frac{1}{\sigma_s\sqrt{2\pi}}\exp\left[-\frac{1}{2}\left(\frac{S-\bar{S}}{\sigma_s}\right)^2\right] \tag{6-16}$$

又知可靠度是强度大于应力的概率，表示为

$$R(t)=P[(S-s)>0]$$

将$f(\xi)$定义为随机变量S与s之差ξ的分布函数，由于$f(s)$和$f(S)$都为正态分布，因此根据概率统计理论，$f(\xi)$也为正态分布函数，表示为

$$f(\xi)=\frac{1}{\sigma_\xi\sqrt{2\pi}}\exp\left[-\frac{1}{2}\left(\frac{\xi-\bar{\xi}}{\sigma_\xi}\right)^2\right] \tag{6-17}$$

式中

$$\bar{\xi}=\bar{S}-\bar{s} \tag{6-18}$$

$$\sigma_\xi=(\sigma_S^2+\sigma_s^2)^{\frac{1}{2}} \tag{6-19}$$

可靠度是ξ为正值时的概率，可以表示为

$$R(t)=P(\xi>0)=\int_0^\infty f(\xi)\,\mathrm{d}\xi=\frac{1}{\sigma_\xi\sqrt{2\pi}}\int_0^\infty \exp\left[-\frac{1}{2}\left(\frac{\xi-\xi}{\sigma_\xi}\right)^2\right]\mathrm{d}\xi \tag{6-20}$$

如果将$f(\xi)$化为标准正态分布$\phi(Z)$，则有

$$\begin{aligned}R(t)&=\int_0^\infty f(\xi)\,\mathrm{d}\xi\\&=\int_0^\infty \phi(Z)\,\mathrm{d}Z\end{aligned} \tag{6-21}$$

式中

$$\phi(Z)=\frac{1}{\sigma_s\sqrt{2\pi}}\mathrm{e}^{-\frac{Z^2}{2}}$$

$$Z=\frac{\xi-\bar{\xi}}{\sigma_\xi} \tag{6-22}$$

由上面可得

$$\begin{cases}\xi=\infty,\ Z=\dfrac{\infty-\bar{\xi}}{\sigma_\xi}=\infty\\[2ex] \xi=0,\ Z=\dfrac{0-\bar{\xi}}{\sigma_\xi}=-\dfrac{\bar{\xi}}{\sigma_\xi}=-\dfrac{\bar{S}-\bar{s}}{(\sigma_\xi^2+\sigma_s^2)^{\frac{1}{2}}}\end{cases} \tag{6-23}$$

由式（6-23）可知，当已知 Z 值时，可按标准正态分布表查出可靠度 $R(t)$。因此，式（6-23）实际上是把应力分布参数、强度分布参数和可靠度三者联系起来了，所以称为联结方程，这是一个非常重要的方程。

Z 称为联结系数，也称为可靠性系数或安全指数，是零件或系统可靠性分析的安全指标。

进行可靠性设计时，往往先规定目标可靠度，这时可由标准正态分布表查出联结系数 Z，再利用式（6-23）求出所需要的设计参数，如尺寸等。通过这些步骤，实现了“把可靠度直接设计到零件中去”。

例 6-1 已知某零件的应力分布和强度分布都为正态分布，其分布参数分别为 $\bar{s}=379\text{MPa}$，$\sigma_s=41.4\text{MPa}$，$\bar{S}=517\text{MPa}$，$\sigma_S=24.1\text{MPa}$，试计算其可靠度。

解：由式（6-23）得

$$Z=-\frac{\bar{S}-\bar{s}}{(\sigma_\xi^2+\sigma_s^2)^{\frac{1}{2}}}=-\frac{517-379}{(24.1^2+41.4^2)^{\frac{1}{2}}}=-2.88$$

由式（6-21）得

$$R(t)=\int_{-2.88}^{\infty}\phi(Z)\mathrm{d}Z$$

由标准正态分布面积表可得可靠度 $R(t)=0.99801$。

由上例可见，若已知应力和强度分布的均值及标准差，便可确定其可靠度。问题在于常常缺乏必要的数据和经验，这时，国外通常取 $\sigma_S=(0.04\sim0.08)\bar{S}_1$，甚至更高。考虑目前我国的材质，建议 σ_S 不妨可以取得高些。至于应力分布的标准差 σ_s，则因使用条件和环境的差异，出入较大，应当考虑工作环境条件和参考以往的经验加以确定。

例 6-2 钢轴受弯矩作用，其最大应力幅呈正态分布，$\bar{s}=379\text{MPa}$，$\sigma_s=41.4\text{MPa}$，轴的强度也呈正态分布，其数据列于表 6-1。要求钢轴运转 10^5 次，试计算此轴的可靠度。

表 6-1 钢轴试件的强度分布数据

工作寿命/lg*n*	均值/MPa	标准差/MPa
4.3	685	14.9
4.4	681	13.1
4.5	638	12.6
4.6	617	13.3
4.7	596	13
4.8	578	12.3
4.9	562	13
5	546	13.8
5.1	530	14.4
5.2	514	14.8
5.3	499	15

解：为了便于分析，作图6-10，从中可以看出各个设计变量及参数之间的关系。

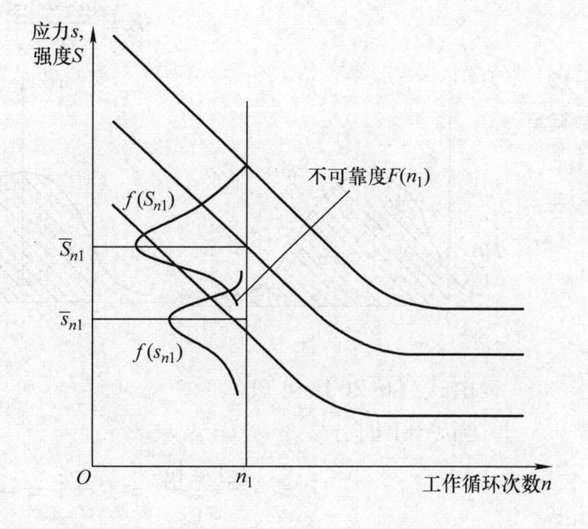

图6-10 应力分布和强度分布为正态分布、工作寿命为n_1的可靠度

由表6-1，当$n_1 = 10^5$次，$\lg n_1 = \lg 10^5 = 5$时，轴的强度分布参数$\bar{S} = 546\text{MPa}$，$\sigma_S = 13.8\text{MPa}$，于是由式（6-23）得

$$Z = -\frac{546 - 379}{(13.8^2 + 41.4^2)^{\frac{1}{2}}} = -3.83$$

由式（6-21）得

$$R(t) = \int_{-3.83}^{\infty} \phi(Z)\mathrm{d}Z = 0.999935$$

由本例可知，如果强度分布是时间（或工作循环次数）的函数，则可靠度也是时间（或工作循环次数）的函数。

6.3.2 应力和强度分布都为对数正态分布时的可靠度计算

由式（6-5），$R(t) = P\left(\frac{S}{s} > 1\right)$，意为可靠度是强度与应力的比值$\frac{S}{s} > 1$的概率，如图6-11所示。

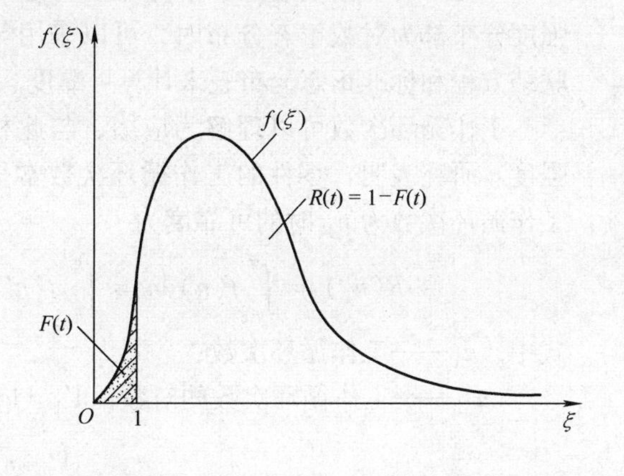

图6-11 强度与应力的比值ξ的概率密度函数

若令$\frac{S}{s} = \xi$，因$R(t) = P(\xi > 1)$，由图6-11可知

$$R(t) = \int_1^{\infty} f\left(\frac{S}{s}\right)\mathrm{d}\left(\frac{S}{s}\right) = \int_1^{\infty} f(\xi)\mathrm{d}\xi \tag{6-24}$$

对$\xi = \frac{S}{s}$的两边取对数，得$\lg\xi = \lg S - \lg s$。

因S和s服从对数正态分布，所以$\lg S$和$\lg s$服从正态分布，其差值$\lg\xi$也服从正态分布，其分布参数为

$$\sigma_{\lg\xi} = \sigma_{\lg S} - \sigma_{\lg s} \tag{6-25}$$

式中　$\sigma_{\lg S}$——$\lg S$的标准差；

$\sigma_{\lg s}$——$\lg s$的标准差。

令$\lg\xi = \xi'$，其分布曲线如图6-12所示，则

$$R(t) = \int_1^{\infty} f(\xi)\mathrm{d}\xi = \int_0^{\infty} f(\xi')\mathrm{d}\xi' = \int_1^{\infty} \phi(Z)\mathrm{d}Z$$

因

$$Z=\frac{\lg S-\lg s}{\sigma_{\lg S}} \tag{6-26}$$

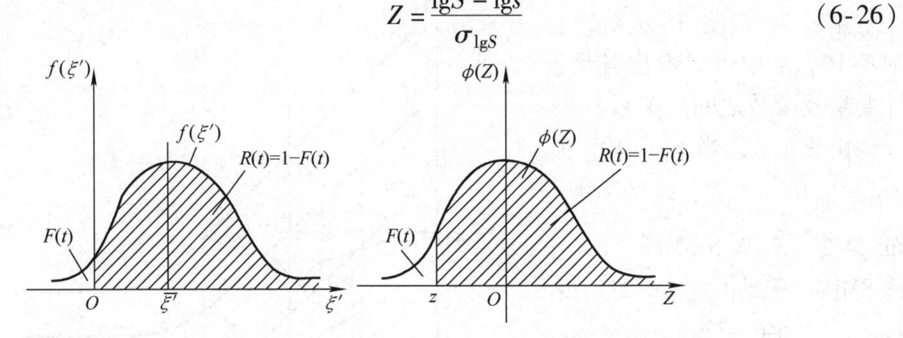

图 6-12 概率密度函数幅度 $f(\xi')$ 与标准正态分布函数 $\phi(z)$

由式（6-26）可知

当 $\xi=1$ 时，

$$Z=-\frac{\lg 1-\overline{\lg\xi}}{\sigma_{\lg\xi}}=-\frac{\overline{\lg\xi}}{\sigma_{\lg\xi}}=-\frac{\overline{\lg S}-\overline{\lg s}}{(\sigma_{\lg S}^2+\sigma_{\lg s}^2)^{\frac{1}{2}}} \tag{6-27}$$

当 $\xi=\infty$ 时，

$$Z=\frac{\lg\infty-\overline{\lg\xi}}{\sigma_{\lg\xi}}=\infty$$

由此可见，由于对数正态分布与正态分布之间的特殊关系，当应力和强度分布都为对数正态分布时，可以采用与正态分布相同的方法，即利用联结方程和标准正态分布表来计算可靠度。

工作循环次数可以理解为应力，与此相应，失效循环次数可以理解为强度。研究表明，零件的工作循环次数常呈现为对数正态分布。这时，在工作循环次数为 n_1 时的可靠度为

$$R(n_1)=\int_{n_1}^{\infty}f(n)\,\mathrm{d}n=\int_{n_1'}^{\infty}f(n')\,\mathrm{d}n'=\int_{z_1}^{\infty}\phi(Z)\,\mathrm{d}Z$$

式中 n_1——工作循环次数；

n'_1——工作循环次数的对数，$n'_1=\lg n_1$。

$$Z_1=-\frac{\overline{N}'-n'_1}{\sigma_{N'}} \tag{6-28}$$

式中 $\overline{N}'$——失效循环次数对数的均值；

$\sigma_{N'}$——失效循环次数对数的标准差。

有时，在零件的工作循环次数达到 n_1 之后，希望能再运转 n 个工作循环次数，零件在这段增加的任务期间内的可靠度是一个条件概率，表示为

$$R(n_1,n)=\frac{R(n_1+n)}{R(n_1)} \tag{6-29}$$

例 6-3 某铝轴在应力水平 $s=172\text{MPa}$ 下工作，其失效循环次数为对数正态分布，数据列于表 6-2。该轴已成功地运转了 $5\times10^5\text{r}$。试问：①其可靠度为多大？②如果在同一应力水平下再运转 10^5r，在增加的任务期内的可靠度为多大？

表 6-2 铝轴试件的失效循环次数分布数据（材料：7075-T6，表层涂凡士林）

应力水平/MPa	试件数	失效循环次数对数的均值$\overline{N'}$	失效循环次数对数的标准差 $\sigma_{N'}$
138	8	6.435	0.124
172	14	5.827	0.124
207	20	5.423	0.089
241	17	5.069	0.048
276	20	4.748	0.043
310	17	4.531	0.033
344	72	4.273	0.026
414	20	3.827	0.04
482	20	3.494	0.018

解：1）当 $n'_1=5\times10^5\text{r}$，$n'_1=\lg n_1=\lg(5\times10^5)=5.699$

由表 6-2 可知，当 $s=172\text{MPa}$ 时，$\overline{N'}=5.827$，$\sigma_{N'}=0.124$

由式（6-28）得

$$Z_1=-\frac{\overline{N'}-n_1{}'}{\sigma_{N'}}=-\frac{5.827-5.699}{0.124}=-1.032$$

由式（6-28）和标准正态分布表得可靠度为

$$R(n_1)=\int_{-1.032}^{\infty}\phi(Z)\mathrm{d}Z=0.8485$$

2）当再运转10^5r 时，

$$n_1+n=(5\times10^5+10^5)=6\times10^5$$

$$(n_1+n)'=\lg(n_1+n)=\lg(6\times10^5)=5.778$$

$$Z_1=-\frac{5.827-5.778}{0.124}=-0.395$$

$$R(n_1,n)=\int_{-0.395}^{\infty}\phi(Z)\mathrm{d}Z=0.6517$$

由式（6-29）可知，在工作循环次数从 $n_1=5\times10^5$ 到 $n_1+n=6\times10^5$ 期间内的可靠度为

$$R(n_1,n)=\frac{R(n_1+n)}{R(n_1)}=\frac{0.6517}{0.8485}=0.7680$$

6.3.3 应力和强度分布都为指数分布时的可靠度计算

当应力 s 和强度 S 均为指数分布时，概率密度函数分别为

$$f(s)=\lambda_s\mathrm{e}^{-\lambda_s s}$$

$$f(S)=\lambda_S\mathrm{e}^{-\lambda_S S}$$

式中 λ_s——应力 s 为指数分布时的分布参数；

λ_S——强度 S 为指数分布时的分布参数。

由此可得

$$
\begin{aligned}
R &= \int_0^{\infty} f(s)\left[\int_s^{\infty} f(S)\,\mathrm{d}S\right]\mathrm{d}s \\
&= \int_0^{\infty} \lambda_s \mathrm{e}^{-\lambda_s s}\left[\mathrm{e}^{-\lambda_S S}\right]\mathrm{d}s \\
&= \int_0^{\infty} \lambda_s \mathrm{e}^{-(\lambda_s+\lambda_S)s}\mathrm{d}s \\
&= \frac{\lambda_s}{\lambda_s+\lambda_S}\int_0^{\infty}(\lambda_s+\lambda_S)\mathrm{e}^{-(\lambda_s+\lambda_S)s}\mathrm{d}s \\
&= \frac{\lambda_s}{\lambda_s+\lambda_S}
\end{aligned}
\tag{6-30}
$$

由指数分布的数字特性，得到应力 s 和强度 S 的均值和标准差分别为

$$\mu_s = \frac{1}{\lambda_s}, \quad \sigma_s = \mu_s$$

$$\mu_S = \frac{1}{\lambda_S}, \quad \sigma_S = \mu_S$$

因此，可靠度为

$$R = \frac{\mu_S}{\mu_S + \mu_s} \text{或} \quad R = \frac{\sigma_S}{\sigma_S + \sigma_s} \tag{6-31}$$

综上所述，根据可靠度计算的一般方程，可导出应力和强度为其他分布时的可靠度计算公式。

6.4 系统耐环境设计

耐环境设计的主要任务是研究环境对系统的影响，研究防止或减少环境对系统可靠性影响的各种方法。其一般程序为：①预测机械系统所处的使用环境；②找到影响机械系统的主要环境因素；③根据预测的主要环境因素，研究机械系统的失效机理、模式等；④确定各种设计目标；⑤机械系统的环境试验；⑥试验数据反馈，改善环境设计。

6.4.1 环境因素及其影响

1. 环境因素

在实际使用中，机械系统在不同环境的影响下，其可靠性是不同的，恶劣的环境使其可靠性明显下降。

机械装备服务于各行各业，所遇到的环境很多，需要研究的环境包括：

（1）气候环境　包括温度、太阳辐射、大气压力、降雨量、湿度、臭氧、盐雾、风、沙尘、霜冻、雾等。

（2）地形环境　包括标高、地面等高形、土壤、天然地基、地下水、饱和水、植物、野兽和昆虫、微生物等。

（3）感应环境　包括冲击波、振动、加速度、核辐射、电磁辐射、空气污染物质、噪声、热能、生态变化等。

2. 环境影响

环境影响往往不是单一加在一种机械系统上的，一个机械系统要遇到多种环境因素。例如坦克必须在北极和热带使用，设计时不仅应采取防冻措施，还应采取保证在热带进行正常操作的防护措施。下面给出单一环境因素影响和成对组合环境因素影响，见表6-3和表6-4。

表6-3　单一环境因素影响

环境因素	主要影响	典型故障（失效）
高温	热老化	绝缘失效
	氧化	
	结构变化	性能变化
	化学反应	
	软化、熔化和升华	结构损坏
	黏性降低、蒸发	润滑性能降低
	物体膨胀	结构损坏，机械应力增加，运动零件磨损加剧
低温	黏度增大、固化	润滑性能降低
	结冰	电气性能或力学性能发生变化
	脆化	机械强度降低，破裂、断裂
	物体收缩	结构损坏，运动零件磨损加剧
相对湿度高	受潮	膨胀，包装器材破坏，物体破裂，电气强度降低
	化学反应	机械强度降低
	腐蚀	功能受影响，电气性能下降，绝缘体导电性增大
	电蚀	
相对湿度低	干燥	机械强度减低
	脆化	结构破裂
	形成粒状表面	电气性能变化，容易黏附灰尘
高压	压缩	结构破裂，密封破坏，功能受影响
低压	膨胀	包装器材破裂，产生爆炸性膨胀
	放出气体	电气性能变化，机械强度降低
	空气介电强度降低	绝缘击穿，形成逆弧，出现电晕或臭氧
太阳辐射	光化反应和物理化学反应：脆化	表面变质，电气性能变化，材料褪色，出现臭氧
沙和尘	擦伤	磨损加剧
	堵塞	功能受影响，电气性能变化
盐雾	化学反应	磨损加剧，机械强度降低
	腐蚀	电气性能变化，功能受影响
	电蚀	表面变质，结构强度降低，导电性提高
风	受到力的作用	结构破裂，功能受影响，机械强度降低
	材料沉淀	机械影响，堵塞，磨损加剧
	热损失（低速风）	加速低温效应
	热增加（高速风）	加速高温效应

（续）

环境因素	主要影响	典型故障（失效）
雨	物理应力	结构破坏
	吸水和浸水	重量增加，热耗增加，发生电气故障，结构强度降低
	冲蚀	保护层损坏，结构强度降低，表面变质
	腐蚀	化学反应加剧
风雪	擦伤	磨损加剧
	堵塞	功能受影响
温度骤变	机械应力	结构破坏或强度降低，密封破坏
高速粒子（核辐射）	加热	热老化，氧化
	蜕变和电离	化学性能、物理性能和电气性能发生变化和次级离子
失重	机械应力	与重力有关的功能遭到破坏
	失去对流冷却效应	高温效应加剧
臭氧	化学反应	迅速氧化
	龟裂，破坏	电气性能或力学性能发生变化
	脆化	机械强度降低
	形成粒状表面	功能受影响
	空气介电强度降低	绝缘击穿，形成逆弧
爆炸减压	巨大的机械应力	产生断裂，结构破坏
离解气体	沾染	物理性能和电气性能发生变化
	介电强度降低	绝缘击穿，形成逆弧
加速度	机械应力	结构破坏
振动	机械应力	机械强度减低，功能受影响，磨损加剧
	疲劳	结构破坏
磁场	产生磁化	功能受影响，电气性能变化，感应加热

表 6-4　成对组合环境因素影响

高温组合		
高温与湿度	高温与低压	高温与盐雾
高温会增大潮气的渗透率，会增大潮气的一般影响，使产品变质	这两个环境因素是相互依赖的。例如，当压力降低时，材料成分的放气速率加快；而当温度升高时，材料成分的放气速率也加快。因此，每一个因素将增大另一个因素的影响	高温会增大盐雾对产品腐蚀的速率
高温与太阳辐射	高温与霉菌	高温与沙尘
这是一个客观的环境因素组合，会增大对有机材料的影响	霉菌和微生物的生长需要比较高的温度，但是在 71℃ 以上，霉菌和微生物就不能生长了	高温会加快沙粒对产品的磨蚀速度，但是高温能降低沙粒和灰尘的穿透性

（续）

高温组合		
高温与冲击和振动	高温与爆炸气体	高温与加速度
这些环境因素都影响材料的共同性能，所以它们的影响将相互加强，加强的程度取决于构成这个环境组合的每一个因素的量，如果不是在极高的温度下，塑料和聚合物比金属更容易遭受这个环境组合的影响	温度对引爆爆炸性气体的影响非常小，然而温度会影响空气与蒸气之比，而这个比值对引爆爆炸性气体则是一个重要因素	这个环境组合的影响同高温与冲击和振动的组合相同
低温组合		
低温与太阳辐射	低温与低压	低温与盐雾
低温能减小太阳辐射的影响，太阳辐射也能减小低温的影响	这个环境组合能加速密封口等的漏气或漏液	低温能降低盐雾的腐蚀速度
低温与湿度	低温与爆炸气体	低温与霉菌
湿度随着温度的降低而降低。但是，低温会引起潮气凝结；当温度足够低时，潮气就变成霜或冰	温度对引爆爆炸性气体的影响非常小，但温度会影响空气与蒸气之比，而这个比值对于引爆爆炸性气体则是一个重要因素	低温影响霉菌的生长，在0℃以下，霉菌保持在假死状态
低温与冲击和振动	低温与加速度	低温与沙尘
低温会增大冲击与振动的影响，但是这个问题只有在非常低的温度下才有必要予以考虑	低温与加速度这个组合所产生的影响，同低温与冲击和振动的组合相同	低温会增大灰尘侵入的可能性
湿度组合		
湿度与臭氧	湿度与低压	湿度与盐雾
臭氧与潮气发生反应，形成过氧化氢。过氧化氢会使塑料和弹性材料变质，这种影响大于潮气和臭氧的单独影响之和	湿度会加强低压的影响，这种影响与电子设备或电气设备的关系特别密切，但是这个组合的实际影响在很大程度上取决于温度	高湿度会减小盐雾的浓度，但这同盐的腐蚀作用无关
湿度与霉菌	湿度与沙尘	湿度与太阳辐射
湿度有助于霉菌和微生物的生长，但不会增大它们的影响	沙尘对水有天然亲和性，湿度与沙尘相结合使产品加速变质	湿度会增大太阳辐射对有机材料的影响，使材料变质
湿度与振动	湿度与冲击和加速度	湿度与爆炸气体
湿度与振动相结合，会增大电气材料被击穿的可能性	冲击和加速度的周期很短，它们不会受到湿度的影响	湿度对爆炸气体的引爆没有影响，但高湿度会降低爆炸压力
低压组合		
低压与沙尘	低压与振动	低压与太阳辐射
在极大的风暴中，细小的尘粒被卷到高空中这种条件下，才可能出现低压与沙尘的组合	这个组合会增大对所有设备的影响，而受影响最大的是电子设备和电气设备	这两个因素的组合不会增大两者本身的影响
低压与爆炸气体	低压与冲击和加速度	低压与霉菌
在低压条件下，容易发生放电，而爆炸性气体是不容易起爆的	这三个因素的组合只有在超环境的高空，并与高温相结合，才会产生重大影响	这两个因素的组合不会增大两者本身的影响

（续）

盐雾组合		
盐雾与振动	盐雾与霉菌	盐雾和沙尘
这个组合的影响，和湿度与振动的组合相同	这是一个不相容的组合	这个组合的影响，和湿度与沙尘的组合相同
盐雾与臭氧	盐雾与冲击或加速度	盐雾与爆炸气体
这个组合的影响，和湿度与臭氧的组合相同	这两个组合不会产生额外影响	这是一个不相容的组合
太阳辐射组合		
太阳辐射与振动	太阳辐射与霉菌	太阳辐射与沙尘
在振动条件下，太阳辐射会使塑料、弹性材料、油料等高速变质	因为太阳辐射产生热，所以这个组合可能产生的影响，和高温与霉菌的组合相同，此外，未经过滤的太阳辐射中的紫外线具有显著的杀菌作用	这个组合有可能会产生高温
太阳辐射与臭氧	太阳辐射与冲击或加速度	太阳辐射与爆炸气体
这个组合会使材料加速氧化	这个组合不会产生额外影响	这个组合不会产生额外影响
振动组合		
振动与冲击	振动与加速度	振动与沙尘
这个组合不会产生额外影响	这个组合在超环境的高空同高温与低压相结合，会增加对装备的影响	振动可能增大沙尘的磨损影响
臭氧组合		
臭氧与高温	臭氧与低温	臭氧与霉菌
从约150℃的温度开始，在高温下，将产生臭氧；在温度超过270℃以后，在正常压力下，臭氧就不可能存在	在较低的温度下，臭氧的影响减小，但其浓度则增大	臭氧能消灭霉菌

6.4.2 系统“三防”设计

任何系统及组成系统的零部件都是在一定的环境下工作的，而潮湿、盐雾、霉菌及其他腐蚀性气体会引起材料的绝缘强度降低、霉烂腐蚀及其他性能恶化，导致漏电、短路，从而引起故障和事故。因此，必须采取措施防止或减少环境条件对系统及组成系统的零部件可靠性的不利影响。

对潮湿、盐雾、霉菌的防护称为“三防”，以保证系统及零部件在工作中的各项功能，增加产品在恶劣环境中运行的可靠性。

1. 潮湿、盐雾、霉菌的产生机理

设备、系统内部的零部件材质一般分为金属与非金属。金属在水、盐雾、霉菌的环境中会加快氧化腐蚀；非金属在水、盐雾、霉菌的环境中也会加快腐蚀。因此，必须采取防止发生氧化反应的措施，防止环境因素对机械系统因性能变化造成破坏。“三防”设计的基本出发点是调查产品在贮存、运输和使用过程中可能遇到的潮湿、盐雾、霉菌等环境影响因素，以便研究对策，采取相关有效措施，设计并制造耐环境的电气产品，提高产品的可靠性。

(1) 潮湿　当空气相对湿度大于80%时，产品中的有机和无机材料构件由于受潮将增加重量、膨胀、变形，金属结构件腐蚀也会加速，如果绝缘材料选用及工艺处理不当，则绝缘电阻会迅速下降，以致绝缘被击穿。为保证零部件、设备及系统的可靠性，防潮湿设计特别重要。

有时候湿气是一种化合物，是许多杂质的水溶液。这些杂质会引起许多化学问题。

另外，虽然存在着湿气可能引起性能退化，但是缺少湿气也可能引起可靠性问题。例如，许多非金属材料的有用特性就取决于湿气的最佳值。当皮革和纸太干时，它们就变脆，并产生裂纹。同样，随着湿度降低，纤维制品就会加速磨损，纤维变得干脆。由于缺少湿气在环境中就会遇到灰尘，灰尘会使磨损加剧、摩擦加大以及堵塞过滤器。

(2) 盐雾　盐雾指悬浮在大气中的气溶液状的Na_2O粒子。盐雾与潮湿空气结合时，其中所含的直径很小的氯离子对金属保护膜有穿透作用。盐和水结合能使材料导电，故可使绝缘电阻降低，引起金属电蚀、化学腐蚀加速，使金属件与电镀件受到破坏。在盐雾环境中，各类端子搭接处腐蚀较为明显：铜－铜接头腐蚀比较轻；铝－铝接头的腐蚀就很严重；铜－铝接头处则明显可以看出，尤其是铝接头侧通常会白色斑斑，并有烧伤的痕迹。如果不加以预防，会导致断路器、隔离开关、接触器、变压器等设备工作异常。

(3) 霉菌　霉菌在一定的环境条件下（一般温度在25～35℃，相对湿度在80%以上）会迅速繁殖生长，其分泌物形成的斑点不仅影响产品外观，而且这些分泌物所含的弱酸会使电气仪表的金属细线腐蚀断裂，损坏电路功能。尤其是在光学检测相关的仪器上长霉，会使玻璃的反射性能和透光性能明显下降，影响整体光学性能。

霉菌在新陈代谢中能分泌出大量的酵素和有机酸，对材料进行分解或老化，影响材料的力学性能和外观。特别是不抗霉菌的材料最容易被霉菌分解，并作为它的食物而直接被破坏，导致材料物理性能的明显恶化。在绝缘材料上生长的霉菌丝含有水分，水具有导电性，因而会对电子产品及材料的电气性能造成一定的影响；有时菌丝层会越过绝缘材料形成电气回路，使绝缘材料的绝缘电阻明显降低，一旦通电容易造成短路，从而烧坏仪器；菌丝还可能改变有效电容，使设备的谐振电路不协调。这些都可能使某些电气设备造成严重故障。

2. 防潮湿设计

1）对材料表面进行防潮处理，如采用防水材料等作为保护涂层。

2）采用密封、喷涂、浸渍、灌封、憎水等工艺对重要元器件甚至整机进行防潮处理。

3）采用吸湿性较低的电子元器件和结构材料。

4）对电子线路板表面浸涂丙烯酸膜层保护剂或硅酮树脂膜层保护剂，避免潮气的侵入。

5）对局部防潮要求高的器件采用密封结构。

6）改善整机使用环境，如采用空气循环系统，安装加热去湿装置等消除潮气聚集。

7）对不经常使用的设备，应在电气机柜内放置适量干燥剂，然后用防尘罩套好。

3. 防霉设计

1）控制环境条件来抑制霉菌生长，例如采用干燥、通风、降温等措施。在机体内部较关键的位置使用防霉涂层和封装防霉剂，也可以利用足够强度的紫外线或充以高浓度臭氧消毒灭菌。经过完善的防霉处理的电气产品能够在平均温度为30℃、湿度为80%的环境中持续三年抑制霉菌生长。

2）采用抗霉或耐霉性材料，如皮革含有天然有机物，极易受霉菌侵蚀，而无机矿物材料，则不易长霉。

3）严格密封，防霉包装，对内装物进行防潮，并使用干燥剂，以降低包装容器内的相对湿度，并对包装材料进行防霉处理等。

4. 防盐雾设计

1）采用密封结构和干燥剂，电气产品尽可能安装在室内。对于室外的电气产品，外壳应采用热镀锌板和不锈钢板。

2）采用耐盐雾材料和工艺，如塑料，涂覆有机涂层。关键的金属结构件、紧固件及其他配件，采用热镀锌板或不锈钢板，增强防盐雾腐蚀能力，提高产品可靠性，延长机械使用寿命。

3）对于金属接触面要注意防止接触型腐蚀，采取必要的防盐雾措施。

4）在电气设备安装时，可在导电端子搭接处接触面涂敷导电膏，这样可以有效地抗盐雾腐蚀。

6.4.3 其他耐环境设计

1. 防温度变化设计

在温度发生变化时，几乎所有的材料都会出现膨胀或收缩。这种膨胀与收缩会使零部件之间的配合、密封及内部应力发生变化。由于温度不均匀，零部件的收缩不均匀，这样会引起零部件的局部应力集中。

金属结构在加热和冷却循环作用下最终也会由于感生的应力和弯曲引起的疲劳而毁坏；在不同金属连接点之间的热电偶效应所产生的电流会引起电解腐蚀；塑料、天然纤维、皮革以及天然的和人造的橡胶都对温度极值特别敏感，这可以由它们在低温时发脆和在高温时性能退化的现象得到证实。

1）防止温度变化导致材料收缩不均，在设计时应考虑：

① 谨慎地选用材料。

② 在活动零件之间留有合适的间隙。

③ 采用弹簧拉紧装置和深槽滑轮控制缆索。

④ 表面采用密度大的材料。

2）防止润滑剂变化。

① 低温变化时，选用由硅、二元脂配成的润滑脂或选用硬脂酸锂加浓的硅-二元脂作为润滑脂。

② 只要可能，就不用液体润滑剂。

3）防止液压系统漏泄，可采用合适的密封和填充化合物，如低温时用硅橡胶。

4）低温变化时，防止液压油变稠，需采用合适的低温液压油。

5）防止由于低温汇集的水冻结而引起结冰损坏，可通过下述方法去除水分：

① 设置排气孔。

② 安装足够的排水装置。

③ 消除湿气。

④ 适当地加热。

⑤ 密封。

⑥ 使空气干燥。

2. 防沙尘设计

沙尘影响，除了降低能见度之外，主要通过以下方式使设备性能退化。

① 由于擦伤而加剧磨损。

② 由于摩擦而加剧磨损与发热。

③ 过滤器、小孔和敏感装置被堵塞。

因此，在防沙尘设计中，要特别注意含有运动件的装备。沙尘擦伤光学表面，可能是由于空气中的沙尘所碰伤，也可能是擦洗光学表面时不小心为微粒擦伤。聚集起来的尘埃对潮气有亲和力，两者结合后导致腐蚀或促使霉菌生长。

在比较干燥的地区，例如在沙漠中，沙尘微粒很容易扬起来，悬浮在空气中，可能悬浮数小时之久。这样即使没有风，车辆或车上设备在尘埃中行驶的速度也可能使其表面擦伤。火炮在发射时，巨大的反作用力将其周围的土喷起，会影响炮上的电子设备。

为了冷却和防潮，或者为了便于操作，大多数装备都要求空气循环。所以，问题不是是否许可灰尘进入装备内，而是许可有多少灰尘或多大的尘粒，要把空气中超过规定尺寸的微粒过滤出去。然而过滤器有这样的特性，即对给定的过滤器工作面积来讲，留在过滤器上面的尘粒会越来越小；小尘粒的数量会增多，通过过滤器的空气或其他流体的流量将减小。因此，或者增大过滤器的表面面积，或者是减小通过过滤器的流体流量，或者增大许可的尘粒尺寸，必须在三者之间进行折中。所以，对沙尘的防护措施必须与对其他环境因素的防护措施相结合综合考虑，例如对于准备在沙尘环境中使用的设备，规定用防护层防潮是不实际的，除非选用耐磨蚀的或磨蚀能自动愈合的防护涂料。

3. 耐振动与防冲击设计

在振动和冲击的作用下，电子设备的元器件可能发生失效，其主要失效模式为电阻、电容、晶体管、集成电路等引线发生断裂、焊点开焊等；继电器受振后，机械装置逐渐地失效；电子管在振动时会产生电极短路、松动、脱落和出现颤噪声；晶体与开关在大振动冲击时要产生相对位移；高频振动可能使功率电阻、电解电容器上绝缘层损坏；无线电引信由于冲击、振动而提前解除保险。

为了减少振动和冲击，可以采用以下几种方法。

（1）减振设计　减振设计采用的是隔离技术。在振动源与被振的部件之间装入专用隔离介质，削弱振动源传递到部件的能量。例如通信设备通过减振架安装到车体上。常用的减振器有金属弹簧减振器、橡胶减振器、蜂窝状纸质减振器、泡沫聚苯乙烯塑料块等。

（2）阻尼设计　该方法是借助于阻尼材料的阻尼性能来消耗外来的振动能量。阻尼技术包括阻尼材料的研究、阻尼结构的处理和正确应用的研究等。

一般阻尼元件有弹性阻尼器，如橡胶及弹簧减振器等金属制品。金属减振器固有频率高，常用于载荷大、干扰频率高及有冲击的情况下，优点是能耐受温度和湿度的影响，但在发生共振时振幅很大。

空气阻尼器利用空气出入缝隙的黏滞阻力作用，改变缝隙大小即可调节阻尼，其优点是不受温度变化的影响。

油阻尼器利用液体摩擦作用，改变油的黏度即可调节阻尼，其优点是在简单的装置中可获得很大阻尼来降低冲击。

电磁阻尼器利用在磁场中运动的金属片中所产生的涡流与磁场之间的电磁力产生阻尼，其优点是可获得完全线性的衰减，调整方便，但阻尼力较小。

固体摩擦阻尼是利用固体本身内摩擦或固体之间的摩擦获得阻尼，常用的有橡皮－金属减振器，其优点是结构简单、成本低廉、可在很大范围内获得阻尼，但阻尼值不易精确控制。

（3）去耦技术　其目的是防止共振。尽量地提高设备的固有振动频率，使设备和元器件的频率不等于激振的频率。例如，对于电阻器和电容器一般通过剪短引线来提高固有频率。

习　题

6-1　简述系统可靠性设计的定义。

6-2　系统可靠性定性设计包括哪些准则？

6-3　简述系统可靠性设计的重要性。

6-4　已知汽车上某零件的工作应力及材料强度均为正态分布，且应力的均值$\mu_s=380\text{MPa}$，标准差$\sigma_s=42\text{MPa}$，材料强度的均值$\mu_S=650\text{MPa}$，标准差$\sigma_S=81\text{MPa}$，试确定该零件的可靠度。另一批零件由于热处理不佳及环境温度的较大变化，使零件强度的标准差增大至120MPa，问其可靠度如何？

6-5　拟设计某一汽车的一种新零件，根据应力分析，得知该零件的工作应力为拉应力且为正态分布，其均值$\mu_{s_L}=352\text{MPa}$，标准差$\sigma_{s_L}=40.2\text{MPa}$。为了提高其疲劳寿命，制造时使产生的残余压应力也为正态分布，其均值$\mu_{s_Y}=100\text{MPa}$，标准差$\sigma_{s_Y}=16\text{MPa}$。零件的强度分析认为其强度也为正态分布，均值$\mu_S=502\text{MPa}$，但各种强度因素影响产生的偏差尚不清楚，为了确保零件的可靠度不低于0.999，问强度的标准差的最大值是多少？

6-6　什么是“三防”设计？系统为什么要进行“三防”设计？

第 7 章

系统故障模式、影响及危害性分析

虽然在系统设计和使用阶段对可能引起灾难性后果的故障给予了足够的重视，但还是不时发生一些令人痛心的灾难。如苏联的切尔诺贝利核泄漏事故、美国的挑战者号升空爆炸和印度的波泊化学物质泄漏事故等，都给人留下永远抹不去的痛苦记忆。

故障模式、影响及危害性分析（Failure Mode Effect and Criticality Analysis），简称 FMECA，是通过分析系统中各个零部件的所有可能的故障模式及故障原因以及对系统的影响，并判断这种影响的危害度有多大，从而找出系统中潜在的薄弱环节和关键的零部件，采取必要的措施，以避免不必要的损失和伤亡。

如果不做危害性分析，则称为故障模式与影响分析（Failure Mode and Effect Analysis），简称 FMEA。

故障模式、影响及危害性分析是一项重要的可靠性工作，从产品方案设计到工程研制阶段要反复地进行 FMECA 工作，以便能尽早地发现问题并及时地修正设计。

故障模式、影响及危害性分析还可为维修性、安全性、耐久性、易损性、后勤保障、维修方案分析以及失效检查和分系统设计提供信息。

故障模式、影响及危害性分析作为一种可靠性分析方法起源于美国。早在 20 世纪 50 年代初，美国格鲁门飞机公司在制造飞机主操纵系统时就采用了 FMECA 方法，当时只进行了故障模式、影响分析，未进行危害性分析，但取得了良好的效果。到了 20 世纪 60 年代后期和 70 年代初期，FMECA 方法开始广泛地应运于航空、航天、舰船、兵器等军用系统的研制中，并逐渐渗透机械、汽车、医疗设备等民用工业领域，且取得了显著效果。国内在 20 世纪 80 年代初期，随着可靠性技术在工程中的应用，FMECA 的概念和方法也逐渐被接受。目前在航空、航天、兵器、舰船、电子、机械、汽车家用电器等工业领域，FMECA 方法均获得了一定程度的普及，为保证产品的可靠性发挥着重要作用。可以说该方法经过长时间的发展与完善，已经获得了广泛的应用，成为系统（或产品）开发与研制中必须完成的一项可靠性分析工作。

7.1 系统故障模式、影响及危害性分析概述

7.1.1 基本概念

1. 约定层次

约定层次是指根据 FMECA 的需要，按产品的功能关系或组成特点进行 FMECA 的产品所在的功能层次或结构层次，一般是从复杂到简单依次进行划分。

2. 初始约定层次

初始约定层次是指要进行 FMECA 总的、完整的产品所在约定层次中的最高层次。它是 FMECA 最终影响的对象。

3. 其他约定层次

其他约定层次是指相继的约定层次（第二、第三、第四等），这些层次表明了直至较简单的组成部分的有顺序的排列。

4. 最低约定层次

最低约定层次是指约定层次中最底层的产品所在的层次。它决定了 FMECA 工作深入、细致的程度。

5. 故障

对可修复的产品来说，产品丧失规定的功能称为故障。对不可修复的产品来说，产品丧失规定的功能称为失效。

6. 单点故障

单点故障是指引起产品的故障且没有冗余或替代的工作程序作为补救的故障。

7. 故障模式

故障模式是指产品故障的一种表现形式，一般是能被观察到的一种故障现象。例如，轴类零件断裂，轴承碎裂，杆类零件变形，弹簧的折断，活动零件运动受阻，齿轮齿面点蚀，机械零件被腐蚀，火工品的受潮变质等。

8. 失效机理

失效机理是指引起产品或零部件失效的物理、化学变化等的内在原因。

9. 失效分析

失效分析是指在产品失效后，通过对产品的结构、使用和技术文件的逻辑性、系统性检查，来鉴别失效并确定失效机理及其基本原因。

10. 故障影响

故障影响是指该故障模式会造成对安全性、战备完好性、任务成功性以及维修或后勤保障等要求的影响。故障影响一般可分为对自身、对上级及最终影响三个等级。如分析飞机液压系统中的一个液压泵，它发生了轻微漏油的故障模式，对自身即对泵本身的影响可能是降低效率，对上级即

对液压系统的影响可能是压力有所降低，最终影响是指对飞机可能没有影响。

11. 危害性

危害性是指对产品中每个故障模式发生的概率及其危害程度的综合度量。

12. 危害性分析

危害性分析（CA）的目的是按每一故障模式的严重程度及该故障模式发生的概率所产生的综合影响对系统中的产品划等分类，以便全面评价系统中各种可能出现的产品故障的影响是 FMEA 的补充或扩展，只有在进行 FMEA 的基础上才能进行 CA。

CA 是指对某种故障模式出现的频率及其所产生的后果的相应度量。

13. 检测方法

检测方法是指在每个故障模式发生时的检测手段和方法。

14. 预防措施

预防措施是指产品在设计、工艺、操作时应采取的纠正措施。

15. 设计改进措施

设计改进措施是指针对某一故障模式，在设计和工艺上采取的消除或减轻故障影响或降低故障发生概率的改进措施。

16. 使用补偿措施

使用补偿措施是指针对某一故障模式，为了预防其发生而采取的维修措施，或一旦出现该故障模式后操作人员应采取的最恰当的补救措施。

7.1.2 主要特点

FMECA 作为故障分析的一种有力手段，在可靠性工作中发挥了巨大的作用。然而，有时在实际工程应用中，由于诸多原因，FEMCA 却有流于形式的倾向。如把 FME（C）A 当作形式上的工作，没有认真分析和没有采取有效纠正措施，设计完成后再补做 FME（C）A；FME（C）A 的分析不深入等。为了完成有效的、高水平的 FMEA 及 FMECA，以下各项值得注意。

1. 时间性

FMEA、FMECA 应与设计工作结合进行，在可靠性工程师的协助下，由产品设计人员来完成，同时必须与设计工作保持同步。FME（C）A 适用于产品研制的整个过程，并且随产品设计的深入而细化。FME（C）A 的结果应作为进一步设计的参考，在设计中加以改进。FME（C）A 的有效与否在很大程度上取决于分析及纠正是否及时，FME（C）A 应在产品研制的评审之前提供有用的信息，否则它就是不及时的和没有作用的。由于费用和进度的限制，要求把可以利用的资源用于它们可以发挥最大经济效益的地方，所以尽早利用 FME（C）A 的结果具有重要意义，它可以减少对费用和进度的影响。那种设计完成后再补做 FME（C）A 的做法是不可取的。

2. 层次性

在进行 FME（C）A 时，分析层次取到什么程度合适，应因情况不同而不同。原则上，严酷度和危害度非常低的故障模式是可以略去的。若无其他规定，应按如下原则规定最低约定层次。

1）为保证每一个保障性分析对象有完整输入而在保障性分析对象清单中规定最低层次。

2）能导致灾难的（Ⅰ类）或致命的（Ⅱ类）故障的产品所在的产品层次。

3）规定或预期需要维修的最低产品层次，这些产品可能导致临界的（Ⅲ类）或轻度的（Ⅳ类）故障。

3. 灵活性

FME（C）A 分析虽应按照标准化的程序进行，但在某些方面也体现出它的灵活性。

1）在 FMEA 分析之前，常将故障模式的发生概率、故障模式的严酷度、故障模式的检测难度等，根据不同产品划分成实用的等级，确定评定标准。评定标准可采用表决法。若没有这一标准，各实施小组在对故障模式做定量评定时，就不能用共同的标准找出重点故障模式。

2）故障模式严酷度的等级划分，即使是对同一产品，系统层次的 FMEA 和零件层次的 FMEA 不同，也应采用分别划分评定标准的方法。若从系统的 FMEA 起到零件的 FMEA 止用同一评定标准进行分析，对故障模式的评价就会发生混乱，不同层次上的严酷度也都模糊不清了。

3）在与人身事故无关的，一般零件的故障模式严酷度评级中，受到法规限制的故障模式，原则上评定其严酷度为最高等级。

4. 有效性

补偿与改进措施的有效与否是 FME（C）A 是否改善了产品的可靠性水平的关键，为使这些措施合理有效，应注意以下四点。

1）补偿与改进措施首先应是设计工艺等方面的，仅用“换件”“维修”等是不能满足要求的。

2）在确定是否采取进一步的改进措施时，进行可靠性与经济性的权衡考虑是合理的。

3）书写建议改进措施的原则是使上级领导及负责人易于理解，然后决定是否采取这些措施。

4）应把 FME（C）A 的结果补充到图样、技术资料、质量标准等文件中，以全面防止采取改进措施后故障模式重新出现。

5. 完整性

彻底弄清系统各功能级别的全部可能的故障模式是至关重要的，因为整个 FMEA 的工作就是以这些故障模式为基础进行的。这里强调的是全部故障模式，决不要不经分析就想当然地认为某种或某些故障模式不重要，放弃分析，这样做有时会导致严重后果。如美国宇航局曾对某长寿命卫星进行了FMEA工作，但发射失败了，究其原因，原来是对旋转天线滑动环之间只考虑它们的“开路”故障模式，忽略了“短路”故障模式，而恰恰是这种“短路”故障模式导致这次发射失败。

7.1.3 一般要求

FMECA计划包括为实现项目标准规定的要求，并随着设计的更改适时地进行FMECA，以及利用分析结果为设计提供指南所需的全部工作。

在FMECA计划中应该确定有关的分析表格、基本规则、分析假设、分析的最低约定层次、编码体系以及故障判据等。

1. 表格格式

进行FMECA所使用的表格格式见表7-1和表7-2（见下文）。在每一张表格上应注明初始约定层次（产品名称）。每一相继的约定层次的分析应记录在一张单独的分析表或一组分析表上。

2. 基本规则和分析假设

基本规则和分析假设应规定进行FMECA的方法（如硬件法、功能法或两者的综合分析法）、最低的产品约定层次。在开始进行分析之前，应规定和记录所有的基本规则和分析假设。如果要求有所改变，可对基本规则和分析假设加以补充。补充的基本规则和分析假设应在FMECA报告中予以说明并单独标志。

3. 确定最低约定层次

若无其他规定，应按如下原则确定最低约定层次。

1）为保证每一个保障性分析对象有完整输入而在保障性分析对象清单中规定的最低层次。

2）能导致灾难的（Ⅰ类）或致命的（Ⅱ类）故障（见下文）的产品所在的产品层次。

3）规定或预期需要维修的最低产品层次，这些产品可能导致临界的（Ⅲ类）或轻度的（Ⅳ类）故障（见下文）。

4. 编码体系

为了给系统功能和设备规定统一的标志和对故障模式起到跟踪作用，应根据产品分解结构、工作单元代码编码体系或其他类似的编码体系，使用一种统一的编码体系。该编码体系应与可靠性及功能方框图中使用的编码体系相一致，以便能确定每一个故障模式及其与系统的关系。

5. 故障判据

应根据产品每一个规定的性能参数和允许极限确定故障判据，并与订购方给定的故障判据一致。

6. 计划协调

FMECA计划应与根据相关标准编制的产品的可靠性大纲、维修性大纲和安全性大纲的要求及其他标准、文件等的要求相协调，以利于共享FMECA的结果，避免重复工作。

7.1.4 基本程序

FMECA 分两部分，即故障模式及影响分析和危害性分析。

当系统定义和功能说明不能用于规定的约定层次时，最初的分析应进行到尽可能低的约定层次，以便提供最佳结果。如果系统定义和功能说明是完善的，则应使分析达到规定的约定层次。

1. 所需主要信息

（1）技术规范和研制方案　技术规范和研制方案通常阐明了各种系统故障的判据，并规定了系统的任务剖面以及对系统使用、可靠性和维修性方面的设计和试验要求。此外，技术规范和研制方案中的详细信息，通常还包括工作原理图和功能方框图，它们表明了系统成功地工作所需执行的全部功能。那些说明系统功能顺序所用的时间方框图和图表有助于确定应力-时间关系及各种故障检测方法和改进措施应用的可行性。技术规范和研制方案中给出的功能-时间关系，可以用来确定环境条件的应力-时间关系。

（2）设计方案论证报告　设计方案论证报告通常说明了对各种设计方案的比较以及与之相应的工作限制，它们有助于确定可能的故障模式及其原因。

（3）设计数据和图样　设计数据和图样通常确定了执行各种系统功能的每项产品及其结构，通常从系统级开始直至系统的最低一级产品对系统内部和接口功能进行了详细描述。设计数据和图样一般包括功能方框图或可用来绘制可靠性方框图的简图。

（4）可靠性数据　为了确定可能的故障模式，就需要对那些选择用来执行每一系统内部功能的产品的可靠性数据进行分析。一般来说，最好利用那种在专用设备上并模拟实际使用条件进行的可靠性试验所得到的数据。

2. 故障模式及影响分析

应将 FMEA 作为系统功能早期设计阶段工作的一个组成部分，并应适时进行，以便能尽早发现设计缺陷并采取改进措施。同时，随着设计的更改，应反复进行 FMEA。从初始设计到最终设计的每一次设计评审，应该把当时的 FMEA 作为提供评审的主要资料。可以通过 FMEA 来确定那些高风险产品及改进措施。还应将 FMEA 用于确定具体的试验条件、质量检验点、预防维修措施、工作限制、使用寿命，以及降低故障风险所需的其他信息和活动。

FMEA 一般是通过下列步骤来实现的。

1）定义被分析的系统。完整的系统定义包括其内部和接口功能、各约定层次的预期性能、系统限制及故障判据的说明。系统的功能说明则包括针对那些与每项任务、每一任务阶段及每一种工作方式相对应的功能的详细描述。所谓详细描述是指对环境剖面、预定的任务时间及产品使用情况，以及每一产品的功能和输出的详尽说明。

2）绘制功能和可靠性方框图。这些方框图应该描绘各功能单元的工作过程、相互影响和相互依赖关系。系统的所有接口设备都应在方框图中得到表示。

3）确定产品及接口设备所有潜在的故障模式，并确定它们对相关功能或产品的影响，以及对系统和所需完成任务的影响。

4）按最坏的潜在后果评估每个故障模式，确定其严酷度类别。

5）为每个故障模式确定检测方法和补偿措施。

6）确定为排除故障或控制风险所需的设计更改或其他措施。

7）确定由于采取改进措施或系统其他属性所带来的影响。

8）将分析予以记录，对不能通过设计来改善的问题予以总结，并确定为降低故障风险所需的具体措施。

3. 严酷度分类

严酷度是给产品故障造成的最坏潜在后果规定一个量度。可以将每个故障模式和每个被分析的产品按下列对损失程度的表述进行分类。当产品或故障模式不能按下列四类表述进行分类时，可按类似的损失程度进行表述，并将其列入 FMECA 基本规则，以备订购方批准。

1）Ⅰ类（灾难的）——这是一种会引起人员死亡或系统（如飞机、坦克、导弹及船舶等）毁坏的故障。

2）Ⅱ类（致命的）——这种故障会引起人员的严重伤害、重大经济损失或导致任务失败的系统严重损坏。

3）Ⅲ类（临界的）——这种故障会引起人员的轻度伤害、一定的经济损失或导致任务延误或降级的系统轻度损坏。

4）Ⅳ类（轻度的）——这是一种不足以导致人员伤害、一定的经济损失或系统损坏的故障，但它会导致非计划性维护或修理。

4. 危害性分析

危害性分析有定性分析和定量分析两种方法。危害性分析分为填写危害性分析表格和绘制危害性矩阵两个步骤。

7.1.5 报告内容

应将 FMECA 和其他有关分析的结果写成报告。报告应明确指出分析的层次，总结出分析的结果，写明分析所使用的数据源及方法，并应包括系统定义说明、所得到的分析数据及表格。FMECA 的中间报告应能用于设计评审中对备选设计方案的选择，并应使Ⅰ类和Ⅱ 类故障、潜在的单点故障和建议的设计改进措施清晰可见。最终报告则应反映最终设计结果，并应明确指出那些无法通过设计排除的Ⅰ类和Ⅱ类故障模式及单点故障。必要时，可列出不可检测的故障模式的清单。

1. 总结

总结中包括根据分析所做的结论和建议，以及对为排除或降低故障风险已经采取或建议采取的措施所做的说明。

2. 可靠性关键产品清单

应在报告中列出根据 FMECA 归纳的可靠性关键产品的清单，包括Ⅰ类和Ⅱ类故障模式清单和单点故障清单。各清单中每项产品的信息应包括下列内容：

1）产品标志。

2）为减少该产品故障出现的设计特点的说明。

3）为验证上述设计特点所做的试验及计划在产品接收或在使用及维修期间进行的试验的说明，这些试验必定会检测出该故障模式。

4）计划用于保证产品符合设计要求的检验，以及计划在停机或工作检修期间进行的检验的说明，这些检验会检测出故障模式或故障模式发生的迹象。

5）对有关特定设计或类似设计过程的说明。

6）对操作人员检测故障模式所用方法，以及当可以利用冗余和替换的工作方式时，故障是否能被检测出来的说明。

7）没有消除有关的故障模式的原因。

在单点故障清单中应列出每个单点故障的发生概率等级或危害度。

7.2 系统故障模式及影响分析

7.2.1 分析目的

进行 FMEA 的目的是为了分析产品故障对系统工作所产生的后果，并将每一故障按其严酷度分类。

7.2.2 分析方法

FMEA 的两种基本方法是硬件法和功能法。至于采用哪一种方法，取决于设计的复杂程度和可利用信息的多少。对复杂系统进行分析时，可以考虑综合采用功能法与硬件法。

1. 硬件法

这种方法根据产品的功能对每个故障模式进行评价，用表格列出各个产品，并对可能发生的故障模式及其影响进行分析。各产品的故障影响与分系统及系统功能有关。当产品可按设计图样及其他工程设计资料明确确定时，一般采用硬件法。这种分析方法适用于从零件级开始分析再扩展到系统级，即自下而上进行分析。然而也可以从任一层次开始向任一方向进行分析。采用这种方法进行 FMEA 是较为严格的。

2. 功能法

这种方法认为每个产品可以完成若干功能，而功能可以按输出分类。使用这种方法时，将输出一一列出，并对它们的故障模式进行分析。当产品构成不能明确确定时（如在产品研制工期，各个部件的设计尚未完成，得不到详细的部件清单、产品原理图及产品装配图），或当产品的复杂程度要求从初始约定层次开始向下分析，即自上而下分析时，一般采用功能法。然而也可以在产品的任一层次开始向任一方向进行。这种方法比硬件法简单，故可能忽略某些故障模式。

7.2.3 确定严酷度类别

确定每个故障模式和产品的严酷度类别的目的在于为安排改进措施提供依据。最优先考虑的是消除Ⅰ类和Ⅱ类故障模式。当较低约定层次产品失去输入或输出危及较高约定层次产品正常工作时，也应该采取措施，以消除或控制所确认的故障模式。当确认的Ⅰ类和Ⅱ类故障模式不能消除或不能处于受控状态，以致到了订购方不能接受的程度时，则应向订购方提出其他控制措施和建议。

7.2.4 详细分析程序

在分析产品的某一故障影响时，应把该故障看成是系统中唯一的故障。若某一故障是不可检测的，则应进一步分析确定与其相关的其他故障的影响（因为这些故障与这一不可检测的故障一起可能会造成灾难的或致命的故障条件）。在有安全、冗余或备用设备的情况下，假设的故障模式还应包括那些导致需要使用这些安全、冗余或备用设备的故障状态。应给所有的Ⅰ类和Ⅱ类故障模式确定设计更改或专门的控制措施。应把分析中找到的单点故障在 FMEA 表格中做出明显统一的标志。

1. 定义系统

进行 FMEA 的第一步便是给被分析的系统下定义。系统定义包括就系统的每项任务、每一任务阶段，以及各种工作方式给出其功能描述。对系统做功能描述时，应包括对主要和次要任务项的说明，并针对每一任务阶段和工作方式、预期的任务持续时间和产品使用情况、每一产品的功能和输出，以及故障判据和环境条件等，对系统和零件加以说明。

（1）任务功能和工作方式　应包括按照功能对每项任务的说明，该说明确定了应完成的工作及为完成特定功能而工作的功能模式。应说明被分析系统各约定层次的任务功能和工作方式。当不只一种方法用来完成某一特定功能时，应规定替换的工作方式，还应规定需要使用不同设备或设备组合的多种功能，并应以功能－输出清单或说明的形式列出每一约定层次产品的功能和输出。

（2）环境剖面　应规定环境剖面，用以描述何种任务和任务阶段所预期的环境条件。如果系统不只在一种环境条件下工作，还应对每种不同的环境剖面加以规定。应采用划分的环境阶段来确定应力－时间关系及故障检测方法和补偿措施的可行性。

（3）任务时间　为了确定任务时间，应对系统的功能－时间要求做定

量说明，并对在任务的不同阶段中以不同工作方式工作的产品和只有在要求时才执行功能的产品规定功能 - 时间要求。

（4）方框图　为了描述系统各功能单元的工作情况、相互影响及相互依赖关系，以便可以逐层分析故障模式产生的影响，需要建立方框图。这些方框图应标明产品的所有输入及输出，每一方框应有统一的标号，以反映系统功能的分级顺序。方框图包括功能方框图及可靠性方框图。绘制方框图可以与定义系统同时进行，也可以在定义系统完成之后进行。对于替换的工作方式，一般需要一个以上的方框图表示。

1）功能方框图。功能方框图表示系统及系统各功能单元的工作情况和相互关系，以及系统和每个约定层次的功能逻辑顺序。功能方框图示例如图 7-1 所示。

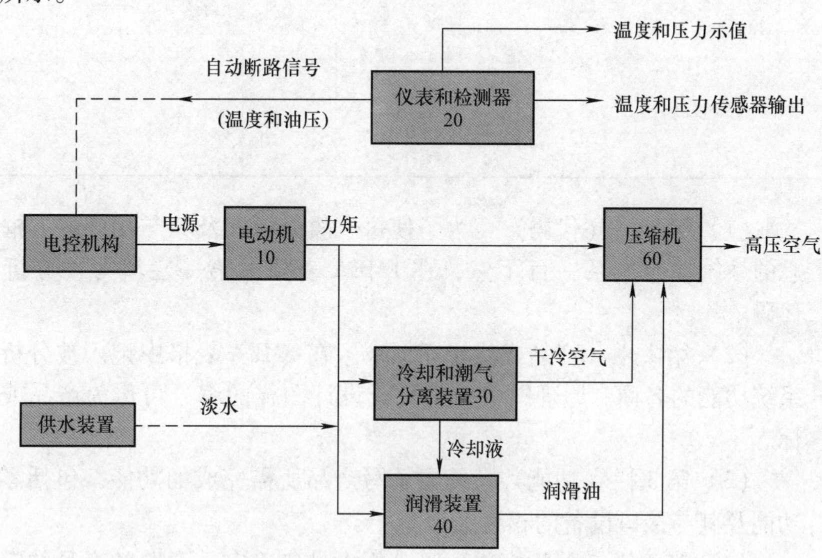

图 7-1
功能方框图示例（高压空气压缩机）

2）可靠性方框图。把系统分割成有独立功能的分系统之后，就可以利用可靠性方框图来研究系统可靠性与各分系统可靠性之间的关系。可靠性方框图示例如图 7-2 所示。

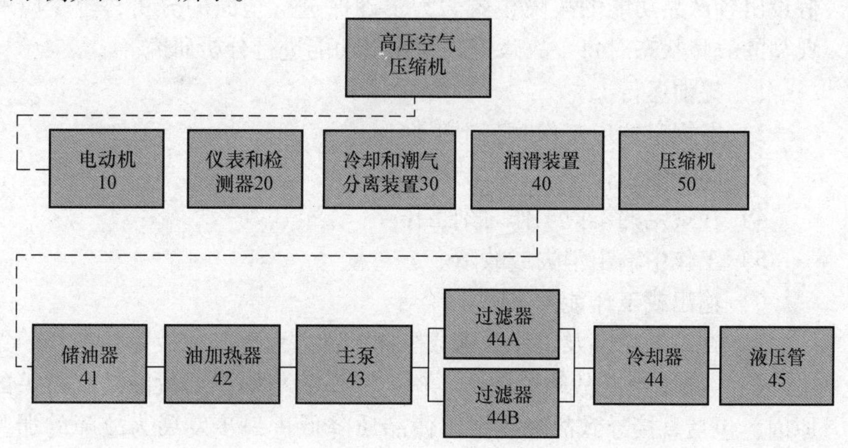

图 7-2
可靠性方框图示例

2. FMEA表格

实施 FMEA 的下一步是填写 FMEA 表格。一种典型的 FMEA 表格见表7-1。表7-1 给出了 FMEA 的基本内容，可根据分析的需要对其进行增补。

表 7-1　故障模式及影响分析表格

初始约定层次　　任　务　　审核　　第　页共　页

约定层次　　分析人员　　批准　　填表日期

代码	产品或功能标志	功能	故障模式	故障原因	任务阶段与工作方式	故障影响			故障检测方法	补偿措施	严酷度类别	备注
						局部影响	高一层次影响	最终影响				

(1) 第1栏（代码）　为了使每个故障模式及其与相应的方框图内标志的系统功能关系一目了然，在 FMEA 表格的第一栏填写被分析产品的代码。

(2) 第2栏（产品或功能标志）　在 FMEA 表格中记入被分析产品或系统功能的名称。原理图中的符号或设计图样的编号可作为产品或功能的标志。

(3) 第3栏（功能）　简要填写产品所需完成的功能，包括零部件的功能及其与接口设备的相互关系。

(4) 第4栏（故障模式）　分析人员应确定并说明各产品约定层次中所有可预测的故障模式，并通过分析相应方框图中给定的功能输出来确定潜在的故障模式。应根据系统定义中的功能描述及故障判据中规定的要求，假设出各产品功能的故障模式。为了确保进行全面的分析，至少应就下述典型的故障状态对每个故障模式和输出功能进行分析研究。

1) 提前运行。

2) 在规定的应工作时刻不工作。

3) 间断地工作。

4) 在规定的不应工作时刻工作。

5) 工作中输出消失或故障。

6) 输出或工作能力下降。

7) 在系统特性及工作要求或限制条件方面的其他故障状态。

(5) 第5栏（故障原因）　确定并说明与假设的故障模式有关的各种原因，包括直接导致故障或引起使品质降低进一步发展为故障的那些物理或化学过程、设计缺陷、零件使用不当或其他过程。还应考虑相邻约定层

次的故障原因。例如，在进行第二层次的分析时，应考虑第三层次的故障原因。

（6）第6栏（任务阶段与工作方式） 简要说明发生故障的任务阶段与工作方式。当任务阶段可以进一步划分为分阶段时，则应记录更详细的时间，作为故障发生的假设时间。

（7）第7栏（故障影响） 故障影响指每个假设的故障模式对产品使用、功能或状态所导致的后果。应评价这些后果并将其记入FMEA表格中。除被分析的产品层次外，所分析的故障还可能影响几个约定层次。因此，应该评价每个故障模式对局部的、高一层次的和最终的影响。同时还应考虑任务目标、维修要求、人员及系统的安全。

1）局部影响指所假设的故障模式对当前所分析约定层次产品的使用、功能或状态的影响。确定局部影响的目的在于为评价补偿措施及提出改进措施建议提供依据。局部影响有可能就是所分析的故障模式本身。

2）高一层次影响指所假设的故障模式对当前所分析约定层次高一层次产品使用、功能或状态的影响。

3）最终影响指所假设的故障模式对最高约定层次产品的使用、功能或状态的总的影响。最终影响可能是双重故障导致的后果。例如，只有在由一个安全装置所控制的主要功能超出了极限值，而且该安全装置也发生了故障的情况下，该安全装置的故障才会造成灾难的最终影响。这些由双重故障造成的最终影响应该记入FMEA表格中。

（8）第8栏（故障检测方法） 操作人员或维修人员用以检测故障模式发生的方法应记入FMEA表格中。故障检测方法应指明是目视检查或者音响报警装置、自动传感装置、传感仪器或其他独特的显示手段，还是无任何检测方法。

（9）第9栏（补偿措施） 分析人员应指出并评价那些能够用来消除或减轻故障影响的补偿措施。它们可以是设计上的补偿措施，也可以是操作人员的应急补救措施。

设计补偿措施包括：

1）在发生故障的情况下能继续安全工作的冗余设备。

2）安全或保险装置，如能有效工作或控制系统不致发生损坏的监控及报警装置。

3）可替换的工作方式，如备用或辅助设备。

应说明为消除或减轻故障影响而需操作人员采取的补救措施。为此，也许有必要对接口设备进行分析，以确定操作人员应采取的最恰当的补救措施。此外，还要考虑操作人员按照异常指示采取的不正确动作而可能造成的后果，并记录其影响。

（10）第10栏（严酷度类别） 根据故障影响确定每个故障模式及产品的严酷度类别。

（11）第11栏（备注） 主要记录与其他栏有关的注释及说明，如对改进设计的建议、异常状态的说明及冗余设备的故障影响等。

7.3 系统危害性分析

7.3.1 分析目的与应用范围

1. 分析目的

危害性分析的目的是按每个故障模式的严酷度类别及故障模式的发生概率所产生的综合影响对其划分等级和类别，以便全面地评价各种可能出现的故障模式的影响。

2. 应用范围

危害性分析是对 FMEA 的补充和扩展。如果没进行 FMEA，则不能进行危害性分析。

7.3.2 分析方法

危害性分析有定性分析和定量分析两种方法。究竟选择哪一种方法，应根据具体情况决定。在不能获得产品技术状态数据或故障率数据的情况下，应选择定性分析的方法。若可以获得产品的技术状态数据及故障率数据的话，则应以定量分析的方法计算并分析危害度。

1. 定性分析

在得不到产品技术状态数据或故障率数据的情况下，可以按故障模式发生的概率来评价 FMEA 中确定的故障模式。此时，将各故障模式的发生概率按一定的规定分成不同的等级。故障模式的发生概率等级按如下规定：

1）A 级（经常发生）——在产品工作期间内某一故障模式的发生概率大于产品在该期间内总的故障概率的 20%。

2）B 级（有时发生）——在产品工作期间内某一故障模式的发生概率大于产品在该期间内总的故障概率的 10%，但小于 20%。

3）C 级（偶然发生）——在产品工作期间内某一故障模式的发生概率大于产品在该期间内总的故障概率的 1%，但小于 10%。

4）D 级（很少发生）——在产品工作期间内某一故障模式的发生概率大于产品在该期间内总的故障概率的 0.1%，但小于 1%。

5）E 级（极少发生）——在产品工作期间内某一故障模式的发生概率小于产品在该期间内总的故障概率的 0.1%。

2. 定量分析

在具备产品的技术状态数据和故障率数据的情况下，应采取定量分析的方法，以得到更为有效的分析结果。用定量分析的方法进行危害性分析时，所用的故障率数据源应与进行其他可靠性和维修性分析时所用的故障率数据源相同。

7.3.3 详细分析程序

危害性分析分为填写危害性分析表格和绘制危害性矩阵两个步骤。

1. 危害性分析表格

危害性分析表格示例见表7-2。表格中各栏按如下规定填写。

表7-2 危害性分析表格

初始约定层次　　任　务　　审核　　第　页 共　页

约定层次　　分析人员　　批准　　填表日期

代码	产品或功能标志	功能	故障模式	故障原因	任务阶段与工作方式	严酷度类别	故障概率或故障数据源	故障率	故障模式频数比	故障影响概率	工作时间	故障模式危害度	产品危害度 $C_r=\sum_{j=1}^{n}C_{mj}$	备注

(1) 第1~7栏　诸栏内容与FMEA表格中对应栏的内容相同，故可按FMEA表格中对应栏的内容填入危害性分析表格的第1~7栏。

(2) 第8栏（故障概率或故障率数据源）　当进行定性分析时，即以故障模式发生概率来评价故障模式时，应列出故障模式发生概率的等级；如果使用故障率数据来计算危害度，则应列出计算时所使用的故障率数据的来源。当做定性分析时，则不考虑其余各栏内容，可直接绘制危害性矩阵。

(3) 第9栏（故障率 λ_p）　λ_p可通过可靠性预计得到。如果是从有关手册或其他参考资料查到的产品的基本故障率（λ_b），则可以根据需要用应用系数（π_A）、环境系数（π_R）、质量系数（π_Q），以及其他系数来修正工作应力的差异，即

$$\lambda_p=\lambda_b\pi_A\pi_E\pi_Q$$

(4) 第10栏（故障模式频数比 α_j）　α_j表示产品将以故障模式j发生故障的百分比。如果列出某产品的所有（N个）故障模式，则这些故障模式所对应的各α_j（$j=1, 2, \cdots, N$）值的总和将等于1。

各故障模式频数比可根据故障率原始数据或试验及使用数据推出。如果没有可利用的故障模式数据，则α_j值可由分析人员根据产品功能分析判断得到。

(5) 第11栏（故障影响概率 β_j）　β_j是分析人员根据经验判断得到的，它是产品以故障模式j发生故障而导致系统任务丧失的条件概率。β_j通常可按表7-3中的规定进行定量估计。

表 7-3 故障影响概率

故障影响	β_j
实际丧失	$\beta_j = 1$
很可能丧失	$0.1 < \beta_j < 1$
有可能丧失	$0 < \beta_j \leqslant 0.1$
无影响	$\beta_j = 0$

（6）第 12 栏（工作时间 t） 工作时间 t 可以由系统定义导出，通常以产品每次任务的工作小时数或工作循环次数表示。

（7）第 13 栏（故障模式危害度 C_{mj}） C_{mj}是产品危害度的一部分。对给定的严酷度类别和任务阶段而言，产品的第 j 个故障模式危害度（C_{mj}）可由下式计算：

$$C_{mj} = \lambda_p \alpha_j \beta_j t \tag{7-1}$$

（8）第 14 栏（产品危害度 C_r） 一个产品的危害度 C_r是指预计将由该产品的故障模式造成的某一特定类型（以产品故障模式的严酷度类别表示）的产品故障数。就某一特定的严酷度类别和任务阶段而言，产品的危害度 C_r是该产品在这一严酷度类别下的各故障模式危害度 C_{mj}的总和。C_r可按下式计算：

$$C_r = \sum_{j=1}^{n} C_{mj} = \sum_{j=1}^{n} (\lambda_p \alpha_j \beta_j t) \tag{7-2}$$

式中 n——该产品在相应严酷度类别下的故障模式数。

（9）第 15 栏（备注） 该栏记入与各栏有关的补充与说明，有关改进产品质量与可靠性的建议等。

2. 危害度计算

危害度计算要求使用特定的故障率数据和产品技术状态数据。当技术状态数据为已知的情况下，就可以从下列来源获得故障率数据，例如：适当的可靠性预计；以前在设计和使用环境方面相似的产品现场数据；或从 GJB/Z 2990《电子设备可靠性预计手册》中得到。当故障率为已知的情况下，产品的危害度是某一特定类型（以严酷度类别表示）的产品故障数。就某一电子产品的危害度计算如下：

产品的基本故障率为

$$\lambda_b = 0.1 \times 10^{-6}/\mathrm{h}$$

查 GJB/Z 2990，该产品的故障率模型为

$$\lambda_p = \lambda_b \pi_E \pi_R \pi_Q$$

式中 π_R——阻值系数。

取 $\pi_E = 5.0$，$\pi_Q = 0.6$，$\pi_R = 1.0$，则

$$\lambda_p = (0.1 \times 10^{-6}/\mathrm{h}) \times (5.0 \times 0.6 \times 1.0) = 0.3 \times 10^{-6}/\mathrm{h}$$

就某一特定任务阶段而言，该产品有两个故障模式属于Ⅱ类严酷度，有一个故障模式属于Ⅲ类严酷度。其故障模式频数比分别为

$\alpha_1 = 0.3$（严酷度为Ⅱ类的第一个故障模式）

$\alpha_2 = 0.2$（严酷度为Ⅱ类的第二个故障模式）

$\alpha_3 = 0.5$（严酷度为Ⅲ类的故障模式）

假设该任务阶段故障影响概率分别为 $\beta_1 = \beta_2 = \beta_3 = 1.0$，工作时间 $t = 10.0\text{h}$，求解该任务阶段严酷度为Ⅱ类的 C_{mj} 和 C_r。因为

$$C_r = \sum_{j=1}^{n} C_{mj} = \sum_{j=1}^{n} (10^6 \lambda_p \alpha_j \beta_j t)$$

其中，10^6 为变换系数，由于故障率是以每百万小时的故障数确定的，公式乘以 10^6，使得 C_r 的单位变换为“每百万小时的故障数”，即 C_r 变为大于1的数，以便于填入分析表格中。这样做是因为危害度的重要性在于为故障模式提供一个相对顺序，而不是提供绝对数值。

$$C_{m1} = 10^6 \times \lambda_p \alpha_1 \beta_1 t = 10^6 \times 0.3 \times 10^{-6} \times 0.3 \times 1.0 \times 10.0 = 0.9$$

$$C_{m2} = 10^6 \times \lambda_p \alpha_2 \beta_2 t = 10^6 \times 0.3 \times 10^{-6} \times 0.2 \times 1.0 \times 10.0 = 0.6$$

所以该产品的严酷度为Ⅱ类的危害度

$$C_r = \sum_{j=1}^{n} C_{mj} = 0.9 + 0.6 = 1.5$$

3. 危害度矩阵

根据严酷度类别和故障模式的概率等级综合考虑，危害度分如下四级。

1级——ⅠA

2级——ⅠB，ⅡA

3级——ⅠC，ⅡB，ⅢA

4级——ⅠD，ⅡC，ⅢB，ⅣA，ⅢE，ⅠE，ⅡD，ⅢC，ⅣB，ⅣD，ⅣE，ⅡE，ⅢD，ⅣC

其中，ⅠA的含义是严酷度为Ⅰ类且概率等级为A级，其余以此类推。

危害度矩阵是用来确定每个故障模式的危害程度并与其他故障模式相比较，它表示各故障模式的危害度分布，并提供一个用以确定改正措施先后顺序的工具。

危害度矩阵的构成方法是以故障模式严酷度等级作为横坐标，以故障模式的概率等级作为纵坐标，并将设备或故障模式标志编码填入矩阵相应的位置，并从该位置点到坐标原点连接直线，其他以此类推。从原点开始沿对角线越是往前记录（即离原点越远）的故障模式其危害度越严重，越急需先采取改正措施。危害度矩阵如图7-3所示。

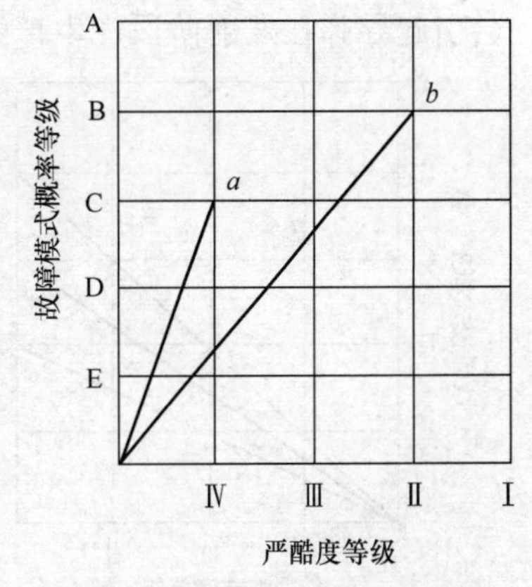

图7-3
危害度矩阵

从图7-3中可以看出，以故障模式 a 和故障模式 b 做比较，b 点比 a 点离原点远，则 b 点的危害度就比 a 点严重。将所有故障模式都在此图上标出，就能分辨出

何种故障模式的危害度最严重，有利于做出相应的改进措施。

绘制好的危害度矩阵应作为 FMECA 报告的一部分。

7.4 系统故障模式、影响及危害性分析实例应用

本节以赛格反坦克导弹上控制分系统中拉线陀螺的 FMECA 工作为例，介绍 FMECA 的应用。

1. 系统定义

（1）功能　测量导弹滚转角速位置，形成回输信号，传输给地面控制盒，作为形成控制指令的基准。

（2）功能框图　赛格反坦克导弹上控制分系统中拉线陀螺功能框图如图 7-4 所示。

（3）可靠性框图　赛格反坦克导弹上控制分系统中拉线陀螺可靠性框图如图 7-5 所示。

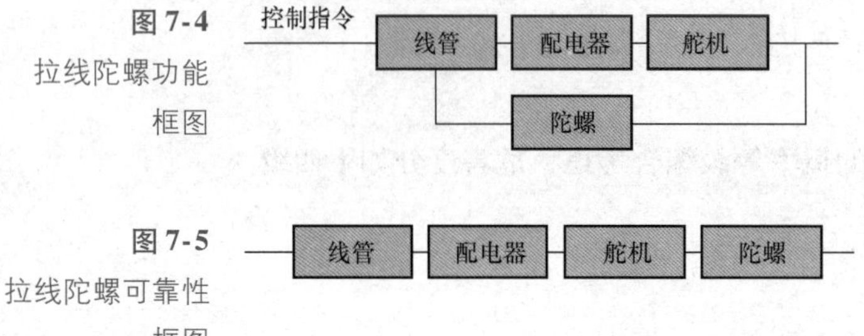

图 7-4 拉线陀螺功能框图

图 7-5 拉线陀螺可靠性框图

2. FMECA 工作单

赛格反坦克导弹上控制分系统中拉线陀螺的 FMECA 工作单见表 7-4。

3. 画危害度矩阵

赛格反坦克导弹上控制分系统中拉线陀螺的危害度矩阵如图 7-6 所示。由图 7-6 可以明显地看到，危害度最大的故障模式为钢带割断导线，这将会引起导弹在发射阶段产生掉弹。

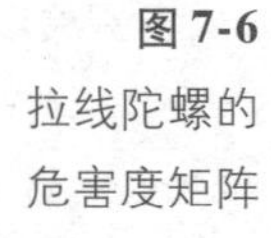

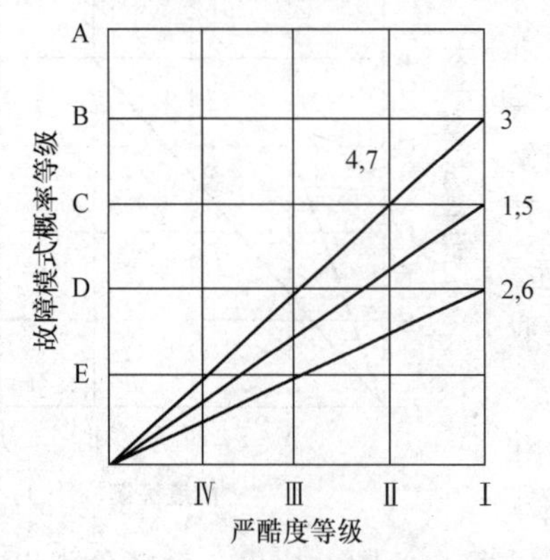

图 7-6 拉线陀螺的危害度矩阵

表 7-4　拉线陀螺 FMECA 工作单

序号	零件名称	数量	功能	故障模式	故障原因	任务阶段	故障影响			检测方法	预防措施	严酷度等级	概率等级	危害度	备注
							自身	对上一级	最终						
1	陀螺	1	测量导弹滚转角速位置，形成回输信号，传输信号，传输给地面控制盒	回输信号有毛刺，前后有台阶（严重时掉弹）	1. 电刷和集流环接触不良	飞行	输出错误	控制指令紊乱	弹失控	光线记录示波器	控制内环轴摩擦力矩	Ⅰ	C	3	
					2. 陀螺3号、4号电刷不对中	飞行	输出错误	控制指令紊乱	弹失控	兆欧表	工艺改进	Ⅱ	C	4	
2	紧锁驱动装置	1	锁紧和驱动陀螺	1. 过早解锁	拉杆被意外拉出，陀螺处于自由状态，铆钉开铆，拉杆被卡住，导弹发射时，没有驱动转子	飞行	陀螺失效	无回输信号	掉弹	目测	发射前检查	Ⅰ	D	4	
				2. 不起动转子		飞行	陀螺失效	无回输信号	掉弹	目测	发射前检查	Ⅰ	C	3	
3	钢带	1	锁紧和驱动陀螺	1. 钢带不弹回	钢带弹性太差	发射	陀螺不起动	导线割断	掉弹		提高钢带弹性	Ⅰ	B	2	
				2. 钢带拉断	强度低、韧性差	飞行	陀螺不起动	无回输信号	掉弹			Ⅰ	C	3	
				3. 钢带拉脱	铆钉开铆	发射	陀螺不起动	无回输信号	掉弹			Ⅰ	B	2	
4	外环	1	固定内环轴	外环漂移	1. 内环轴承的摩擦力矩过大	飞行	陀螺失去定轴性	使指令有交连	掉弹	目测	改进工艺减小摩擦	Ⅱ	C	4	
					2. 内环漂移过大	飞行	陀螺内环漂移超差	控制指令紊乱	掉弹	利用示波器测回输信号	改进工艺	Ⅰ	C	3	
5	带弹簧片电刷	4	从集流环上取下导弹转角信号	1. 电刷与集流环接触压力不合适	弹簧片刚度不合适铂铱金丝硬度不均匀	飞行	回输信号波形不完整	控制指令紊乱	掉弹	利用示波器测回输信号	选择合适的材料	Ⅰ	C	3	
				2. 电刷与集流环接触不良	电刷触头抛光没有达到技术要求	飞行	影响陀螺内环	控制系统延滞时间变化	掉弹	利用示波器测回输信号	减小电刷触头表面粗糙度值	Ⅰ	C	3	
				3. 电刷安装角不合适	设计、生产过程中没有控制好电刷3相对于集流环片前缘的夹角	飞行	漂移无回输信号	控制系统不工作	掉弹	利用示波器测回输信号	严格控制安装角	Ⅰ	C	3	
				4. 电刷断路	电刷与簧片脱焊	飞行	陀螺内环漂移超差	回输信号不正常	掉弹	测回输信号	生产中加强检验	Ⅰ	C	3	

（续）

序号	零件名称	数量	功能	故障模式	故障原因	任务阶段	故障影响			检测方法	预防措施	严酷度等级	概率等级	危害度	备注
							自身	对上一级	最终						
6	集流环	1	形成导弹转角信号	1. 集流环与电刷接触不良	材料选择不当，长期贮存表面生锈	飞行	影响陀螺	控制系统延滞时间变化	掉弹	测回输信号	在净化车间生产	Ⅰ	D	4	
				2. 低温结霜	集流环表面粗糙度值大	飞行	影响陀螺	控制系统延滞时间变化	掉弹	测回输信号	改善贮存环境	Ⅰ	D	4	
				3. 集流环和托盘被击穿	集流环表面不清洁，从低温到常温使集流环表面结了霜，电刷在通过霜层时引起跳动	飞行	低温时无影响	低温回波有毛刺	掉弹	测回输信号		Ⅰ	D	3	
7	内环	1	固定转子轴	内环漂移	1. 电刷与集流环摩擦力矩过大 2. 电刷压力大 3. 转子轴向有间隙，使陀螺中心在导弹飞行时偏离框架几何中心	飞行	内环漂移超差，严重时内外环碰框	外环漂移增大	飞行不平稳	测回输信号	改进工艺	Ⅱ	C	4	

习　题

7-1　什么是故障和失效？

7-2　什么是 FMECA？

7-3　为什么要进行系统 FMECA 工作？

7-4　简述严酷度的分类。

7-5　简述故障模式发生概率等级。

7-6　什么是危害度？

7-7　简述危害度矩阵及其构成方法。

第8章

系统故障树分析

故障树分析又称失效树分析（Fault Tree Analysis，FTA）。它是由美国贝尔实验室的H. A. Watson首先提出的，1962年用于导弹发射控制系统的可靠性分析并取得成功。20世纪70年代利用FTA法做定量分析得到迅速发展，成为航空、航天、核能、化工等部门对可靠性、安全性有特别要求的系统不可缺少的分析方法。

在故障树分析中，对于所研究系统的各种故障和失效、不正常情况等均称为“故障事件”，各种正常状态和完好情况均称为“成功事件”，又都简称“甲事件”。故障树分析的目标和关心的结果这一事件称为顶事件，因为它位于故障树的顶端。仅作为导致其他事件发生的原因，也是顶事件发生的根本原因，这一事件称为底事件，因为它位于故障树的底端。而位于顶事件与底事件之间的中间结果事件称为中间事件。

以故障树作为分析手段对系统的失效进行分析的方法称为故障树分析法。故障树分析一般包括以下步骤：

1. 准备阶段

1）确定要分析的系统，并合理地确定系统边界条件。

2）熟悉所分析的系统。收集系统的有关数据和资料，包括系统性能、结构、运行情况、事故类型等。

3）调查系统发生的事故。收集、调查所分析系统曾经发生的和未来可能发生的故障，同时应调查本单位及外单位、国内与国外同类系统曾发生的所有事故。

2. 建造故障树

1）确定故障树的顶事件。

2）调查与顶事件有关的事故原因。

3）编制故障树。按照建树原则，从顶事件起，层层分析各自的直接原因事件，根据逻辑关系，用逻辑门连接上下层事件，形成反映事件之间因果关系的逻辑树形图，即故障树图。

3. 故障树定性分析

分析该类事故的发生规律及特点，求最小割集（或最小路集）及基本事件的结构重要度，以便按轻重缓急分别采取对策。

4. 故障树定量计算

根据各基本事件发生的概率，求顶事件发生的概率，计算基本事件的概率重要度和临界重要度等。

5. 结果的总结与应用

对故障树的分析结果进行评价总结，提出改进意见，为系统的安全性评价和安全性设计提供依据。

8.1 系统故障树的基本概念

8.1.1 故障树的定义、分类、功能与特点

1. 故障树的定义

故障树以系统所不希望发生的事件（故障事件）作为分析的目标，先找出导致这一事件（顶事件）发生的所有直接因素和可能的原因，接着将这些直接因素和可能原因作为第二级事件，再往下找出造成第二级事件发生的全部直接因素和可能原因，并依此逐级地找下去，直至追查到那些最原始的直接因素。采用相应的符号表示这些事件，再用描述事件间逻辑因果关系的逻辑门符号把顶事件、中间事件与底事件联结成倒立的树状图形。这样的从“因”到“果”分析得到的树状图称为故障树，用以表示系统特定顶事件与某个子系统或各元件的故障事件及其他有关因素之间的逻辑关系。

2. 故障树的分类

（1）二状态故障树　故障树的底事件描述一种状态，而其对立事件也只描述一种状态，则称为二状态故障树。

（2）多状态故障树　如果故障树的底事件描述一种状态，而其对立事件包含两种或两种以上互不相容的状态，并且在故障树中出现上述两种或两种以上状态事件，则称为多状态故障树。

（3）规范化故障树　将画好的故障树中各种特殊事件与特殊门进行转换或删减，变成仅含有底事件、结果事件以及“与”“或”“非”三种逻辑门的故障树，称为规范化故障树。

（4）正规故障树　仅含故障事件以及与门、或门的故障树称为正规故障树。

（5）非正规故障树　含有成功事件或者非门的故障树称为非正规故障树。

（6）对偶故障树　将两状态故障树中的与门换为或门，或门换为与门，而其余不变，这样得到的故障树称为原故障树的对偶故障树。

（7）成功树　除将二状态故障树中的与门换为或门，或门换为与门外，将底事件与结果事件换为相应的对立事件，这样所得的树称为相应的成功树。

3. 故障树的功能与特点

故障树作为一种逻辑因果关系图，在系统设计阶段，故障树分析可以帮助判明潜在的故障，以便改进设计（包括维修性设计）；在系统使用维修阶段，可以帮助进行故障诊断，改进使用维修方案。

故障树本身不是一个定量模型，它是一个可以进行定量分析的定性模型。故障树并不包括所有可能的系统失效或所有的系统失效原因，它所研究的只是相应于某个特定系统失效模式的某个顶事件。因此故障树只包含那些对顶事件有贡献的故障。

故障树严格地表示了系统各组成单元的可靠性逻辑关系，易于理解、掌握。概括地说，故障树作为可靠性分析模型有以下优点：

1）便于交流。故障树图文兼备，表达清晰，可读性好，便于交流。

2）易于掌握。故障树是工程技术人员故障分析思维流的图解，因而易于掌握。

3）逻辑严密。运用多种符号按事件发生的逆顺序进行图形逻辑演绎，逐层次分析因果关系，可包含各种原因事件的可能组合。

4）运用灵活。不限于对系统做全面可靠性分析，也可对系统某一特定故障状态进行分析。

5）应用广泛。可用于系统的可靠性分析、事故分析、风险评价、人员培训，也可用于社会、经济问题的决策分析。

8.1.2　故障树数学基础

1. 集

从最普遍的意义上说，集就是具有某种共同可识别特点的项（事件）的集合。这些共同特点使之能够区别于他类事物。

2. 并集

把集合 A 的元素和集合 B 的元素合并在一起，这些元素的全体构成的集合叫作 A 与 B 的并集，记为 $A\cup B$ 或 $A+B$。

若 A 与 B 有公共元素，则公共元素在并集中只出现一次。例如 $A=\{a, b, c, d\}$，$B=\{c, d, e, f\}$，则 $A\cup B=\{a, b, c, d, e, f\}$。

3. 交集

两个集合 A 与 B 的交集是两个集合的公共元素所构成的集合，记为$A\cap B$ 或 $A\cdot B$。

根据定义，交集是可以交换的，即 $A\cap B=B\cap A$。例如 $A=\{a,b,c,d\}$，$B=\{c,d,e\}$，则 $A\cap B=\{c,d\}$。

4. 补集

在整个集合 Ω 中集合 A 的补集为一个不属于 A 集的所有元素的集。补集又称余，记为 A' 或 $\overline{A}$。

5. 布尔代数规则

布尔代数用于集的运算，与普通代数运算法则不同，可用于故障树分析。布尔代数可以将事件表达为另一些基本事件的组合。例如，将系统失效表达为基本元件失效的组合，求解方程即可求出导致系统失效的元件失效组合（即最小割集），进而根据元件失效概率，计算出系统失效的概率。

布尔代数规则如下（设 X，Y 代表两个集合）

（1）交换律

$$X \cdot Y = Y \cdot X, \quad X + Y = Y + X$$

（2）结合律

$$X \cdot (Y \cdot Z) = (X \cdot Y) \cdot Z, \quad X + (Y + Z) = (X + Y) + Z$$

（3）分配律

$$X \cdot (Y + Z) = X \cdot Y + X \cdot Z, \quad X + (Y \cdot Z) = (X + Y) \cdot (X + Z)$$

（4）吸收律

$$X \cdot (X + Y) = X, \quad X + (X \cdot Y) = X$$

（5）互补律

$$X + X' = \Omega = 1, \quad X \cdot X' = \varnothing(\varnothing \text{ 表示空集})$$

（6）幂等律

$$X \cdot X = X, \quad X + X = X$$

（7）德·摩根定律

$$(X \cdot Y)' = X' + Y', \quad (X + Y)' = X' \cdot Y'$$

（8）对合律

$$(X')' = X$$

（9）重叠律

$$X + X'Y = X + Y = Y + Y'X$$

8.1.3 部件及其故障

凡是能产生故障事件的元、部件及设备、子系统、环境条件、人为因素等，在故障树中定义为部件。

部件的故障按其产生原因可分为以下3类：

1）一次故障（原发性故障）：由于部件的内在原因（自身原因）而产生的故障。

2）二次故障（诱发故障）：由于部件的外在原因（环境影响等）造成的故障。

3）受控故障：由于系统中其他部件影响而产生的故障。

这样，把部件自身原因影响、系统中其他部件影响、部件外在原因影响进行了合理的分类。一般情况下，受控故障可根据系统的工作原理和功能关系，进行进一步细化分类。

8.1.4 事件及其符号

事件：是对系统状态及元、部件状态的描述，例如正常事件或故障事件。

正常事件：如果系统或元、部件能够完成指定功能，则称为正常事件。

故障事件：如果系统或元、部件不能完成指定功能，则称为故障事件。

1. 底事件

底事件是故障树分析中仅导致其他事件的原因事件。它位于故障树的底端，它总是某个逻辑门的输入事件而不是输出事件。底事件又可以分成基本事件与未探明事件。

（1）基本事件　基本事件是在特定的故障树分析中无须探明其发生原因的底事件。如基本的零部件失效、人为因素或环境因素等均属基本事件。

基本事件用圆形符号表示，如图 8-1 所示。

为进一步区分故障性质，实线圆表示元件本身故障，虚线圆表示由人为因素引起的故障。

（2）未探明事件　未探明事件是原则上应进一步探明其原因，但暂时不必或者暂时不能探明其原因的底事件。

未探明事件用菱形符号表示，如图 8-2 所示。

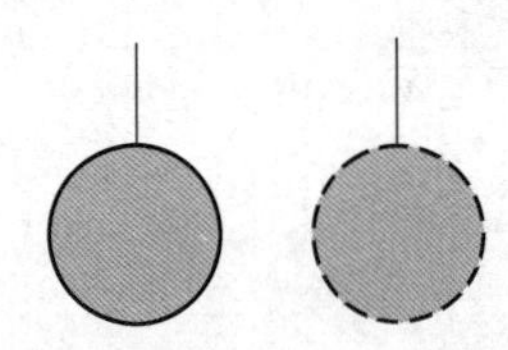

图 8-1
基本事件

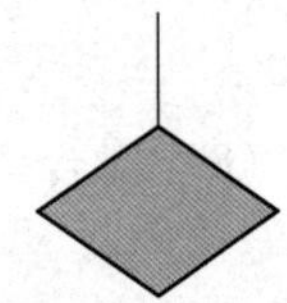

图 8-2
未探明事件

2. 结果事件

结果事件是故障树分析中由其他事件或事件组合所导致的事件。结果事件总位于某个逻辑门的输出端。

结果事件用矩形符号表示，如图 8-3 所示。

结果事件又可分为顶事件与中间事件。

（1）顶事件　顶事件是故障树分析中所关心的结果事件，它位于故障树的顶端，它总是所讨论故障树逻辑门的输出事件而不是输入事件。

（2）中间事件　它是位于底事件和顶事件之间的结果事件。它既是某个逻辑门的输出事件，同时又是别的逻辑门的输入事件。

3. 特殊事件

特殊事件是指在故障树分析中需用特殊符号表明其特殊性或引起注意

的事件。特殊事件包括开关事件和条件事件。

（1）开关事件　开关事件是在正常工作条件下必然发生或者必然不发生的特殊事件。

开关事件用房形符号表示，如图 8-4 所示。

图 8-3
结果事件

图 8-4
开关事件

（2）条件事件　条件事件是描述逻辑门起作用的具体限制的特殊事件。

条件事件用椭圆形符号表示，如图 8-5 所示。

8.1.5　逻辑门及其符号

在故障树分析中逻辑门只描述事件间的因果关系。与门、或门和非门是三个基本门，其他的逻辑门为特殊门。

1. 与门

与门代表当全部输入事件发生时，输出事件才发生的逻辑关系。它表现为逻辑积的关系。与门符号如图 8-6 所示，其逻辑代数表达式为

$$A = B_1 \cap B_2 \cap B_3 \cap \cdots \cap B_n$$

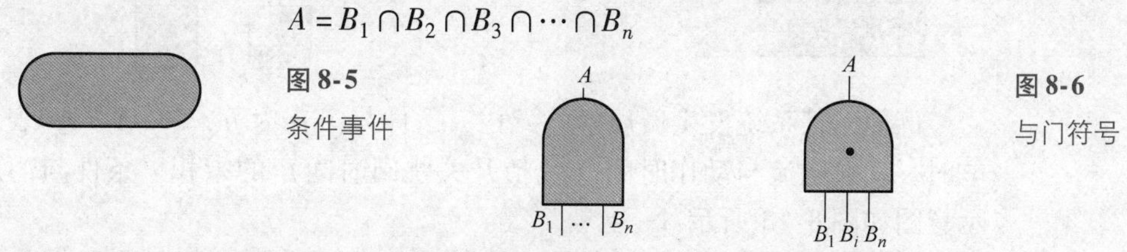

图 8-5
条件事件

图 8-6
与门符号

例如压力机滑块误下行而断指事故的故障树分析，如图 8-7 所示。

2. 或门

或门代表一个或多个输入事件发生，即发生输出事件的情况。或门符号如图 8-8 所示，其逻辑代数表达式为

$$A = B_1 \cup B_2 \cup B_3 \cup \cdots \cup B_n$$

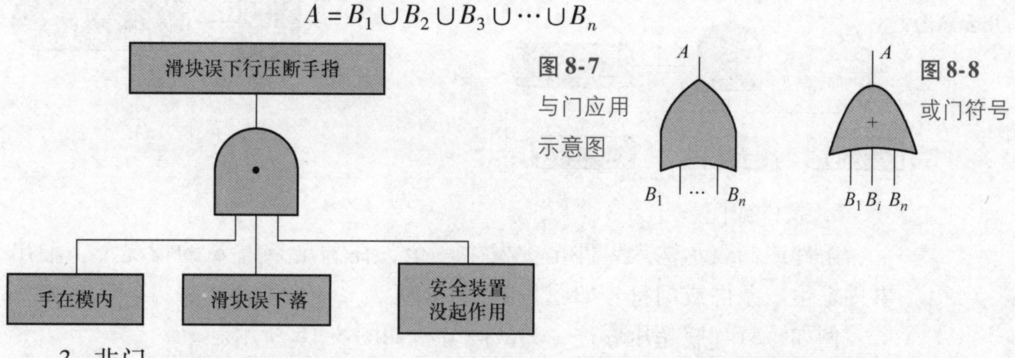

图 8-7
与门应用
示意图

图 8-8
或门符号

3. 非门

非门表示输出事件是输入事件的对立事件。非门符号如图 8-9 所示。

4. 禁门

禁门是与门的特殊情况。它的输出事件是由单一输入事件引起的。但在

输入造成输出之间，必须满足某种特定的条件。禁门符号如图 8-10 所示。

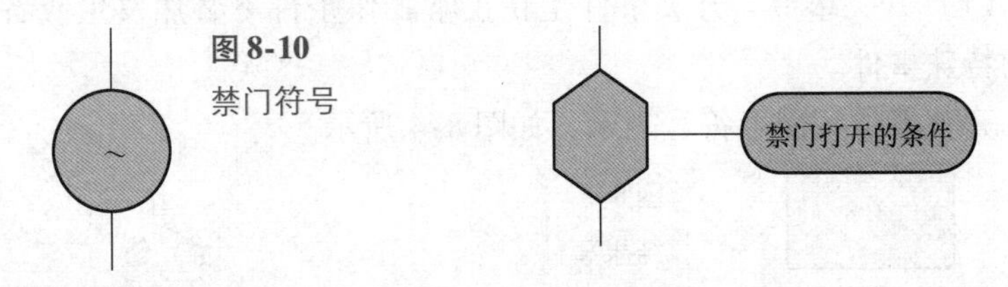

图 8-9 非门符号

图 8-10 禁门符号

例如，许多化学反应只有在催化剂存在的情况下才能反应完全，催化剂不参加反应，但它的存在是必要的，如图 8-11 所示。

5. 条件与门

条件与门表示多输入事件不仅同时发生，而且还必须满足 α 条件，才会有输出事件发生。条件与门符号如图 8-12 所示。

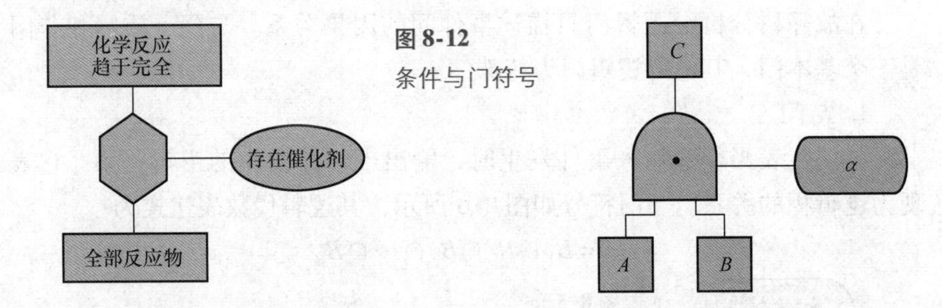

图 8-11 禁门应用示意图

图 8-12 条件与门符号

例如，某系统发生低压触电死亡，条件与门 α 为 $It>50\text{mA}\cdot\text{s}$，表示触电时，动作电流与动作时间（包括开关跳闸时间）的乘积。条件与门应用示意图如图 8-13 所示。

当 α 条件为顺序条件时，条件与门为顺序与门，即输入事件按规定的顺序条件发生时，输出事件才发生。顺序与门符号如图 8-14 所示。

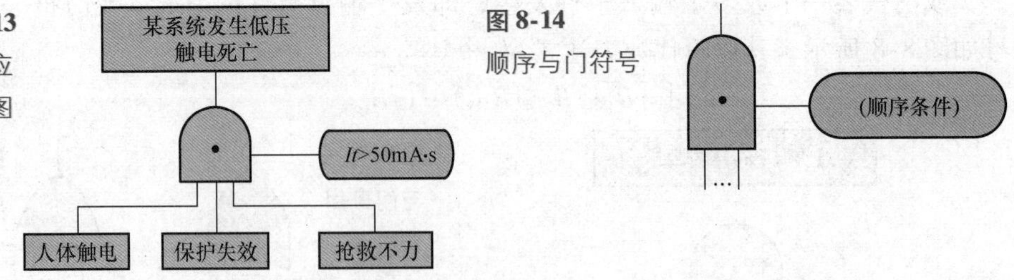

图 8-13 条件与门应用示意图

图 8-14 顺序与门符号

6. 条件或门

条件或门表示输入事件至少发生一个，在满足条件 α 的情况下，输出事件发生。条件或门符号如图 8-15 所示。

例如，氧气瓶超压爆炸，其故障分析如图 8-16 所示。

7. 表决门

表决门表示仅当 n 个输入事件中有 r 个或 r 个以上的事件发生时，输出事件才发生。表决门符号如图 8-17 所示。

或门和与门都是表决门的特例。或门是 $r=1$ 的表决门，与门是 $r=n$ 的表决门。

8. 异或门

异或门表示仅当单个输入事件发生时，输出事件才发生。异或门的符号如图 8-18 所示，其逻辑表达式为

$$A=(B_1\cap\overline{B_2})\cup(\overline{B_1}\cap B_2)$$

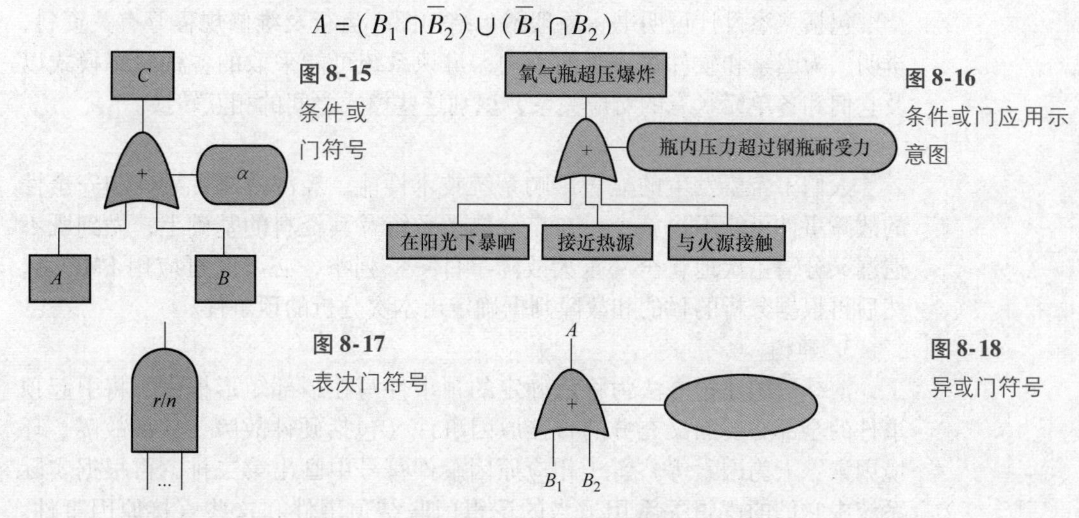

图 8-15 条件或门符号

图 8-16 条件或门应用示意图

图 8-17 表决门符号

图 8-18 异或门符号

8.1.6 转移符号

转移符号也称连接符号，表示事件的转移，即将故障树的某一完整部分（子树）转移到另一处复用，以减少重复并简化故障树。

用转出符号（或称转向符号）、转入符号（或称转此符号）加上相应的编号，分别表示从某处转入和转到某处。每个转出符号至少有一个转入符号与之对应，并标以相同的编号。转移符号如图 8-19 所示。

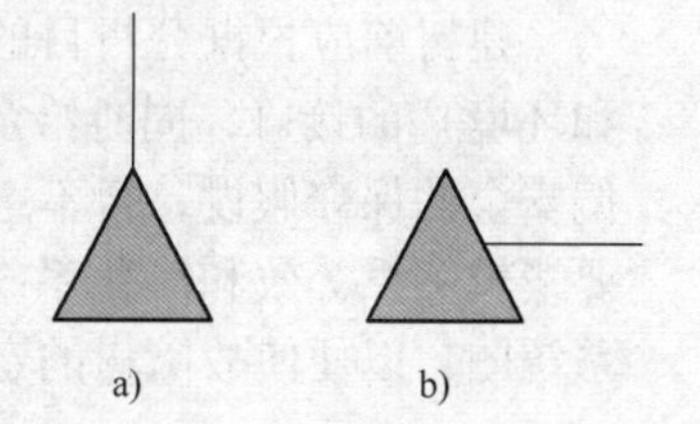

图 8-19 转移符号
a）转出符号
b）转入符号

8.2 建造系统故障树

故障树建造过程，是寻找所研究系统故障和导致系统故障的诸因素之间逻辑关系的过程，并且用故障树的图形符号（事件符号与逻辑符号），抽象表示实际系统故障组合和传递的逻辑关系。

8.2.1 建树步骤与方法

建造故障树是故障树分析的关键，故障树建造的完善程度将直接影响定性分析和定量计算结果的准确性。复杂系统的建树工作一般十分庞大繁杂，机理交错多变，所以要求建树者必须全面、仔细，并广泛地掌握设计、使用维护等各方面的经验和知识。建树时最好能有各有关方面的技术人员参与。

建树的方法一般分为两类。第一类是人工建树，主要应用演绎法进行建树。演绎法建树应从顶事件开始由上而下、循序渐进逐级进行。第二类

是计算机辅助建树，主要应用判定表法和合成法，首先定义系统，然后建立事件之间的相互联系关系，编制程序由计算机辅助进行分析。

人工建树一般可按下列步骤进行：

1. 广泛收集并分析有关技术资料

包括熟悉设计说明书、原理图、结构图、运行及维修规程等有关资料，辨明人为因素和软件对系统的影响，辨识系统可能采取的各种状态模式以及它们和各单元状态的对应关系，识别这些模式之间的相互转换。

2. 选择顶事件

人们不希望发生的显著影响系统技术性能、经济性、可靠性和安全性的故障事件可能不止一个，在充分熟悉系统及其资料的基础上，做到既不遗漏又分清主次地将全部重大故障事件一一列举，必要时可应用 FMECA，然后再根据分析的目的和故障判据确定出本次分析的顶事件。

3. 建树

演绎法的建树方法为将已确定的顶事件写在顶部矩形框内，将引起顶事件的全部必要而又充分的直接原因事件（包括硬件故障、软件故障、环境因素、人为因素等）置于相应原因事件符号中画出第二排，再根据实际系统中它们的逻辑关系用适当的逻辑门联结顶事件和这些直接原因事件。如此，遵循建树规则逐级向下发展，直到所有最低一排原因事件都是底事件为止。这样，就建立了一棵以给定顶事件为“根”、中间事件为“节”、底事件为“叶”的倒置的 n 级故障树。

4. 故障树的简化与规范化

建树前应根据分析目的，明确定义所分析的系统和其他系统（包括人和环境）的接口，同时给定一些必要的合理假设（如对一些设备故障做出偏安全的保守假设，暂不考虑人为故障等），从而由真实系统图得到一个主要逻辑关系等效和简化系统图，建树的出发点不是真实系统图，而是简化系统图，以便使故障树的定性分析和定量分析工作易于进行。

8.2.2 建树注意事项

故障树要反映出系统故障的内在联系，同时应能使人一目了然，形象地掌握这种联系并按此进行正确的分析，因此，在建树时应注意以下几点。

1. 确定顶事件

人们所关心的系统失效事件可能不止一个，每一个不希望发生的事件都可能成为故障树的顶事件。在熟悉系统的基础上，首先对系统进行 FMECA，将有助于识别这些失效事件，从而正确地确定故障树的顶事件。

2. 预先给定建树的边界条件

顶事件确定后，还应明确规定所分析的系统的一些边界条件。例如，洗衣机系统中假定不考虑管路及其连接的失效，电子线路中假定不考虑导线和接头的失效等。

3. 失效事件应有明确定义

为了正确确定失效事件的输入，失效事件必须有明确的定义，应明确指出失效是在什么条件下发生的，是什么失效等。例如，洗衣机波轮不转，波轮转速过低、振动大，开关合不上等。

4. 循序渐进地建树

建树应一级一级地进行，在对上一级的全部输入事件无遗漏地考虑过之后，再对下一级的输入事件进行考虑，遵循这样的原则可以避免遗漏。

5. 要对失效事件进行分类

首先应判断失效事件是系统性失效还是单元性失效。若是系统性失效，则其下面所跟的门可以是与门，可以是或门，也可以是禁门，或者是不跟逻辑门而与另一个失效事件直接相连。若是单元性失效，则其下面必定跟一个或门，或门下面是原发性失效、继发性失效或指令性失效，有时这三种失效不一定同时存在，这一点应引起注意。

6. 建树时不允许门与门直接相连

建树时任何一个逻辑门的输出都必须用一个结果事件清楚地定义，不允许不经结果事件而让门与门直接相连。只有这样才能保证门的输入的正确性，才能保证所建成的故障树各个子树的物理概念清楚。这不仅可帮助别人看懂这棵故障树，而且对建树者本人的备忘也是必要的。

7. 处理共因事件和互斥事件

共同的故障原因会引起不同部件故障，甚至不同的系统故障。共同原因故障事件，简称共因事件。若某个故障事件是共因事件，则对故障树的不同分支中出现的该事件必须使用同一事件标号，若该共因事件不是底事件，必须使用相同转入和转出符号简化表示。

除了处理共因事件外，还应注意慎重处理互斥事件，若处理不当则会出现矛盾的结果。

例 8-1 如图 8-20 所示，电气线路由电动机、电源、开关、熔丝和绕组组成。在正常状态下，开关闭合，电动机应以额定转速稳定地、长时间运转。

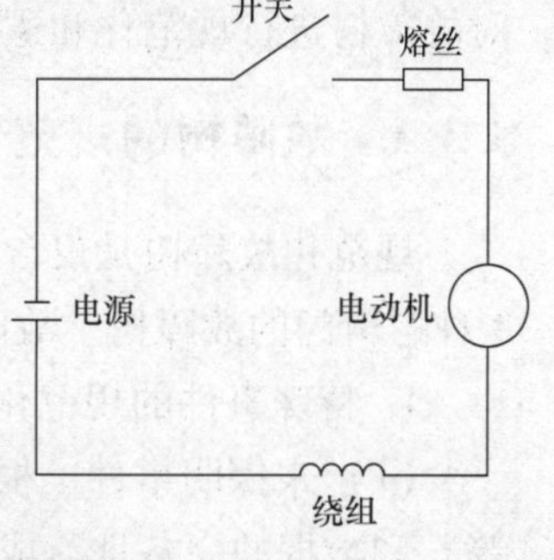

图 8-20 电动机的工作原理

该电气系统的故障状态有两种：

1）电动机不转动。

2）电动机虽然转动，但温度过高，不能按要求长期工作。

选定电动机过热为顶事件，此时系统的边界条件为：

1）顶事件：电动机过热。

2）初始状态：开关闭合。

3）不容许事件：由于外来影响使系统失效。

4）必然事件：开关闭合。

根据对组成电气线路各个部件性能的了解，按照建造故障树的要求，将中间事件逐层分解和展开，得到以电动机过热为顶事件的电气线路故障树，如图 8-21 所示。

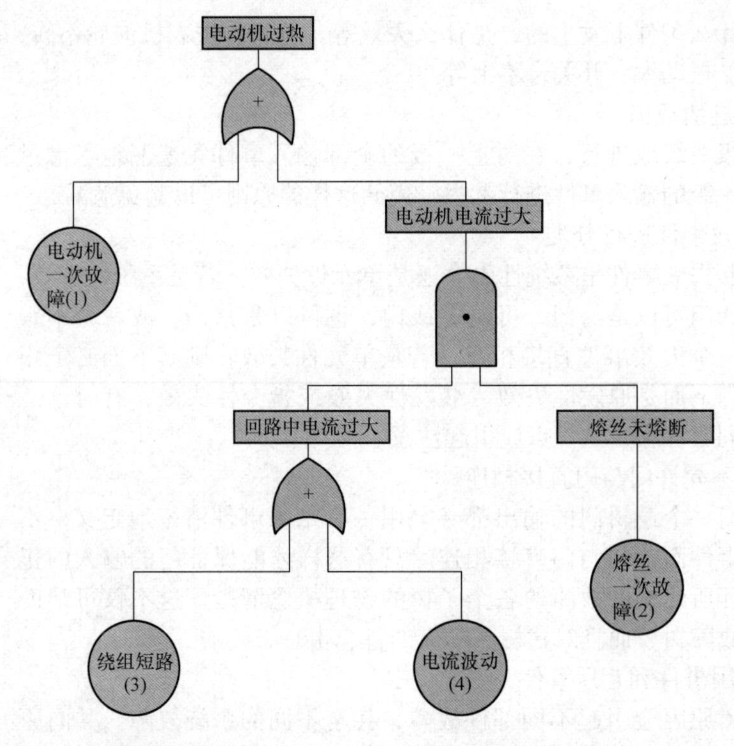

图 8-21 电动机过热故障树

8.3 系统故障树的规范化与简化

根据建树规则建立起来的故障树可能比较庞大和繁杂，层次过多或过细的故障树对定性分析和定量计算都不方便，因此，在故障树建成之后要对故障树进行规范化和逻辑等效简化。

8.3.1 故障树的规范化

规范化故障树是仅含有基本事件、结果事件，以及“与”“或”“非”3 种逻辑门的故障树。故障树规范化的主要内容包括：

1. 特殊事件的规范化

(1) 未探明事件　根据其重要性（如发生概率的大小、后果严重程度等）和数据的完备性，或者当作基本事件或者删去：①重要且数据完备的未探明事件当作基本事件对待；②不重要且数据不完备的未探明事件则删去；③其他情况由分析者酌情决定。

(2) 开关事件　当作基本事件。

(3) 条件事件　总是与特殊门联系在一起的，它的处理规则在特殊门的等效变换规则中介绍。

2. 顺序与门变换为与门

输出不变，顺序与门变换为与门，原输入不变，顺序条件事件作为一个新增输入事件，如图 8-22 所示。

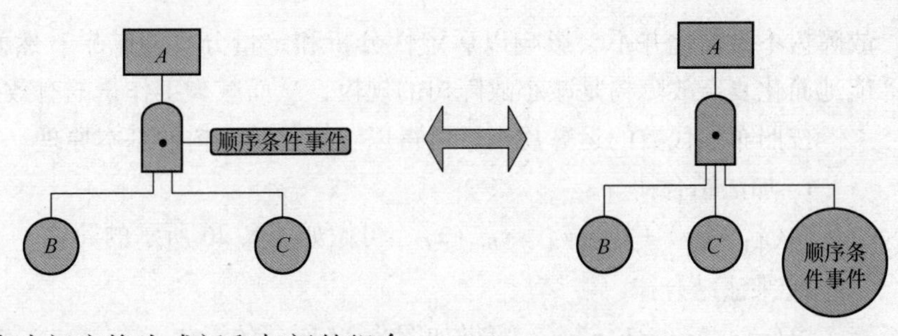

图 8-22
顺序与门变换为与门

3. 表决门变换为或门和与门的组合

原输出事件下接一个或门，或门之下有 C_n^r 个输入事件，每个输入事件之下再接一个与门，每个与门之下有 r 个原输入事件。表决门的变换如图 8-23 所示。

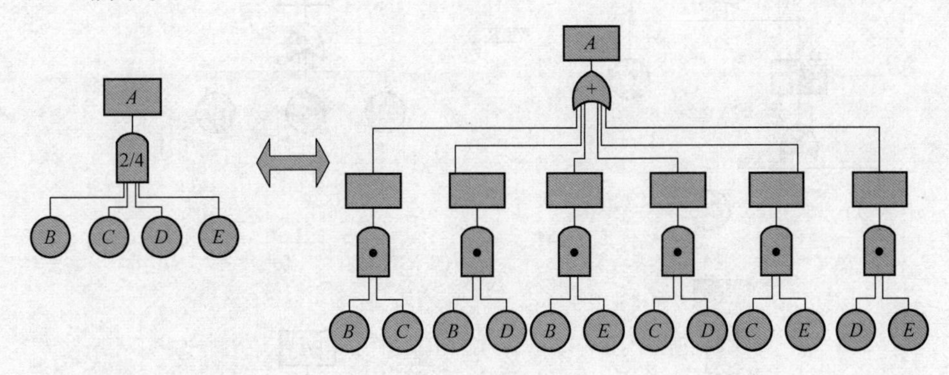

图 8-23
表决门的变换

4. 异或门变换为或门、与门和非门的组合

异或门变换为或门、与门和非门的组合，如图 8-24 所示。

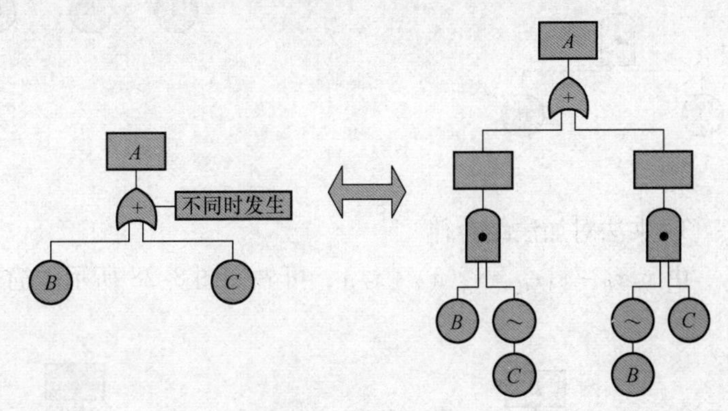

图 8-24
异或门变换为或门、与门和非门的组合

5. 禁门变换为与门

禁门变换为与门，如图 8-25 所示。

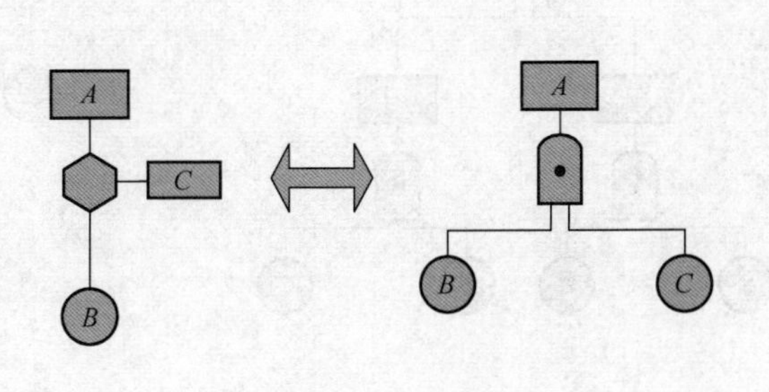

图 8-25
禁门变换为与门

8.3.2 故障树的简化

故障树的简化并不是故障树分析的必要步骤。对

故障树不做简化并不会影响以后定性分析和定量分析的结果。然而，尽可能地简化复杂故障树是减小故障树的规模，从而减少工作量的有效措施。

按照布尔代数的运算规则，可得以下简化故障树的基本原理。

1. 加法结合律

由$(x_A+x_B)+x_C=x_A+x_B+x_C$，可做如图 8-26 所示的简化。

2. 乘法结合律

由$(x_Ax_B)x_C=x_Ax_Bx_C$，可做如图 8-27 所示的简化。

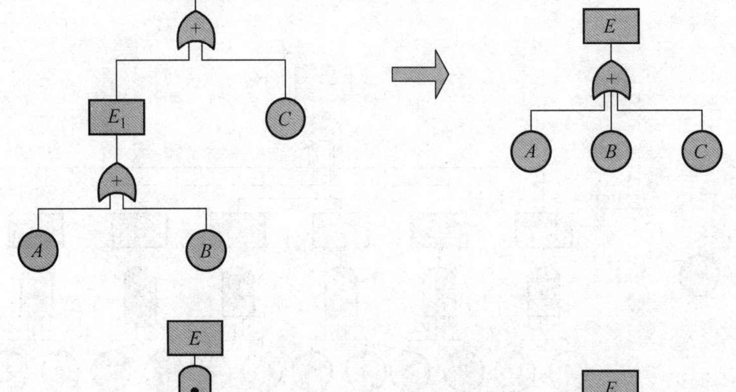

图 8-26
由加法结合律简化

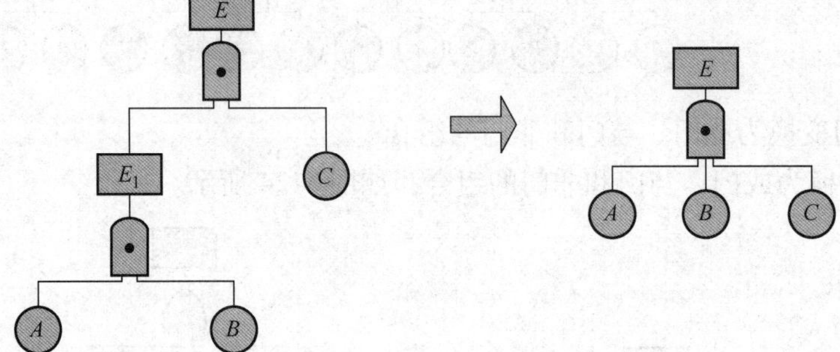

图 8-27
由乘法结合率简化

3. 乘法对加法结合律

由 $x_Ax_B+x_Ax_C=x_A(x_B+x_C)$，可做如图 8-28 所示的简化。

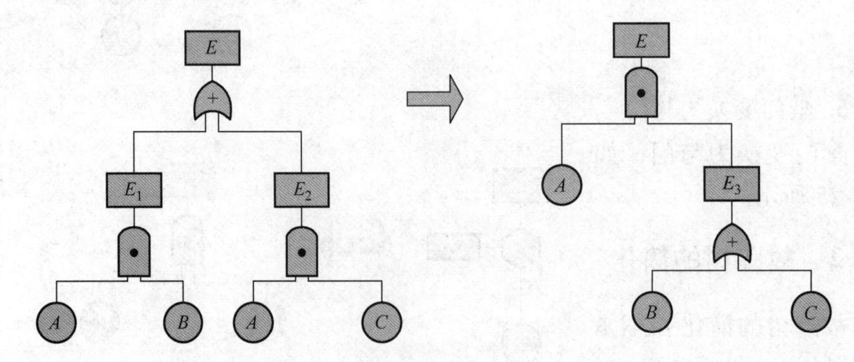

图 8-28
由乘法对加法结合律简化

4. 加法对乘法结合律

由$(x_A+x_B)\cdot(x_A+x_C)=x_A+x_Bx_C$，可做如图8-29所示的简化。

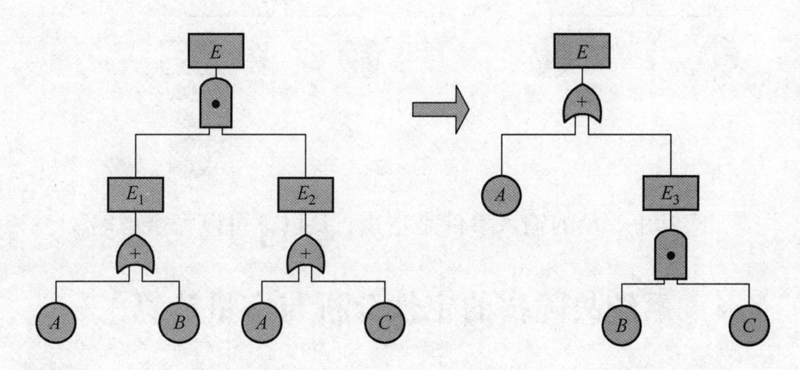

图8-29 由加法对乘法结合律简化

5. 乘法吸收律

由$x_A(x_A+x_B)=x_A$，可做如图8-30所示的简化。

6. 加法吸收律

由$x_A+x_Ax_B=x_A$，可做如图8-31所示的简化。

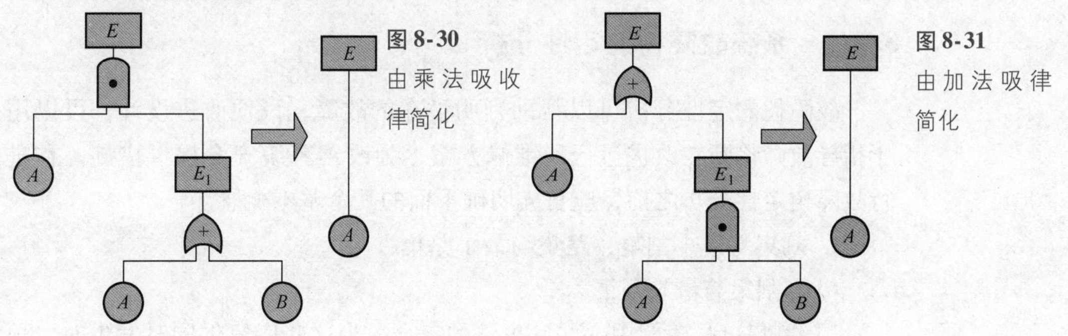

图8-30 由乘法吸收律简化

图8-31 由加法吸律简化

7. 加法幂等律

由$X_A+X_A=X_A$，可做如图8-32所示的简化。

8. 乘法幂等律

由$X_A=X_A$，可做如图8-33所示的简化。

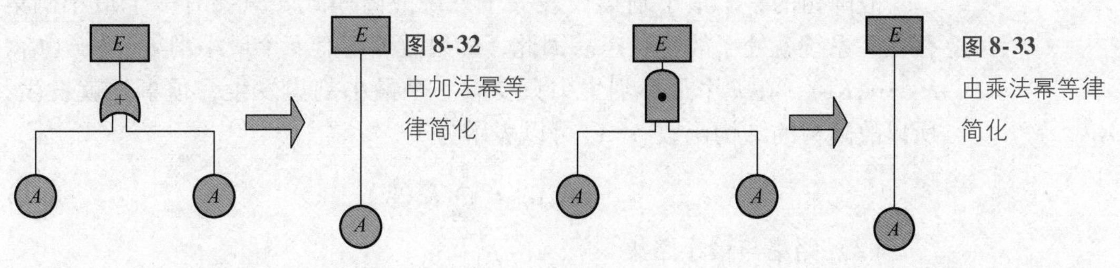

图8-32 由加法幂等律简化

图8-33 由乘法幂等律简化

9. 互补律

由$X_A=\emptyset$，可做如图8-34所示的简化。

图 8-34
由互补律简化

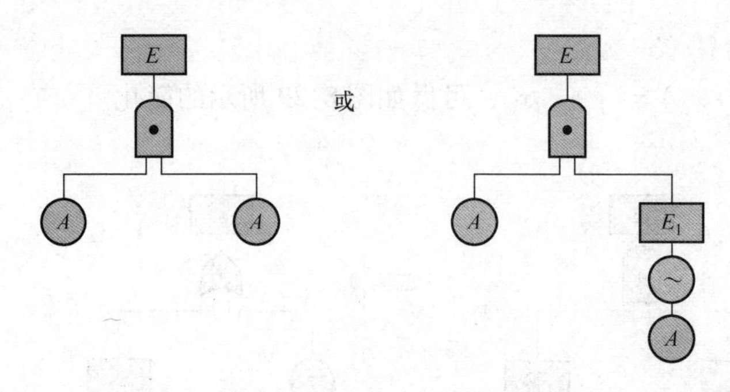

实际上，E 的输入事件是空集，E 以下可以完全省略。

8.4 系统故障树的定性分析与定量计算

故障树分析包括定性分析和定量计算。定性分析的主要目的是寻找导致与系统有关的不希望发生的原因和原因的组合，即寻找导致顶事件的所有的故障模式。定量分析的主要目的是当给定所有底事件发生的概率时，求出顶事件发生的概率及其他定量指标。

8.4.1 系统故障树的定性分析

故障树的定性分析可以帮助判明潜在的故障，以便改进设计；可以用于指导故障诊断，改进运行和维修方案，为改善系统安全提供措施。在进行故障树定性分析之前，应首先明确下面的几个基本概念。

1. 割集与最小割集、路集与最小路集

（1）割集与最小割集

1）割集：故障树中一些底事件的集合。当这些底事件同时发生时，顶事件必然发生。

2）最小割集：若将割集中所含底事件任意去掉一个就不再成为割集，这样的割集就是最小割集。最小割集是导致正规故障树顶事件发生的数目不可再少的底事件的集合，它表示引起故障树顶事件发生的一种故障模式。

故障树的一个最小割集代表一个系统故障模式，只要有一个最小割集存在，系统就处于故障状态。因此，如果故障树有 k 个最小割集，$K=(K_1,K_2,\cdots,K_k)$，在 k 个最小割集中只要有一个最小割集发生，顶事件就发生，所以故障树的结构函数 $\phi(X)$ 可以表示为

$$\phi(X)=\bigcap_{j=1}^{k}K_j(X) \tag{8-1}$$

（2）路集与最小路集

1）路集：故障树中一些底事件的集合。当这些事件不发生时，顶事件必然不发生。

2）最小路集：若将路集中所含的底事件任意去掉一个就不再成为路集，这样的路集就是最小路集。

故障树中一个最小路集代表一个系统正常工作模式，只要一个最小路集存在，系统就处于正常工作状态。因此已知故障树有 m 个最小路集，$C=(C_1,C_2,\cdots,C_m)$则

$$\begin{cases}\overline{\phi(X)} = \bigcup\limits_{i=1}^{m} C_i(\overline{X}) \\ \phi(X) = \overline{\bigcup\limits_{i=1}^{m} C_i(\overline{X})}\end{cases} \tag{8-2}$$

2. 求最小割集的方法

通常所遇到的故障树，其结构函数式并不是最小割集表达式。这样的结构函数既不便于定性分析也不便于定量计算。因此，需要通过寻找最小割集的办法对结构函数进行变换，从而使原有故障树得到简化，以利于故障树的定性分析和定量计算。

（1）下行法

1）下行法的基本原则：对每个输出事件，若下面是或门，则将该或门下的每一个输入事件各自排成一行；若下面是与门，则将该与门下的所有输入事件排在同一行。

2）下行法的步骤：从顶事件开始，由上向下逐级进行，对每个结果事件重复上述原则，直到所有结果事件均被处理，所得每一行的底事件的集合均为故障树的一个割集。最后按最小割集的定义，对各行的割集通过两两比较，划去那些非最小割集的行，剩下的即为故障树的所有最小割集。

以图 8-35 所示故障树为例，说明下行法求故障树的最小割集的方法和步骤。

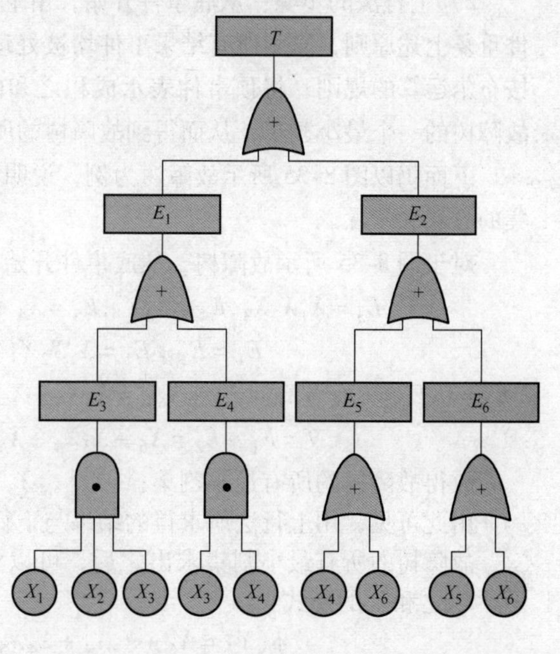

图 8-35 求最小割集举例

对于图 8-35 所示故障树，应用下行法求故障树的所有最小割集的步骤见表 8-1。

步骤 1：顶事件 T 下面是或门，将该门下的输入事件 E_1 和 E_2 各自排成一行。

步骤 2：事件 E_1 下面是或门，将该门下的输入事件 E_3 和 E_4 各自排成一行；事件 E_2 下面是与门，将该门下的输入事件 E_5 和 E_6 排在同一行。

步骤 3：事件 E_3 下面是与门，将该门下的输入事件 X_1、X_2 和 X_3 排在同一行；事件 E_4 下面是与门，将该门下的输入事件 X_3 和 X_4 排在同一行；事件 E_5 下面是或门，将该门下的输入事件 X_4 和 X_6 各自排成一行，并与事件 E_6 组合成 X_4E_6 和 X_6E_6。

表 8-1　应用下行法求故障树的所有最小割集的步骤

0	1	2	3	4	5
T	E_1	E_3	$X_1X_2X_3$	$X_1X_2X_3$	$X_1X_2X_3$
	E_2	E_4	X_3X_4	X_3X_4	X_3X_4
		E_5E_6	X_4E_6	X_4X_5	X_4X_5
			X_6E_6	X_4X_6	X_6
				X_6X_5	
				X_6X_6	

步骤 4：事件 E_6 下面是或门，将该门下的输入事件 X_5 和 X_6 各自排成一行，并与事件 X_5 组合成 X_4X_5 和 X_4X_6；与事件 X_6 组合成 X_5X_6 和 X_6X_6。

至此，故障树的所有结果事件都已被处理。步骤 4 所得的每行均为一个割集。

步骤 5：进行两两比较，因为 $\{X_6\}$ 是割集，故 $\{X_4, X_6\}$ 和 $\{X_5, X_6\}$ 不是最小割集，必须划去。最后得该故障树的所有最小割集：$\{X_6\}$，$\{X_3, X_4\}$，$\{X_4, X_5\}$，$\{X_1, X_2, X_3\}$。

（2）上行法

1）上行法的基本原则：对每个结果事件，若下面是或门，则将此结果事件表示为该或门下的各输入事件的布尔和（事件并）；若下面是与门，则将此结果事件表示为该与门下的输入事件的布尔积（事件交）。

2）上行法的步骤：从底事件开始，由下向上逐级进行。对每个结果事件重复上述原则，直到所有结果事件均被处理。将所得的表达式逐次代入，按布尔运算的规则，将顶事件表示成积之和的最简式，其中每一项对应于故障树的一个最小割集，从而得到故障树的所有最小割集。

下面仍以图 8-35 所示故障树为例，说明上行法求故障树的所有最小割集的方法和步骤。

对于图 8-35 所示故障树，从底事件开始，有

$$E_3 = X_1X_2X_3, E_4 = X_3X_4, E_5 = X_4 + X_5, E_6 = X_5 + X_6,$$

$$E_1 = E_3 + E_4 = X_1X_2X_3 + X_3X_4,$$

$$E_2 = E_5E_6 = (X_4 + X_6)(X_5 + X_6) = X_4X_5 + X_4X_6 + X_5X_6 + X_6X_6 = X_4X_5 + X_6$$

$$T = E_1 + E_2 = X_6 + X_3X_4 + X_4X_5 + X_1X_2X_3$$

故得故障树的所有最小割集：$\{X_6\}, \{X_3, X_4\}, \{X_4, X_5\}, \{X_1, X_2, X_3\}$。

由此可见，用上行法所求得的结果与下行法所得结果是一样的。

故障树的所有最小割集求出之后，可以将原来的结构函数式改写成如下“积之和”的形式：

$$\phi(X) = X_6 + X_3X_4 + X_4X_5 + X_1X_2X_3$$

变成了“积之和”形式的结构函数，不但有利于定性分析也有利于定量计算。

按此结构函数式可以画出新的故障树，新故障树与原故障树是等效的。图 8-35 中原故障树的等效故障树如图 8-36 所示。

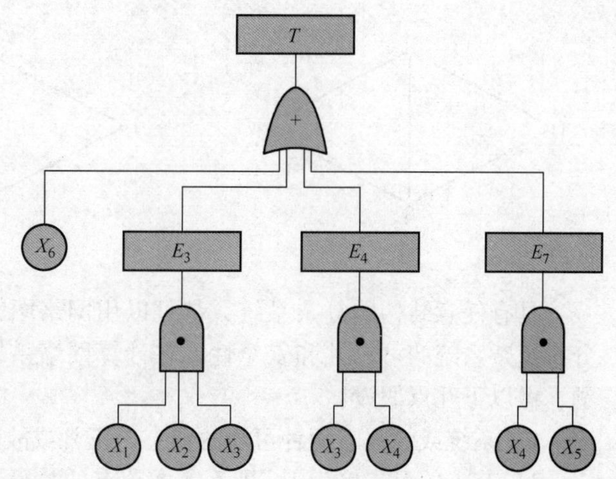

图 8-36 变成积之和形式的等效故障树

3. 求最小路集的方法

求取最小路集是利用它与最小割集的对偶性，首先做与故障树对偶的成功树，即把原本故障树的“与”门换成“或”门，“或”门换成“与”门，各类事件发生换成不发生，然后求出成功树的最小割集，即可转换成原故障树的最小路集。

也可以直接只用结构函数进行推导。故障树结构函数可以用最小路集表示，也可以用最小割集表示，通过结构函数的逆运算，可以由最小路集求最小割集，由最小割集求最小路集。

例 8-2 故障树系统的最小割集为$\{X_1,X_2\}$，$\{X_1,X_3\}$，$\{X_2,X_3\}$，故结构函数为$T=X_1X_2+X_1X_3+X_2+X_3$，则系统正常事件T的逆事件$\overline{T}$为

$$\begin{aligned}\overline{T} &= \overline{X_1X_2+X_1X_3+X_2X_3} = \overline{X_1X_2}\cdot\overline{X_1X_3}\cdot\overline{X_2X_3}\\ &= (\overline{X_1}+\overline{X_2})(\overline{X_1}+\overline{X_3})(\overline{X_2}+\overline{X_3})\\ &= (\overline{X_1}+\overline{X_2}\,\overline{X_3})(\overline{X_2}+\overline{X_3}) = \overline{X_1}\,\overline{X_2}+\overline{X_1}\,\overline{X_3}+\overline{X_2}\,\overline{X_3}\end{aligned}$$

所以，系统的最小路集为$\{\overline{X_1},\overline{X_2}\}$，$\{\overline{X_1},\overline{X_3}\}$，$\{\overline{X_2},\overline{X_3}\}$。

4. 网络系统的最小路集和最小割集

（1）网络系统基本概念　本书第3章曾经简要介绍过系统网络图，网络系统是由节点和连接节点的弧组成的。节点分为输入节点、输出节点和中间节点。

输入节点：只有输出弧而无输入弧的节点。

输出节点：只有输入弧而无输出弧的节点。

中间节点：非输入、输出节点称之为中间节点。

弧分为有向弧与无向弧，无向弧可以看作双向弧。

有向网络：全部由有向弧组成的网络。

无向网络：全部由无向弧组成的网络。

混合网络：由有向弧和无向弧组成的网络。

在无向网络中，根据研究问题的需要，指定了输入节点和输出节点，则与输入节点或输出节点相连的弧，就成为有向弧。

图8-37a 所示为无向网络系统，当研究节点1 与节点2 之间的网络系统可靠度时，节点1 为输入节点，节点2 为输出节点。图8-37a 所示无向网络可变成图8-37b 所示有向网络。

图 8-37
某系统网络图

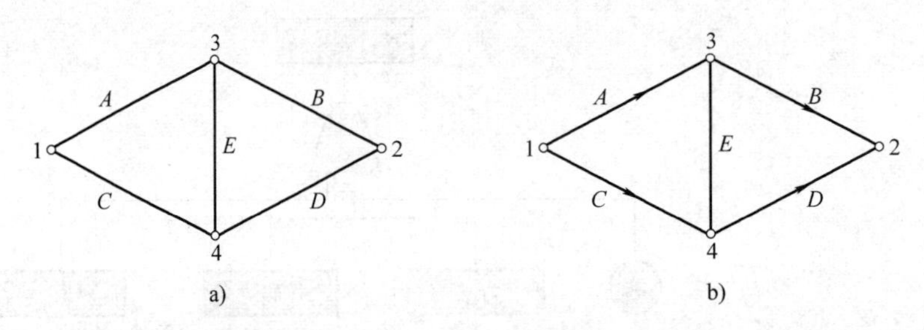

具有任意结构的复杂系统，都可以用网络图表示，以便于计算机辅助分析复杂系统的可靠性和安全性。在计算网络系统可靠度时，为了简化问题，做以下几点假设：

1）系统或弧只有两种可能的状态，正常或故障状态。

2）节点的可靠度为1，即不考虑节点的故障；但对于分布式计算机系统、通信系统等，必须考虑节点的可靠度。

3）无向弧两个方向的可靠度相同。

4）每条弧之间的故障是相互独立的，即任意一条弧的故障不会引起其他弧的故障。

(2) 网络系统的路集与最小路集　在网络系统中，能使输入节点和输出节点沟通的弧的集合称为网络系统的一个路集。如图 8-38 所示，弧的集合都是路集。

显然，网络中所有弧都正常，则系统正常。所以弧的全集合是一个路集。

图 8-38
网络系统示意图

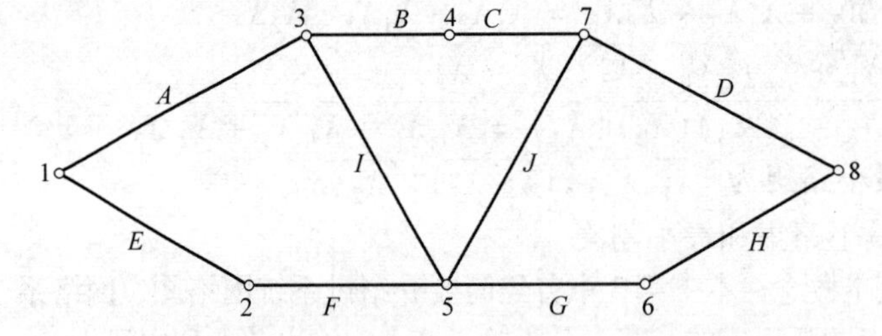

如果一个路集，任意去掉一个弧（该弧故障）就不再是路集时，这样的路集称为最小路集。例如，图 8-38 中 $\{A, B, C, D\}$，$\{A, I, J, D\}$，$\{A, I, G, H\}$ 等是最小路集。集合 $\{E, F, I, B, C, J, G, H\}$ 去掉 $\{I, B, C, J\}$ 后仍是路集，故集合 $\{E, F, I, B, C, J, G, H\}$ 不是最小路集。最小路集所含的弧数目称为路长或容量。

一个由 n 个节点构成的网络系统，最小路集可能的最大路长为 $n-1$。同一个系统的最小路集之间，有可能存在共同的弧。例如最小路集 $\{A, B, C, D\}$ 与 $\{A, I, J, D\}$ 存在共同的弧 A、D。

(3) 网络系统的割集与最小割集　网络系统中一些弧故障时，使输入节点和输出节点无法沟通，这样的弧的集合称为网络系统的一个割集，即弧故障时，导致系统故障的弧的集合。如果一个割集任意去掉一条弧（或该弧正常）就不再是割集，这样的割集称为最小割集。例如，图 8-38 中集

合 $\{A, E\}$，$\{D, H\}$，$\{A, F\}$，$\{C, J, G\}$ 等都是最小割集，集合 $\{A, E, I, J\}$ 是割集但不是最小割集，因为去掉 I、J 弧（或 I、J 弧由故障变正常），集合 $\{A, E\}$ 仍是割集。

同一个系统的最小割集之间有可能存在共同的弧。例如最小割集 $\{A,E\}$ 和 $\{A,F\}$ 存在共同的弧 A。

（4）基于网络系统求最小路集与最小割集　一般而言，通过判断网络系统中输入节点和输出节点沟通的弧的集合，可以得到网路系统的最小路集。如果已知网络系统的所有最小路集，可以通过积之和形式进行换算推导，即通过结构函数的逆运算，由最小路集求最小割集。

例 8-3　如图 8-39 所示的网络系统，节点 1 为输入节点，节点 2 为输出节点，可知所有最小路集为 $\{A, B\}$，$\{A, E, D\}$，$\{C, D\}$，$\{C, E, B\}$。试求该系统的所有最小割集。

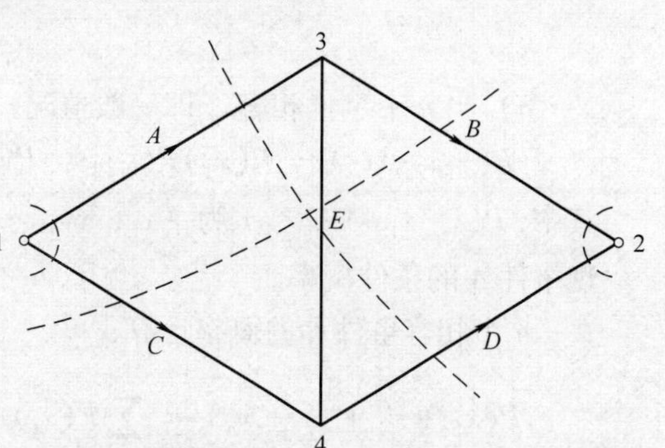

图 8-39
网络系统

解：系统正常状态用 S 表示，则

$$S = AB \cup AED \cup CD \cup CEB$$

上式两边取逆，系统故障状态为 S 的逆事件 $\overline{S}$，得

$$\begin{aligned}
\overline{S} &= \overline{AB \cup AED \cup CD \cup CEB} = \overline{AB} \cap \overline{AED} \cap \overline{CD} \cap \overline{CEB} \\
&= (\overline{A} \cup \overline{B}) \cap (\overline{A} \cup \overline{E} \cup \overline{D}) \cap (\overline{C} \cup \overline{D}) \cap (\overline{C} \cup \overline{E} \cup \overline{B}) \\
&= \{\overline{A} \cup [\overline{B} \cap (\overline{E} \cup \overline{D})]\} \cap \{\overline{C} \cup [\overline{D} \cap (\overline{E} \cup \overline{B})]\} \\
&= (\overline{A} \cup \overline{B}\,\overline{E} \cup \overline{B}\,\overline{D}) \cap (\overline{C} \cup \overline{D}\,\overline{E} \cup \overline{B}\,\overline{D}) \\
&= \overline{B}\,\overline{D} \cup [(\overline{A} \cup \overline{B}\,\overline{E}) \cap (\overline{C} \cup \overline{D}\,\overline{E})] \\
&= \overline{B}\,\overline{D} \cup (\overline{A}\,\overline{C} \cup \overline{B}\,\overline{C}\,\overline{E} \cup \overline{A}\,\overline{D}\,\overline{E} \cup \overline{B}\,\overline{D}\,\overline{E}\,\overline{E}) \\
&= \overline{B}\,\overline{D} \cup \overline{A}\,\overline{C} \cup \overline{B}\,\overline{C}\,\overline{E} \cup \overline{A}\,\overline{D}\,\overline{E} \cup \overline{B}\,\overline{D}\,\overline{E} \\
&= \overline{B}\,\overline{D} \cup \overline{A}\,\overline{C} \cup \overline{B}\,\overline{C}\,\overline{E} \cup \overline{A}\,\overline{D}\,\overline{E}
\end{aligned}$$

所以系统的最小割集为 $\{B, D\}$，$\{A, C\}$，$\{B, C, E\}$，$\{A, D, E\}$，如图 8-39 中虚线（表示相应最小割集）所示，沿虚线切割网格，显然节点 1、节点 2 之间不能连通。

8.4.2　系统故障树的定量计算

故障树的定量计算，其主要任务就是要计算系统顶事件发生的概率，即故障树的数学描述。

1. 顶事件概率的计算

（1）事件和与事件积的概率计算方法　设底事件 $x_i\,(1 \leqslant i \leqslant n)$ 的发生概率为 $P(x_i)\,(1 \leqslant i \leqslant n)$，则事件和与事件积的概率计算方法如下。

1）当 n 个事件相互独立时，n 个相互独立事件积的概率计算：

$$P(x_1 x_2 \cdots x_n) = P(x_1)P(x_2)\cdots P(x_n) \tag{8-3}$$

n 个相互独立事件和的概率计算：

$$P(x_1+x_2+\cdots+x_n)=1-[1-P(x_1)][1-P(x_2)]\cdots[1-P(x_n)]$$
$$=1-\prod_{i=1}^{n}[1-P(x_i)] \tag{8-4}$$

2）当 n 个事件互斥时，n 个互斥事件积的概率计算：

$$P(x_1x_2\cdots x_n)=0 \tag{8-5}$$

n 个互斥事件和的概率计算：

$$P(x_1+x_2+\cdots+x_n)=P(x_1)+P(x_2)+\cdots+P(x_n)=\sum_{i=1}^{n}P(x_i) \tag{8-6}$$

3）当 n 个事件相容（即一般情况）时，n 个相容事件积的概率计算：

$$P(x_1x_2\cdots x_n)=P(x_1)P(x_2|x_1)P(x_3|x_1x_2)\cdots P(x_n|x_1x_2\cdots x_{n-1})$$

其中，$P(x_n|x_1x_2\cdots x_{n-1})$ 为（x_1，x_2，…，x_{n-1}）事件同时发生条件下，出现事件 A 的条件概率。

n 个相容事件和的概率计算：

$$P(x_1+x_2+\cdots+x_n)=\sum_{i=1}^{n}P(x_i)-\sum_{i<j=2}^{n}P(x_ix_j)+$$
$$\sum_{i<j<k=3}^{n}P(x_ix_jx_k)+\cdots+(-1)^{n-1}P(x_1x_2\cdots x_n) \tag{8-7}$$

一般情况下，如果 $P(x_i)<0.1(1\leqslant i\leqslant n)$，相容事件可以近似看作独立事件；如果 $P(x_i)<0.01(1\leqslant i\leqslant n)$，相容事件可以近似看作相斥事件，由此可进行近似概率计算。

（2）用结构函数求故障树顶事件发生概率　在研究一个由 N 个底事件构成的故障树，进行故障树定量计算时，首先要确定各底事件的失效模式和它的失效分布参数或失效概率值，其次要做以下两点假设：①底事件之间相互独立；②底事件和顶事件都只考虑两种状态，即发生或不发生。也就是说，元部件和系统都是只有正常或失效两种状态。

1）采用最小割集求顶事件发生的概率。设故障树有 k 个最小割集 K_i $(1\leqslant i\leqslant k)$，故障树的结构函数表示为

$$T=\phi(X)=K_1+K_2+\cdots+K_k$$

其中，每个最小割集 $K_i(1\leqslant i\leqslant k)$ 是底事件 $x_j(1\leqslant j\leqslant n,\ n$ 为底事件数目）的积事件。

一般情况下，最小割集彼此相交，根据式（8-7），顶事件发生概率为 $P(T)$（系统不可靠度为 F_S），即

$$F_S=P(T)=P(K_1+K_2+\cdots+K_k)$$
$$=\sum_{i=1}^{k}P(K_i)-\sum_{i<j=2}^{k}P(K_iK_j)+$$

$$\sum_{i<j<k=3}^{k} P(K_iK_jK_k) + \cdots + (-1)^{k-1}P(K_1K_2\cdots K_k) \quad (8\text{-}8)$$

式（8-8）具有 (2^k-1) 个项，当最小割集数目 k 达到一定程度时，产生组合爆炸问题，例如某故障树有40个最小割集，则式（8-8）有 $2^{40}-1 \approx 1.1\times10^{12}$ 个项，每项又是许多事件的连乘积，计算量很大，需借助于计算机进行计算。

2）采用最小路集计算顶事件发生概率。设故障树有 m 个最小路集 $C_i(1\leqslant i\leqslant m)$，顶事件发生事件为 T，则顶事件不发生事件为 T 的逆事件 $\overline{T}$ 为

$$\overline{T} = \overline{\phi(X)} = C_1 + C_2 + \cdots + C_m$$

其中，每个最小路集 C_i（$1\leqslant i\leqslant m$）是底事件 $x_j(1\leqslant j\leqslant n)$ 的逆事件 $\overline{x}_j(1\leqslant j\leqslant n)$ 的积事件。

一般情况下，最小路集彼此相交，根据相容事件的概率计算公式，顶事件不发生概率 $P(\overline{T})$（系统可靠度为 R_S）为

$$\begin{aligned} R_S = P(\overline{T}) &= P(C_1 + C_2 + \cdots + C_m) \\ &= \sum_{i=1}^{m} P(C_i) - \sum_{i<j=2}^{m} P(C_iC_j) + \\ &\quad \sum_{i<j<k=3}^{m} P(C_iC_jC_k) + \cdots + (-1)^{m-1}P(C_iC_j\cdots C_m) \end{aligned} \quad (8\text{-}9)$$

式（8-9）具有 (2^m-1) 个项，每项又是许多事件的连乘积，当最小路集数目 m 达到一定程度时，也产生组合爆炸问题。

若求得顶事件不发生概率 $P(\overline{T})$，则顶事件发生概率 $P(T)$ 为

$$P(T) = 1 - P(\overline{T})$$

具体采用最小割集进行故障树定量分析，还是采用最小路集进行故障树定量分析（通过对偶树），取决于最小割集数目和容量大小与最小路集数目和容量大小比较。一般最小割集数目少，采用最小割集进行定量分析方便，最小路集数目少，采用最小路集进行定量分析方便。

3）故障树定量分析不交化方法。解决故障树定量分析时产生的组合爆炸问题的有效方法，是把最小割集（或最小路集）的相交和，通过不交化方法变成不交和，再求顶事件发生概率。

化相交和为不交和的基本思路是，假定故障树的最小割集 K_i 与 K_j 相交，但 K_i 与 $\overline{K}_iK_j$ 肯定不相交，由文氏图（图8-40）可以清楚地看出：

$$K_i \cup K_j = K_i + \overline{K}_iK_j \quad (8\text{-}10)$$

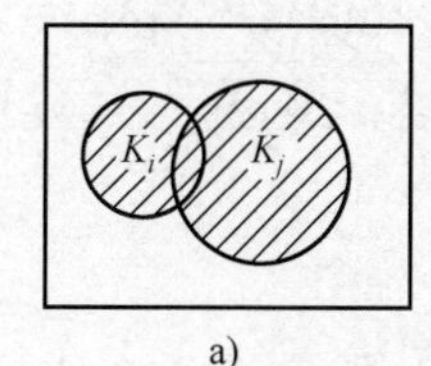

a)

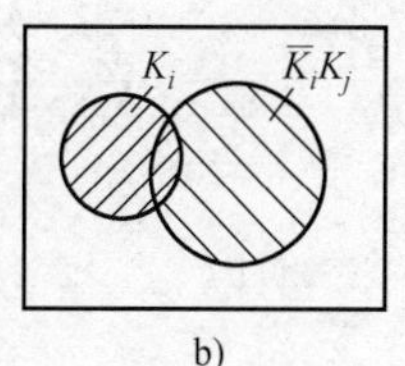

b)

图8-40 故障事件的集合运算
a）$K_i \cup K_j$
b）$K_i + \overline{K}_iK_j$

式（8-10）的左面是集合并运算，右面是不交和运算。这样，$P(K_i \cup K_j)=P(K_i)+P(\overline{K_i}K_j)$把相交和的运算变成不交和的运算。

化相交和为不交和有以下两种做法。

① 直接化法。式（8-10）是两个最小割集相交的情况，如果是三个或更多的最小割集相交的情况，则可推出一般的表达式，即

$$\begin{aligned} T &= \bigcup_{i=1}^{r} K_i \\ &= K_1 + \overline{K_1}(K_2 \cup K_3 \cup \cdots \cup K_r) \\ &= K_1 + \overline{K_1}K_2 + \overline{\overline{K_1}K_2}(\overline{K_1}K_3 \cup \overline{K_1}K_4 \cup \cdots \cup \overline{K_1}K_r) \\ &= \cdots \end{aligned} \tag{8-11}$$

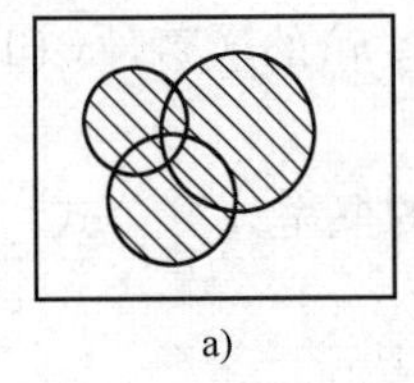
a)

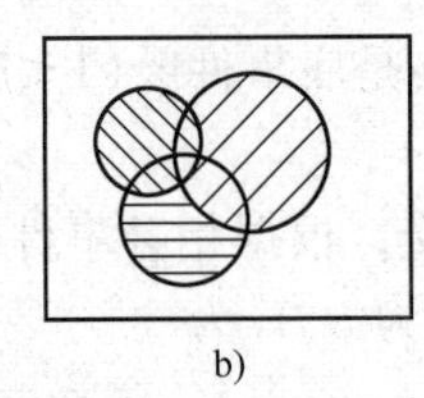
b)

图 8-41 故障事件的相交运算
a）$K_1 \cup K_2 \cup K_3$
b）$K_1+\overline{K_1}K_2+\overline{K_1}\ \overline{K_2}K_3$

这样一直化简下去，直到所有项全部成为不交和为止。这种方法对于项数少的情况比较适用，当相交和项数较多时，手算起来也是相当繁琐的，仍需借助于计算机进行计算。

② 递推化法。由两个最小割集相交的情况，递推出三个最小割集相交的情况（图8-41），它们的表达式为

$$K_1 \cup K_2 \cup K_3 = K_1 + \overline{K_1}K_2 + \overline{K_1}\ \overline{K_2}K_3$$

推广到一般情况，得

$$T = K_1 + K_2 + \cdots + K_k = K_1 + \overline{K_1}K_2 + \overline{K_1}\ \overline{K_2}K_3 + \cdots + \overline{K_1}\ \overline{K_2}\cdots\overline{K_{k-1}}K_k \tag{8-12}$$

例 8-4 以图 8-35 所示的故障树为例，已知所有底事件相互独立，且给定所有底事件发生的概率为 $q_1=0.02$，$q_2=0.02$，$q_3=0.03$，$q_4=0.025$，$q_5=0.025$，$q_6=0.01$。用不交布尔代数法求顶事件发生的概率。

首先要求得所有最小割集，将顶事件表示为各底事件积之和的最简布尔表达式

$$T = X_6 + X_3X_4 + X_4X_5 + X_1X_2X_3$$

其次，将上式化为互不相交的布尔和

$$T = X_6 + \overline{X_6}X_3X_4 + \overline{X_6}\cdot\overline{X_3X_4}\cdot X_4X_5 + \overline{X_6}\cdot\overline{X_3X_4}\cdot\overline{X_4X_5}\cdot X_1X_2X_3$$

式中

$$\overline{X_6}\cdot\overline{X_3X_4}\cdot X_4X_5 = \overline{X_6}(\overline{X_3}+\overline{X_4})X_4X_5 = \overline{X_6}\,\overline{X_3}X_4X_5$$

$$\begin{aligned} \overline{X_6}\cdot\overline{X_3X_4}\cdot\overline{X_4X_5}\cdot X_1X_2X_3 &= \overline{X_6}(\overline{X_3}+\overline{X_4})(\overline{X_4}+\overline{X_5})X_1X_2X_3 \\ &= \overline{X_6}\,\overline{X_4}X_1X_2X_3 \end{aligned}$$

所以

$$T = X_6 + X_3X_4\overline{X_6} + X_4X_5\overline{X_3}\,\overline{X_6} + X_1X_2X_3\overline{X_4}\,\overline{X_6}$$

然后将已经不交化的表达式两端求概率，得顶事件发生的概率为

$$P(T)=P(X_6)+P(X_3X_4\overline{X}_6)+P(X_4X_5\overline{X}_3\overline{X}_6)+P(X_1X_2X_3\overline{X}_4\overline{X}_6)$$
$$=q_6+q_3q_4(1-q_6)+q_4q_5(1-q_3)(1-q_6)+q_1q_2q_3(1-q_4)(1-q_6)$$

将上面给定的数据代入，得

$$P(T)=0.011354$$

4）顶事件发生概率的近似计算方法。上面讨论的故障树顶事件发生概率的计算，对于简单的故障树来说，计算量不是很大，但对于较复杂的故障树或故障树的最小割集比较多时，就会发生“组合爆炸”问题，即使用直接化法或递推化法将相交和化为不交和，整个计算量也是惊人的。

在工程上，精确计算故障树顶事件概率是不必要的，这是因为：①统计得到的底事件数据往往不够准确，因此用不准确的底事件数据去精确计算顶事件的概率就没有实际意义了；②一般情况下人们把产品的可靠度设计得都比较高，对于零部件的失效概率往往都比较低。例如，某机械系统失效概率不大于万分之一，产品的故障树底事件概率一般都小于千分之一。在这样一种情况下，计算式（8-8）起主要作用的是在首项。因此，一般可采用首项近似法。

首项近似计算公式为

$$P(T)\approx\sum_{i=1}^{k}P(K_i) \tag{8-13}$$

2. 底事件重要度分析

实践证明，系统中各元部件并不是同等重要的，一般将一个元部件或最小割集对顶事件发生所做的贡献称为重要度，它是系统结构、零部件的失效分布及时间的函数。

按照底事件或最小割集对顶事件发生的重要度来排序，对改进系统设计是十分有用的。由于设计的对象不同、要求不同，因此重要度也有不同的含义，一般常用的有底事件的概率重要度、底事件的相对概率重要度和底事件的结构重要度三种。

（1）底事件的概率重要度　底事件的概率重要度以符号 $I_P(i)$ 表示。第 i 个底事件的概率重要度表示：当第 i 个底事件发生概率的微小变化而导致顶事件发生概率的变化率，定义为

$$I_P(i)=\frac{\partial}{\partial q_i}Q(q_1,q_2,\cdots,q_n),(i=1,2,\cdots,n) \tag{8-14}$$

其中，$(q_1,q_2,\cdots,q_n)$ 为顶事件发生的概率，在底事件相互独立的条件下，它是各底事件发生概率 $q_1,q_2,\cdots,q_n$ 的一个函数。

以图8-35所示的故障树为例，已经求得

$$Q(q_1,q_2,\cdots,q_n)=q_6+q_3q_4(1-q_6)+q_4q_5(1-q_3)(1-q_6)+$$
$$q_1q_2q_3(1-q_4)(1-q_6)$$

将上式代入式（8-14）得

$$I_P(1)=q_2q_3(1-q_4)(1-q_6)$$
$$I_P(2)=q_1q_3(1-q_4)(1-q_6)$$

$$I_P(3) = q_4(1-q_6) - q_4q_5(1-q_6) + q_1q_2(1-q_4)(1-q_6)$$
$$I_P(4) = q_3(1-q_6) + q_5(1-q_3)(1-q_6) - q_1q_2q_3(1-q_6)$$
$$I_P(5) = q_4(1-q_3)(1-q_6)$$
$$I_P(6) = 1 - q_3q_4 - q_4q_5(1-q_3) - q_1q_2q_3(1-q_4)$$

将给定的各底事件数据代入上式做数值计算得

$$I_P(1) = 0.0005791$$
$$I_P(2) = 0.0005791$$
$$I_P(3) = 0.02452$$
$$I_P(4) = 0.05370$$
$$I_P(5) = 0.02401$$
$$I_P(6) = 0.9986$$

从上面的计算结果可以看出，底事件 X_6 的概率重要度最大。

（2）底事件的相对概率重要度　底事件的相对概率重要度以符号 $I_C(i)$ 表示。第 i 个底事件的相对概率重要度表示：当第 i 个底事件发生概率微小的相对变化而导致顶事件发生概率的相对变化率，定义为

$$I_C(i) = \frac{q_i}{Q(q_1,q_2,\cdots,q_n)} \cdot \frac{\partial}{\partial q_i}Q(q_1,q_2,\cdots,q_n) \tag{8-15}$$

仍以上面给定的故障树及底事件数据为例，代入式（8-15）求得

$$I_C(1) = 0.001020$$
$$I_C(2) = 0.001020$$
$$I_C(3) = 0.06478$$
$$I_C(4) = 0.1182$$
$$I_C(5) = 0.05286$$
$$I_C(6) = 0.8795$$

（3）底事件的结构重要度　底事件的结构重要度以符号 $I_\phi(i)$ 表示。它表示第 i 个底事件的结构重要度，它从故障树结构角度反映了各底事件在故障树中的重要程度，定义为

$$I_\phi(i) = \frac{1}{2^{n-1}} \sum_{(X_1,\cdots,X_{i-1},X_{i+1},\cdots,X_n)} [\phi(X_1,\cdots,X_{i-1},1,X_{i+1},\cdots,X_n) - \phi(X_1,\cdots,X_{i-1},0,X_{i+1},\cdots,X_n)] \tag{8-16}$$

其中，ϕ 为故障树的结构函数；$\sum\limits_{(X_1,\cdots,X_{i-1},X_{i+1},\cdots,X_n)}$ 是对 $X_1,X_2,\cdots,X_{i-1},X_{i+1},\cdots,X_n$ 分别取 0 或 1 的所有可能求和。

底事件的结构重要度与底事件发生概率的大小无关，完全由故障树的结构所决定，仅取决于第 i 个底事件在系统故障树结构中所处的位置。理论上已经证明，当所有底事件发生的概率都取 0.5 时，底事件的概率重要度等于底事件的结构重要度。

仍以前面给定的故障树为例，在底事件的概率重要度表达式中，用 $q_i = 0.5$，$i=1, 2, \cdots, 6$，代入并做数值计算，得

$$I_{\phi}(1) = 1/16$$
$$I_{\phi}(2) = 1/16$$
$$I_{\phi}(3) = 3/16$$
$$I_{\phi}(4) = 5/16$$
$$I_{\phi}(5) = 1/8$$
$$I_{\phi}(6) = 9/16$$

8.4.3 系统故障树定性分析与定量计算的意义

通过故障树的定性分析，可以得到系统的最小割集与最小路集。通过故障树的定量分析，可以得到系统的可靠度、不可靠度和重要度，可为有效控制故障和降低故障率提供重要的依据。

1. 最小割集在故障树分析中的意义

1）表示系统的危险性。每个最小割集都表示顶事件发生的一种可能，最小割集越多，系统越危险。

2）表示导致顶事件发生的原因。可以方便知道所有可能发生事故的途径，排除非本次事故的最小割集。

3）为降低系统危险性提出预防措施和控制方向。从最小割集能直观地看出，哪些事件的发生最危险，哪些稍次，哪些可以忽略，以及如何采取措施，使事故发生概率下降。

4）进行结构重要度的分析及计算顶事件的发生概率。

总之，每个最小割集代表系统的一种故障模式，对于发生概率大的最小割集，更应该引起重视。一旦某底事件发生，就可以排除与该底事件无关的最小割集。把与该底事件相关的最小割集按发生概率大小排序进行分析，可以预测系统故障的发生规律，或调查某一故障发生的原因。

2. 最小路集在故障树分析中的意义

1）表示系统的安全性。求出最小路集可以得到要使顶事件不发生有几种可能的方案，从而为控制事故提供依据。故障树中最小路集越多，系统就越安全。

2）选取确保系统安全的最佳方案。只要控制一个最小路集不发生，顶事件就不发生，所以可以选择控制事故的最佳方案，一般地说，对包含事件少的最小路集加以控制较为有利。

3）最小路集同样可以进行结构重要度的分析及计算顶事件的发生概率。

总之，每个最小路集代表系统的一种正常工作模式，只要有一个最小路集存在，系统就能正常工作。一旦某底事件发生，控制与该底事件无关的最小路集存在，就能保证系统安全，为控制系统故障，或为已发生故障系统恢复正常，提供依据。

3. 重要度代表底事件对系统故障的影响

重要度越大的底事件对系统故障的影响越大，控制系统的故障首先要从重要度大的底事件入手。

因此，分析系统的安全可靠性，需要掌握系统的最小割集和最小路集，每个最小割集和最小路集的发生概率大小，以及每个底事件重要度或关键重要度大小。

8.5 系统故障树与系统可靠性框图

8.5.1 故障树与可靠性框图的等效转换

可靠性框图是从可靠性角度出发研究系统与部件之间的逻辑图，这种图依靠方框和连线的布置，绘制出系统的各个部分发生故障时对系统功能特性的影响。它只反映各个部件之间的串并联关系，与部件之间的顺序无关。功能框图反映了系统的流程，物质从一个部件按顺序流经到各个部件。可靠性框图以功能框图为基础，但是不反映顺序，仅仅从可靠性角度考虑各个部件之间的关系。

可靠性框图和故障树最基本的区别在于，可靠性框图是从系统工作角度分析，即工作的“成功区间”，是系统成功的集合。而故障树为工作的“故障空间”，是系统故障的集合。传统上，故障树已经习惯使用固定概率（组成树的每一个事件都有一个发生的固定概率），然而可靠性框图对于成功（可靠度公式）来说可以包括以时间而变化的分布。

可靠性框图表明系统与单元间的功能关系，其终端事件为系统的成功状态，各个基本事件是成功事件，因此系统可靠性框图相当于系统的“成功树”，它也是一种用与门和或门来反映事件之间逻辑关系的方法。

下面举几种典型系统的可靠性框图和故障树相互转换的例子。

1. 串联系统

图 8-42 所示为用可靠性框图描述的串联系统。计算系统可靠度为

$$R = P(A \cap B) = P(A)P(B) = R_A R_B$$

系统不可靠度为

$$F = 1 - R = 1 - R_A R_B = 1 - (1 - F_A)(1 - F_B) = F_A + F_B - F_A F_B$$

串联系统若用故障树表示，等价于或门的逻辑关系，如图 8-43 所示。

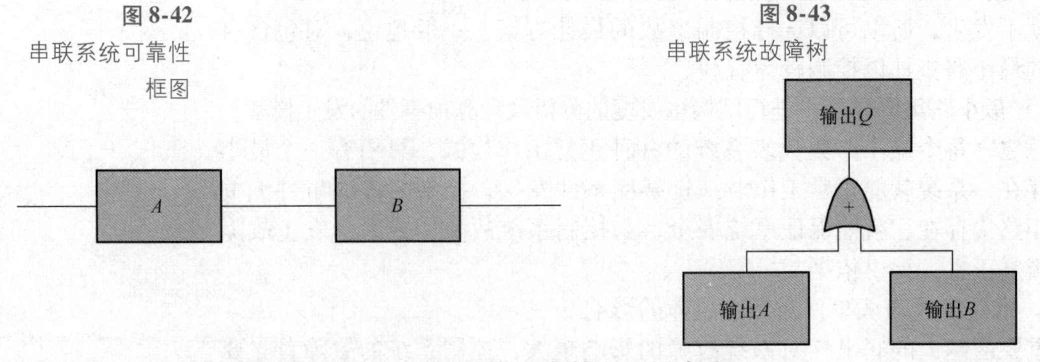

图 8-42 串联系统可靠性框图

图 8-43 串联系统故障树

根据本章内容，可知系统顶事件发生概率为

$$F = P(\bar{A} \cup \bar{B}) = P(\bar{A}) + P(\bar{B}) - P(\bar{A})P(\bar{B}) = F_A + F_B - F_A F_B$$

2. 并联系统

图8-44所示为用可靠性框图描述的并联系统。计算该并联系统可靠度为

$$R = R_A + R_B - R_A R_B$$

系统不可靠度为

$$F = 1 - R = 1 - (R_A + R_B - R_A R_B)$$
$$= F_A F_B$$

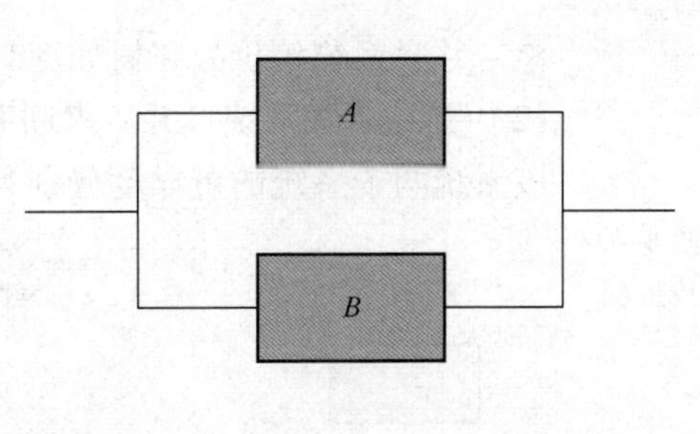

图8-44 并联系统可靠性框图

并联系统若用故障树表示，等价于与门的逻辑关系，如图8-45所示。

根据本章内容，可知系统顶事件发生概率为

$$F = P(\bar{A} \cap \bar{B}) = P(\bar{A})P(\bar{B}) = F_A F_B$$

3. 表决系统

带有表决门的故障树如图8-46所示。其等价的可靠性框图如图8-47所示。

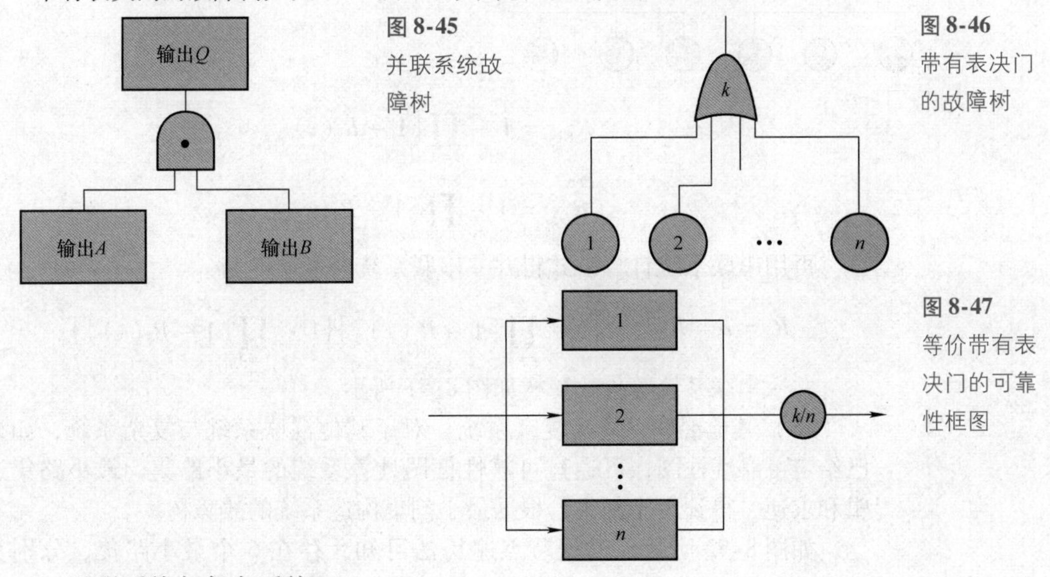

图8-45 并联系统故障树

图8-46 带有表决门的故障树

图8-47 等价带有表决门的可靠性框图

4. 混联系统与复杂系统

(1) 串－并联系统　串－并联系统可靠性框图如图8-48所示。该系统两行子系统的可靠度分别为

$$R_{G_1} = R_1 R_2 R_3,$$
$$R_{G_2} = R_4 R_5 R_6$$

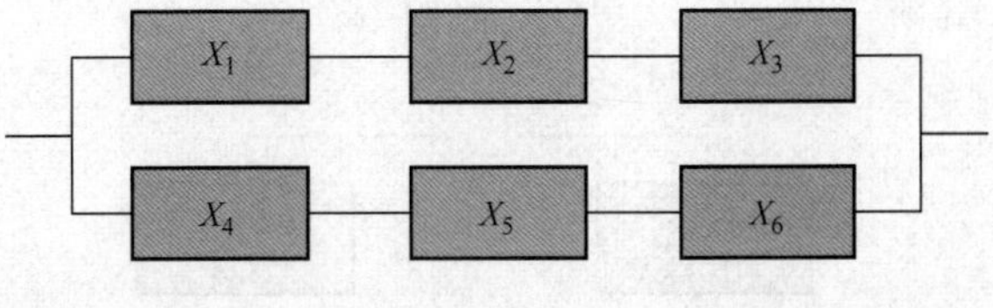

图8-48 串－并联系统可靠框图

再用并联系统计算可靠度为

$$R = R_{G_1} + R_{G_2} - R_{G_1} R_{G_2}$$
$$= R_1 R_2 R_3 + R_4 R_5 R_6 - R_1 R_2 R_3 R_4 R_5 R_6$$

串－并联系统等价故障树如图8-49所示。

(2) 并－串联系统　并－串联系统可靠性框图如图 8-50 所示。

该系统两子系统的可靠度分别为

图 8-49
串－并联系统故障树

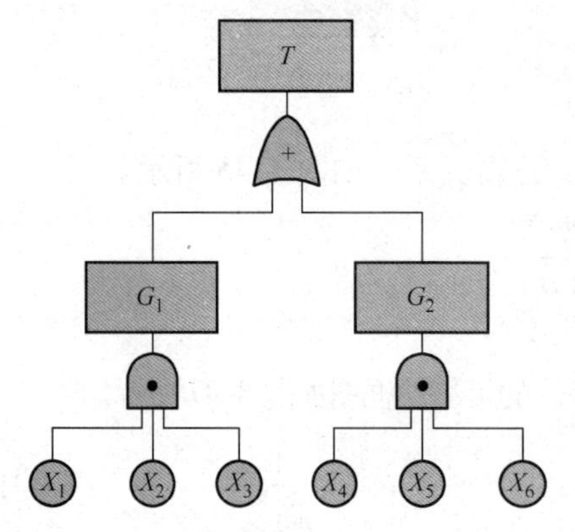

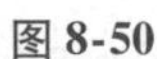

图 8-50
并－串联系统可靠性框图

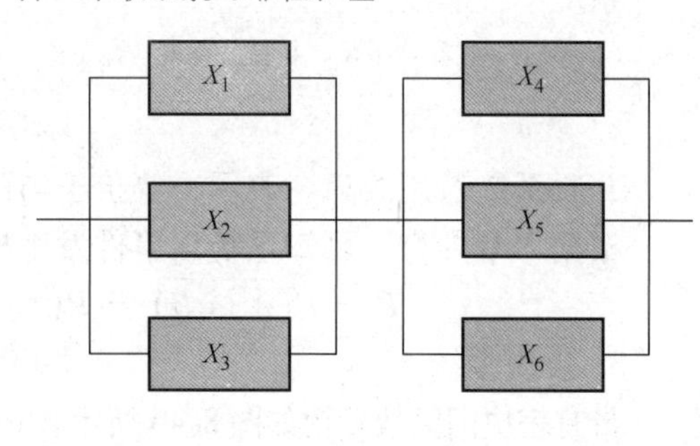

$$R_{G1} = 1 - \prod_{i=1}^{3}[1 - R_i(x)],$$

$$R_{G2} = 1 - \prod_{i=4}^{6}[1 - R_i(x)]$$

再用串联系统计算公式得并－串联系统的可靠度为

$$R = R_{G1}R_{G2} = \left\{1 - \prod_{i=1}^{3}[1 - R_i(x)]\right\}\left\{1 - \prod_{i=4}^{6}[1 - R_i(x)]\right\}$$

并－串联系统等价故障树如图 8-51 所示。

(3) 其他混联系统与复杂系统　对于其他混联系统与复杂系统，如果已给定可靠性框图，可通过可靠性框图计算系统的最小路集。最小路集逻辑和求逆，得到最小割集，根据最小割集构造系统的故障树。

如图 8-52 所示，根据节点遍历法可知，存在 6 个最小路集，分别为 {1, 4, 6}, {1, 5, 6}, {2, 4, 6}, {2, 5, 6}, {3, 4, 6}, {3, 5, 6}，系统正常事件 S 为

图 8-51
并－串联系统
等价故障树

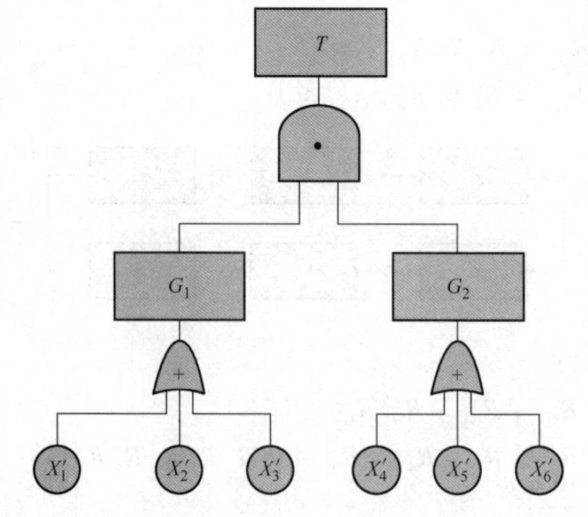

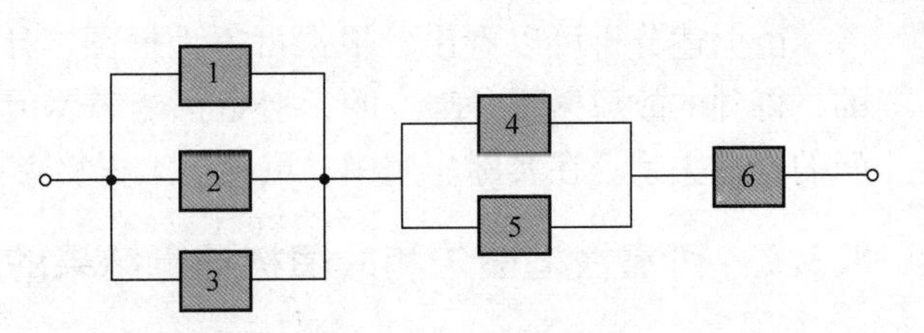

图 8-52
可靠性框图

$$S = 1 \cdot 4 \cdot 6 + 1 \cdot 5 \cdot 6 + 2 \cdot 4 \cdot 6 + 2 \cdot 5 \cdot 6 + 3 \cdot 4 \cdot 6 + 3 \cdot 5 \cdot 6$$

系统不能正常工作，即故障事件$\overline{S}$为

$$\begin{aligned}
\overline{S} &= \overline{1 \cdot 4 \cdot 6} \cdot \overline{1 \cdot 5 \cdot 6} \cdot \overline{2 \cdot 4 \cdot 6} \cdot \overline{2 \cdot 5 \cdot 6} \cdot \overline{3 \cdot 4 \cdot 6} \cdot \overline{3 \cdot 5 \cdot 6} \\
&= (\overline{1} + \overline{4} + \overline{6})(\overline{1} + \overline{5} + \overline{6})(\overline{2} + \overline{4} + \overline{6})(\overline{2} + \overline{5} + \overline{6})(\overline{3} + \overline{4} + \overline{6})(\overline{3} + \overline{5} + \overline{6}) \\
&= (\overline{1} + \overline{6} + \overline{4} \cdot \overline{5})(\overline{2} + \overline{6} + \overline{4} \cdot \overline{5})(\overline{3} + \overline{6} + \overline{4} \cdot \overline{5}) \\
&= (\overline{6} + \overline{4} \cdot \overline{5} + \overline{1} \cdot \overline{2})(\overline{3} + \overline{6} + \overline{4} \cdot \overline{5}) \\
&= \overline{6} + \overline{4} \cdot \overline{5} + \overline{1} \cdot \overline{2} \cdot \overline{3}
\end{aligned}$$

系统的最小割集有 3 个，分别为 $\{\overline{1}, \overline{2}, \overline{3}\}$，$\{\overline{4}, \overline{5}\}$，$\{\overline{6}\}$，从可靠性框图可以看出 3 个最小割集是正确的。

根据最小割集过程，可知图 8-53 和图8-54所示的故障树都是图 8-52 所示系统的故障树。

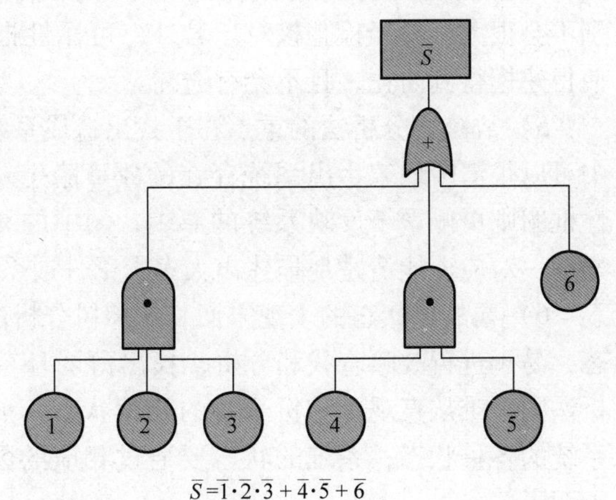

图 8-53
等效故障树
（一）

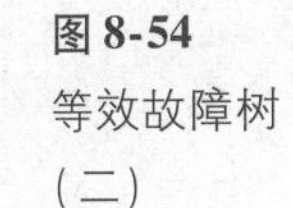

图 8-54
等效故障树
（二）

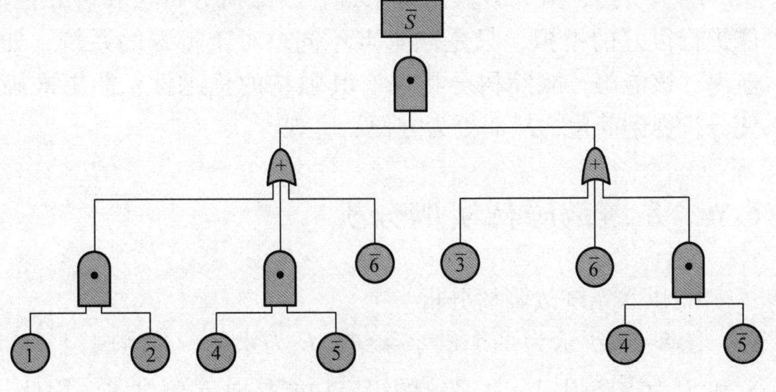

$\overline{S} = (\overline{1} \cdot \overline{2} + \overline{4} \cdot \overline{5} + \overline{6})(\overline{3} + \overline{6} + \overline{4} \cdot \overline{5})$

由上述分析可以看出，根据可靠性框图，计算得到的最小割集是唯一的，得到的故障树不是唯一的，但是都能表示元、部件故障与系统故障之间的逻辑关系。在实际应用中，可根据工程实际情况构造不同的故障树。

8.5.2 可靠性框图法和故障树计算结果的讨论

通过上述分析可见，故障树分析法和可靠性框图分析法都可用来分析系统的可靠性，分析得出的结果是互补的，但也存在比较大的区别。

1）故障树分析法是以系统故障为导向，以不可靠度为分析对象；可靠性框图分析法是以系统正常为导向，以可靠度为分析对象。

2）故障树分析法不仅可以分析硬件而且可以分析人为因素、环境及软件的影响；可靠性框图仅限于分析硬件的影响。

3）故障树分析法能将导致系统故障的基本原因和中间过程利用故障树清晰地表示出来；可靠性框图分析法仅能表示系统和部件之间的联系，中间的情况难以表示。

4）故障树分析法在故障树建模时受人为因素影响较大，不同的人建立的故障树可能会出现较大的差别，互相之间不易核对，并且容易遗漏或重复；可靠性框图分析法按系统原理图来建模，所以不同的人建立的模型差别不会很大，易于检查核对。另外，可靠性框图与系统原理图的对应关系使得建模得到简化，且不会有遗漏。

5）故障树分析法的重点在于找出造成系统故障的原因，因此在故障树中可以很清晰地表示出系统存在的故障隐患及它们之间的逻辑关系；可靠性框图则更侧重于反映系统的原貌，图中的元素几乎与系统中的部件或元素一一对应，能清楚地描述出大多数部件或系统之间的作用和关系。

6）在故障状态的表现方面，故障树分析法很明确地表示出各种故障状态，易于进行故障查找和分析，找出薄弱环节并加以改进；可靠性框图分析法则很难从直观上分析系统的故障状态，可靠性框图中的符号无法表示系统的各种状态，系统的状态要通过相应的数据表示，因此不如故障树清晰明了。

综上所述，对大多数系统来说，故障树分析法和可靠性框图分析法都能进行很好的模拟，只是侧重点不同。对于特殊的系统，如航空、航天、航海、核能等，故障树分析法有其独特的优越性，能更准确地描述系统，使分析得到简化，从而更为方便、直观。

8.6 系统故障树实例分析

1. 供水系统故障树分析

图 8-55 所示为一个供水系统，E 为水箱，F 为阀门，L_1 和 L_2 为水泵，S_1 和 S_2 为支路阀门。此系统的规定功能是向 B 侧供水，因此，“B 侧无水”是一个不希望发生的事件，即系统的故障状态。为了找到导致此事件发生

的基本原因，可以设想此事件发生，再通过逻辑分析追其原因。

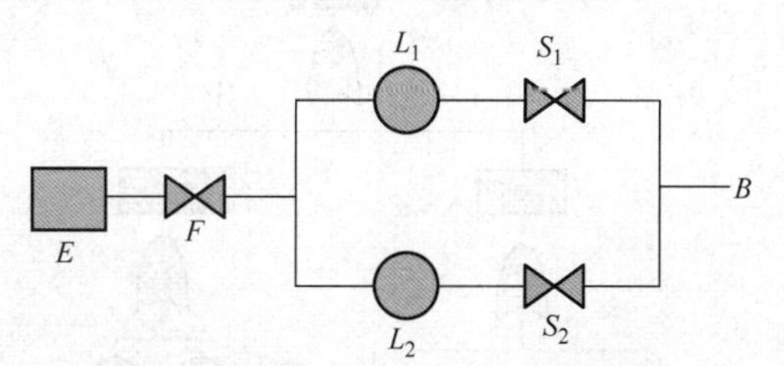

图8-55
供水系统

由图8-55可知，B侧无水的原因有水箱E无水、阀门F关闭或泵系统故障。泵系统故障原因是Ⅰ支路与Ⅱ支路同时故障。Ⅰ支路故障原因有泵L_1故障或阀门S_1故障；Ⅱ支路故障原因有泵L_2故障或阀门S_2故障。由此所得到的故障树如图8-56所示。

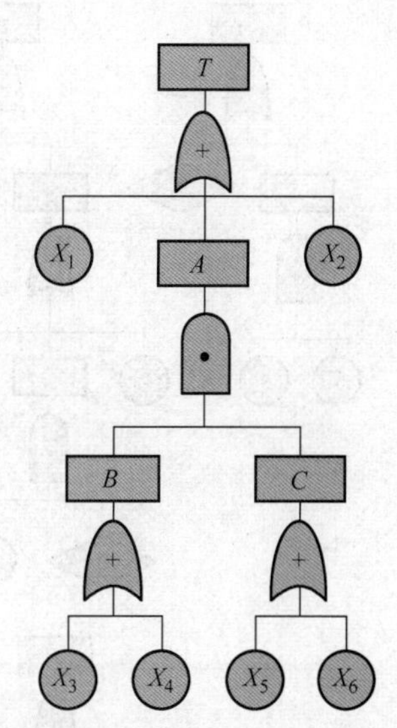

图8-56
B侧无水故障树
T—B侧无水
A—泵系统故障
B—Ⅰ支路故障
C—Ⅱ支路故障
X_1—E故障
X_2—F故障
X_3—L_1故障
X_4—S_1故障
X_5—L_2故障
X_6—S_2故障

2. 家用洗衣机故障树分析

根据本章内容，分析构建家用洗衣机故障树步骤如下：

（1）系统情况　这里主要分析洗衣机主系统，主要由电动机、传动系统、波轮等组成。

（2）确定边界条件　这里假定“管路及其连接”“导线和接头”及电源均可靠。

（3）确定顶事件　主系统不希望发生的故障：波轮不转、波轮转速过低、振动过大等。其中最严重的故障事件是波轮不转。

（4）构造故障树　按照功能流程对顶事件逐级向下分解其故障模式及其逻辑关系，得到如图8-57所示的故障树。

3. 剪草机用内燃机故障树分析

根据本章内容，构建并分析剪草机用内燃机故障树步骤如下：

（1）系统说明　场地剪草机用发动机是风冷双缸小型内燃机，使用汽油-机油混合燃料，最大功率3kW。油箱在汽缸上方以重力式给油，无燃料泵。起动可以用蓄电池供电的电动机，也可以用拉索起动。

（2）确定顶事件　以“内燃机不能起动”作为故障树的顶事件。

（3）自上而下地建树　首先分析不能起动的首要直接原因是燃烧室内无燃料；活塞在气缸内形成的压力低于规定值；燃烧室内无点火火花。以或门与顶事件连接，即形成故障树的第一级。再分别对这三个中间事件的发生原因进行跟踪分析，最后形成如图8-58所示的故障树。

图 8-57
家用洗衣机故障树
T—洗衣机波轮不转
X_1—桶底有异物
X_2—未及时清理
X_3—抱轴
X_4—电容故障
X_5—定时器故障
X_6—传动系统故障
X_7—电流过大
X_8—熔体失效
X_9—紧固件失效
X_{10}—波盘裂开
A—轴不转
B—波盘松脱
C—主轴阻力过大
D—主轴无转矩输入
E—异物卡住
F—电动机不转
G—电动机烧坏

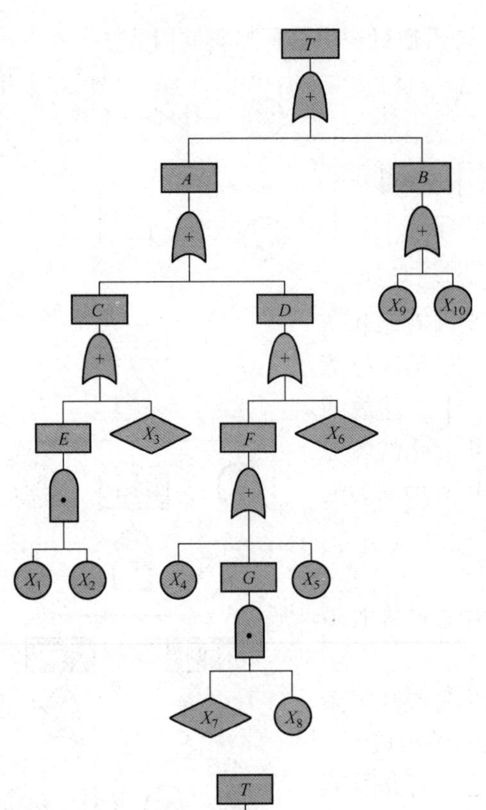

图 8-58
剪草机用内燃机的失效树
T—内燃机不能起动
A—燃料不足
B—压缩不足
C—无火花
D—油箱内无油
E—活塞不能移动
F—转动能量不足
X_1—化油器故障
X_2—油管堵塞
X_3—密封漏气
X_4—活塞环故障
X_5—火花塞故障
X_6—磁电动机故障
X_7—线路故障
X_8—上次油已用完
X_9—未检查油箱
X_{10}—活塞楔住
X_{11}—活塞杆断裂
X_{12}—轴承咬合
X_{13}—电池用完
X_{14}—拉索断裂

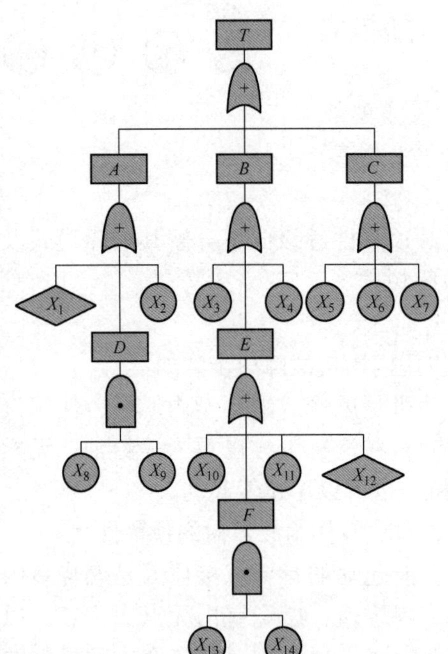

(4) 定量分析　其中，$P(X_1)=0.08$，$P(X_2)=0.01$，$P(X_3)=0.001$，$P(X_4)=0.001$，$P(X_5)=0.02$，$P(X_6)=0.01$，$P(X_7)=0.01$，$P(X_8)=0.08$，$P(X_9)=0.02$，$P(X_{10})=0.001$，$P(X_{11})=0.08$，$P(X_{12})=0.001$，$P(X_{13})=0.04$，$P(X_{14})=0.03$。于是

$P(D)=P(X_8)P(X_9)=0.0016$

$P(F)=P(X_{13})P(X_{14})=0.0012$

$P(A)=1-\prod_{i=1}^{N}[1-P(X_i)]=1-[1-P(D)][1-P(X_1)][1-P(X_2)]=0.03135$

$P(E)=1-[1-P(X_{10})][1-P(F)][1-P(X_{11})][1-P(X_{12})]=0.004193$

$P(B)=1-[1-P(X_3)][1-P(E)][1-P(X_4)]=0.006184$

$P(C)=1-[1-P(X_5)][1-P(X_6)][1-P(X_7)]=0.03950$

所以，顶事件发生的概率为

$$P(T)=1-[1-P(A)][1-P(B)][1-P(C)]=0.07536$$

习　题

8-1　故障树的事件符号有哪几种？分别是什么？并画出各种符号。

8-2　已知某事故的故障树布尔代数表达式为 $T=(abc+f)[(a+b)f](a+be)$。试：

1）依据表达式画出故障树。

2）化简表达式后再画出故障树。

8-3　T 为顶事件，A、B、C、D、E、F、G 均为底事件，逻辑关系为 $T=(A\cup B)\cap(C\cup D\cup E)\cap(F\cup G)$，试建造其故障树。

8-4　某输变电系统如图8-59所示。A、B、C 为两级变电站，B、C 均由 A 供电。输电线1、2是 A 向 B 的输电线，输电线3是 A 向 C 的输电线，输电线4、5为站 B、站 C 之间的联络线（也是输电线），试绘制其故障树。

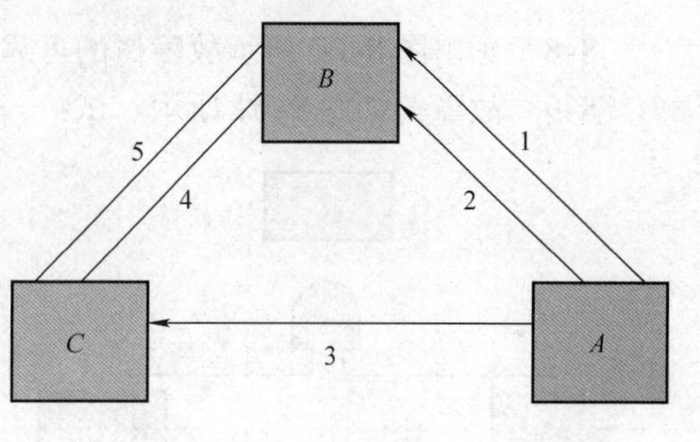

图 8-59
题 8-4 图

提示：本系统的顶事件为系统故障停电。本次故障分析的目的是研究输电线路故障的影响，建树边界条件为变电站本身的故障在故障树分析中不予以考虑。

输变电系统故障断电的判据：①站 B 停电；②站 C 停电；③站 B 和站 C 仅由同一条输电线供电，输电线将过载。

8-5　写出图 8-60 所示故障树的结构函数。

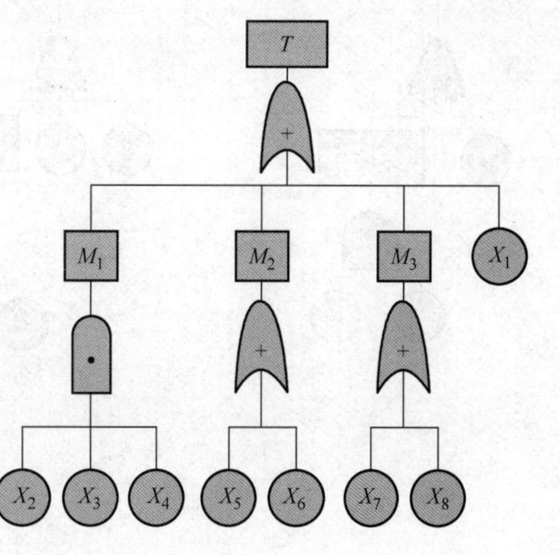

图 8-60
题 8-5 图

8-6　求图 8-61 所示故障树的最小割集和最小路集。

8-7　某故障树的最小割集为 $\{E, D\}$，$\{A, B, E\}$，$\{B, D, C\}$，$\{A, B, C\}$。已知 $R_A = R_C = 0.8$，$R_D = R_E = 0.7$，$R_B = 0.64$。试用直接化法及递推化法求顶事件发生的概率。

图 8-61
题 8-6 图

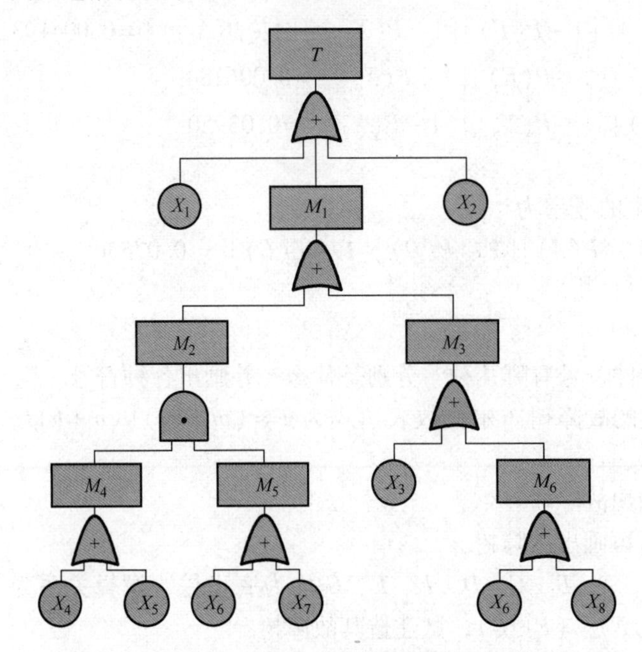

8-8　画出图 8-60 所示故障树的可靠性框图。

8-9　故障树如图 8-62 所示。试：

图 8-62
题 8-9 图

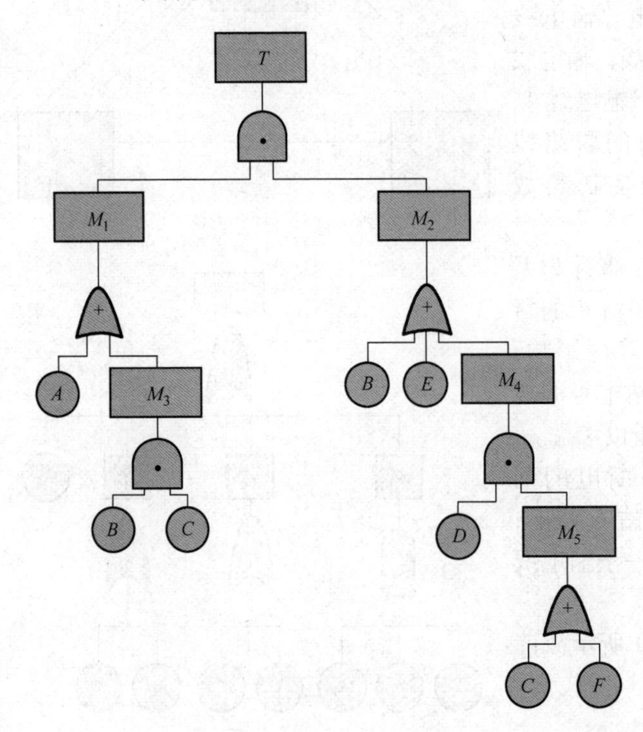

1）求故障树的最小割集。

2）根据最小割集，求其等效故障树。

8-10　已知故障树系统的最小割集为 $\{A,C\}$，$\{B,D\}$，$\{A,D,E\}$，$\{B,C,E\}$，求其最小路集。

8-11　已知故障树的最小路集为 $\{\overline{C},\overline{D}\}$，$\{\overline{A},\overline{B}\}$，$\{\overline{B},\overline{C},\overline{E}\}$，$\{\overline{A},\overline{D},\overline{E}\}$，求其最小割集。

8-12　试求图8-63所示可靠性框图的故障树及其等效可靠性框图。

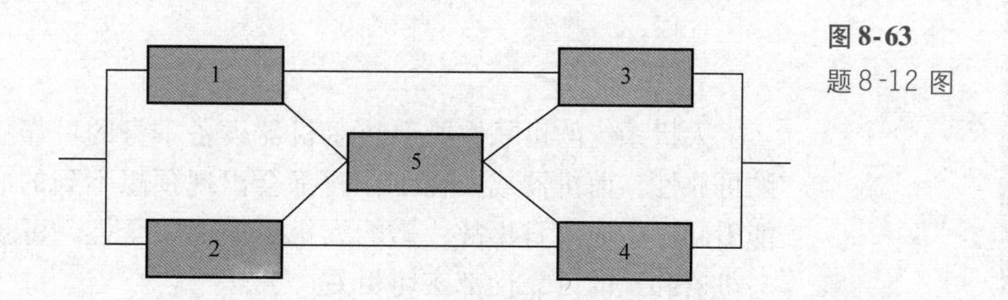

图8-63
题8-12图

第9章

人机系统可靠性

人机系统的可靠性既取决于机器设备本身的可靠性，又取决于操作者的可靠性，而机器或人在工作时都会出现预想不到的故障或差错，于是可能引起设备或人身事故，影响人机系统的安全性，可见人机系统的可靠性与机器和人的可靠性都密切相关。

为了保证人机系统的可靠性，必须同时提高机器和人的可靠性。机器的可靠性不仅是评价其性能好坏的质量指标，也是衡量人机系统可靠性的重要依据，为人机系统安全提供了必要的物质条件；而人的可靠性也直接影响人机系统的可靠性，而且往往起主导作用。影响人的可靠性因素很多，如人的生理、心理、环境条件、家庭及社会等因素，而且这些因素是变化的。

总之，人机系统是由人、机（含环境）等子系统组成的，它的可靠性取决于组成人机系统各子系统的可靠性。

9.1 人机系统的定义

人机系统是指人与其所控制的机器相互配合、相互制约，并以人为主导而完成规定功能的工作系统。人的可靠性定义为在系统工作的任何阶段，工作者在规定时间里成功地完成规定作业的概率。人员差错（或者失误）是指工作者在给定条件和给定时间内不能完成规定功能的概率。人机系统的可靠性一般指广义可靠性，既与产品的可靠性、维护性有关，又与人的可靠性有关。

人机系统作为一个完整的概念，表达人机系统设计的对象和范围，建立解决劳动主体和劳动工具之间矛盾的理论和方法。系统中的人是主要研究对象，但又并非孤立地研究人，需同时研究系统的其他组成部分，并根据人的特性和能力来设计和改造系统。

人机系统中人机结合方式有串联、并联及串、并联混合等方式。

串联结合方式时，人对系统的输入必须通过机的作用才能输出。人和机的特性相互干扰，人的长处通过机可以扩大，但人的弱点也会被扩大。人与机间接衔接的各种自动化系统常为并联方式。在这种系统中，人的作用主要是管理与监控。当自动化系统正常时，人遥控和监视系统的运行，系统对人几乎没有约束。当自动化系统异常时，系统即由自动变为手动，即由并联转化为串联。串、并联混合方式往往同时兼有串、并联两种方式的基本特征。

人机系统的可靠性是由该系统人的可靠性和机器的可靠性决定的。设人的可靠度为 R_h，机械的可靠度为 R_m，人、机串联系统的可靠度为 R_S，则

$$R_S = R_h R_m \tag{9-1}$$

人机系统的可靠性如图 9-1 所示。

图 9-1 表达了 R_S、R_h、R_m 三者之间的关系，如果 $R_h = 0.8$，$R_m = 0.9$，那么系统的可靠性只有 0.72，如果机器改进的可靠度提高到 0.99，则人机系统的可靠度 $R_S = 0.79$。由此可见，即使花费很大的投资单纯改进机器的可靠度是不够的，须同时提高机器和人的操作可靠度，才能提高系统的整体可靠度。

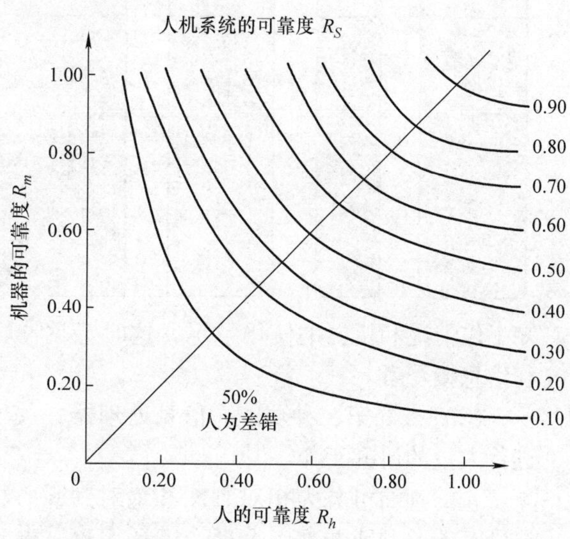

图 9-1 人机系统的可靠性

9.2 人机的功能与特点分析

在人机系统中，人和机器各自担负着不同的功能，在某些人机系统中还通过控制器和显示器联系起来，共同完成系统所担负的任务。

为使整个人机系统高效、可靠、安全以及操纵方便，就必须按照科学的观点分析人和机器各自所具有的不同特点，了解人与机器的长处和短处，以便研究人与机器的功能分配，从而扬长避短、各尽所长，充分发挥人与机器的各自优点，使系统中的人与机器之间达到最佳匹配，从设计开始就尽量防止产生人的不安全行动和机器的不安全状态，做到安全生产。

9.2.1 人的主要功能

人在人机系统的操纵过程中所起的作用，可通过心理学提出的带有普通意义的公式：刺激（S）→意识（O）→反应（R）来加以描述，即在信息输入、信息处理和行为输出三个过程中体现出人在操作活动中的基本功能，如图 9-2 所示。

由图 9-2 可知，人在人机系统中主要有以下三种功能。

（1）人的第一种功能：传感器　人在人机系统中首先是具有感觉功能，或叫信息发现器。通过感觉器官接受信息，即用感觉器官作为联系渠道，感

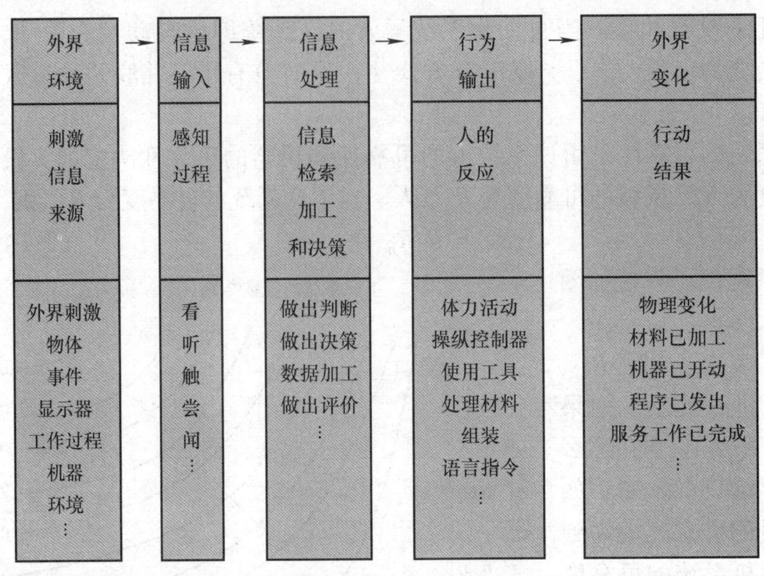

图 9-2
人在操作活动中的基本功能示意图

知工作情况和机器的使用情况，这时感觉器官便成了联系人机之间的枢纽和信息接受者。

（2）人的第二种功能：信息处理器　关于人作为信息处理器，现正在进行大量的研究工作。

人的判断可分为相对判断和绝对判断。相对判断即有条件的判断，是在已有的两种或两种以上事物进行比较后做出的。绝对判断是在没有任何标准或比较对象的情况下做出的估计。系统总是利用相对判断。

（3）人的第三种功能：操纵器　即通过机器的控制器进行操纵，控制器的设计就像显示器的设计一样，让使用它的人使用方便和少出差错。

在人机系统中，控制器的作用被认为是对能得到的刺激的一种反应。任何显示反应，如果要求违反原有的习惯，很可能出现差错。不论在什么特殊情况下，设计人员总要求操作者改变其已成为习惯的行为方式，都是错误的。

9.2.2　机器的主要功能

机器是按人的某种目的和要求而设计的，机器虽然与人相比有其不同的特征，但在人机系统工作中所表现的功能都是类似的，尤其是自动化的机器更是如此，其有接受信息、储存信息、处理信息和执行等主要功能。

（1）接受信息　对机器来说，信息的接受是通过机器的感觉装置，如电子、光学或机械的传感装置来完成的。当某种信息从外界输入系统时，系统内部对信息进行加工处理，这些加工处理的信息可能被储存或输出，也可能反馈回到输入端而被重新输入，使人或机器接受新的反馈信息。接受的信息也可不经处理，而直接存储起来。

（2）储存信息　机器一般要靠磁盘、磁带、磁鼓、打孔卡、凸轮、模板等储存系统来储存信息。

（3）处理信息　对接受的信息或储存的信息，通过某种过程进行处理。

（4）执行　一是机器本身产生控制作用，如车床自动加深或减少切削深度；二是借助声、光等信号把指令从这个环节输送到另一个环节。

9.2.3　人机的不同特性及优缺点比较

随着科学技术的发展，机器设备逐渐代替了手工，然而机器设备终究不能全部承担人的劳动。而且大多数机器仍需由人来操纵，即使是完全自动化的机器设备，其输入信号、调整和维修也是由人来进行的，因此是“人机共存（同工）”的。

对于人机共存的人机系统来说，设计的主要困难已不在于系统（或产品）本身，而在于是否能找出人与机器之间最适宜的相互联系的途径与手段，在于是否能全面考虑操作者在人机系统中的功能作用特点和机器与人的特性相吻合的程度。因此，设计者对人机特性比较的重视是至关重要的。

从科学的观点来看，人和机器各有自己的能力、特长，人与机的不同性质应从相当多的方面加以区别。人具有智能、感觉、综合判断能力，随机应变能力，对各种情况的决策和处理能力等，而人的功能限度是准确性、体力、速度和知觉能力；机器的特点是作用力大、速度快、连续作业能力和耐久性能好等，而机器的功能限度是性能维持能力、正常动作、判断能力、造价及运营费用等。

人与机器的不同特性及优缺点比较见表9-1。

表9-1　人与机器的不同特性及优缺点比较

项目	机器	人
速度	占优势	时间延时为1s
计算	快且精确，但不善于修正误差	慢且易产生误差，但善于修正误差
智力	无（智能机例外）	能应付意外事件和不可能预测事件，并能采取预防措施
记忆	最适用于文字的再现和长期存储	可存储大量信息，并进行多种途径的存储，擅长对原因和策略的记忆
检测	物理量的检测范围广泛而准确；能够检测人所不能检测的电磁波	感觉器官：具有同认识直接联系的高度检测能力，没有固定的标准值，易产生漂移；具有味觉、嗅觉和触觉
操作	速度、精度、力与功率的大小、操作范围和耐久性远优于人；对液体的、气体的、粉状体的处理技巧比人优越，但是对于柔软物体的处理不及人	操作器官：特别是手具有非常多的自由度，并且各自由度能够极其巧妙地协调控制，可做多种运动；来自视觉、听觉、变位和质量的感觉等高级信息，被完美地反射到操作器官的控制，从而进行高级的运动
效率	若具备复杂功能，则质量增加并要有大的功率；应按照适用的目的设计必要机能，避免浪费；即使万一发生损坏也没有关系，因此可在危险环境下使用	相当于一台轻小型的机器，功率在100W以下；必须饮食；必须进行教育和训练；对于安全必须采取万无一失的措施
信息处理	按照预先安排的程序，对于精度、正确的操作数据处理而言，人不如机器；记忆准确，经久不忘；记忆不太多的时候，取出速度快；擅于演绎，不易改变其演绎程序	认识、思维和判断；具有发现特征的本领，特性的认识、联想和发明创造等高级思维活动；丰富的记忆、高度的经验；擅长归纳，容易改变其推理程序
持续性	有必要进行适当的维修；对于连续的、单调的操作作业也能持久	容易疲劳，不能长时间连续工作，必须适当地休息、休养、保健和娱乐；受性别、年龄和健康状态等影响；不宜于做缺乏刺激及无用的单调作业

（续）

项目	机器	人
可靠性	与成本有关。按照适当的设计而制造的机器完成预先规定作业的可靠性高，但对于预想之外的情况则完全无能为力；特性一定、完全没有变化；在超负荷条件下可靠性突降	就人脑而言，其可靠性远远超过机械，但在极度疲劳与紧急事态下，很可能变得极不可靠；在突然紧急状态下完全不能应付的可能性大，作业因意欲、责任心、体质或精神上的健康情况等心理或生理条件而变化；易于出现意外的差错；不仅在个性上有差别，而且在经验上也不相同，并且能影响他人；若时间富裕、精力充沛，则处理预想之外的事情也就多
联络	和人之间的联络及其方法极其有限	和人之间的联络容易；人与人之间关系的管理很重要
适应性	对于专用机器而言，不可能改变用途；容易做合理化的处理	由于教育、训练能够适应处理多方面的困难
灵敏度	具有某些超人的感觉，如有感觉电离辐射的能力	在较宽的能量范围内承受刺激因素，支配感受器适应刺激因素的变化，如眼睛能感受各种位置、运动和颜色，善于鉴别图像，能够从高噪声中分辨信号，易受（超过规定限度的）热、冷、噪声和振动的影响
成本	购置费和运行维修费；机器一旦不能使用时，失去的仅仅是这台机器的价值	除了工资之外，必须考虑社保费用、福利费用、教育经费以及其他和人工成本等；意外时可能失去生命
其他		人具有独特的欲望，希望被人重视；必须生活在社会之中，不然，由于孤独感、疏远感就会影响工作能力；个人之间差别大；必须考虑人的尊严和人道主义

9.3 人机功能匹配

从人机不同特性及其优缺点的比较中可以看出，人与机相差甚远。这就需要合理地分配人与机器的功能，使人体特性与机器特性做到合理匹配和互补，并纠正单纯追求机械化、自动化的倾向，充分发挥人的功能。

9.3.1 人机功能匹配的定义、内涵与原则

对人和机的特性进行权衡分析，将系统的不同功能恰当地分配给人或机，称为人机功能分配。

人机功能分配就是通过合理地分配功能，将人与机器的优点结合起来，取长补短，从而构成高效与安全的人机系统。由人机特性比较可以看出人机各有所长，根据两者特性利弊进行分析，将系统的不同功能合理地分配给人或机器，是提高人机系统效率的关键，同时也是确保安全的有效途径之一。

人与机器的结合形式，依据复杂程度不同可分为劳动者－工具、操作者－机器、监控者－自动化机器、监督者－智能机器等几种。机器的自动化与智能化使操纵复杂程度提高，因而对操纵者提出了严格要求。同时操纵者的功能限制也对机器设计提出了特殊要求。人机结合的原则改变了传统的只考虑机器设计的思想，提出了同时考虑人与机器两方面因素，即在

机器设计的同时把人看成是有知觉有技术的控制机、能量转换机、信息处理机。凡需要由感官指导的间歇操作，要留出足够的间歇时间；机器设计中，要使操纵要求低于人的反应速度，这便是获得最佳效果的设计思想。在这种思想指导下，机器设计（应为广义机器）就与工作设计（含人员培训、岗位设计、动作设计等）结合起来了。

人机匹配除合理进行人机功能分配外，实现人和机的相互配合也是很重要的。一方面需要人监控机器，即使是完全自动化的人机系统也必须有人监视，如高速火车的中央控制系统，在异常情况出现时必须由人做出判断，下达指令，使系统恢复正常；另一方面，需要机器监督人，以防止人为失误时导致整个系统发生故障，人易产生失误，在系统中设置相应的安全装置非常必要，如火车的自动停车装置等。

人机匹配的具体内容还包括显示器与人的信息感觉通道特性的匹配，控制器与人体运动反应特性的匹配，显示器与控制器之间的匹配，环境条件与人的生理、心理及生物力学特性的匹配等。随着电子计算机和自动化的不断发展，可设计制造出具有特殊功能的智能机，这种机器所具备的功能成为人的功能的延伸，尤其是随着生物工程与生命科学的发展，人本身也会发生较大改变，因此将形成新的人机关系，使人机匹配进入新阶段，也将在新形式的人机系统中处于新的地位。

人机功能匹配是一个复杂问题，要在功能分析的基础上依据人机特性进行分配，其一般原则为：笨重的、快速的、精细的、规律性的、单调的、高阶运算的、支付大功率的、操作复杂的、环境条件恶劣的作业以及检测人不能识别的物理信号的作业，应分配给机器承担；而指令和程序的安排，图形的辨认或多种信息输入时，机器系统的监控、维修、设计、制造、故障处理及应付突然事件等工作，则由人承担。

9.3.2 人机功能匹配对人机系统的影响

过去，由于不明确人与机的匹配关系特性，使机的设计与人的功能不适应而造成的失误很多，如作战飞机的高度计等仪表的设计与人的视觉不适应是造成飞机失事的主要原因，这给人们的教训很深刻。过去的设计，总是把人和机器分开，当作彼此毫不相关的个体。事实上，机器给人以很大的影响，而人又操纵机器，相互之间是一个紧密联系的整体，不能把它们分割开来考虑。因此，首先必须掌握人体的各种特性，同时也应明了机的特性，然后才能设计出与此适应的机器。否则，人机作为一个整体（系统）就不可能安全、高效、持续而又协调地进行运转。

随着现代化的发展，操作者的工作负荷已成为一个突出的问题。在工作负荷过高的情况下，人往往出现应激反应（即生理紧张），导致重大事故的发生。如芬兰有一家锯木厂，机械化程度较高，但有些工序如裁边，还须靠手工劳动。工人对每个木块做出选择和判断的时间仅为4s，不仅要考虑木板的尺寸、形状，而且要考虑加工质量。这种工作对工人来说，不论是体力还是精神负担都较重。每个工作班到了最后一个阶段，不仅时常出现废品，而且易诱发人身事故。后来把选择和判断的时间从4s又缩短到2s，问题就更加突出。1971年，库林卡对锯木机做了一些小改革，收到一些效果。后来通过重新考虑人机之间的匹配关系，重新设计，终于造出了一台全新的自动裁边机。

在设备（机器）的设计中，必须考虑人的因素，如果不考虑人与机器的适应，那么人既不舒适也不会高效工作。

进行合理的人机功能分配，也就是使人机结合面布置得恰当，就需要从安全人机工程学的观点出发，分析人机结合面失调导致工伤事故的原因，进而采取改进对策。

在分析企业工伤事故发生原因时发现，不少事故是人为失误造成的，特别是违章操作所占比例最大，而违章操作的主要原因，有相当一部分是因为人机结合面不协调，即人机系统失调、失控而导致事故发生。如一位青年操作辊矫直机时，在违背正常操作程序的情况下，擅自打反车，也未与操作台人员联络好应急措施，用手将ϕ11mm的钢筋送入矫直辊时竟连手臂也被带入矫直辊中，造成手臂截断的事故。此事故表明，操作者首先出于贪多图快急于完成任务的心理状态，不仅违章打反车，而且双方联系脱节，连人的子系统关系也未处理得当；其次存在人机协调性差，人机结合面失调、操作姿势不当，手握钢筋位置与机器距离过近，导致来不及脱手，致使手臂连同钢筋一并卷入；最后操纵器、显示器、报警器设计上存在问题，未能达到最佳的人机匹配要求。针对这些情况，应该特别对人机结合面加以考虑，提出改进措施，以防同类事故重现。最好的办法是建立安全保护系统，如触电保护器的应用等。

9.3.3 人机功能匹配不合理表现及需要注意的问题

1. 不合理表现

人机功能匹配的不合理表现主要包括以下几个方面：

1）可以由人很好地执行的功能分配给机器，而把设备能更有效地执行的功能分配给人。如在公路行驶的汽车驾驶员应由人去执行，但要求人同时记下汽车驶过的公里数，则是不恰当的，这项工作应由机器去执行。

2）让人所承担的负荷或速度超过其能力极限。如德国某工厂安装了一台缝纫机，尽管其外形、色泽美观，但由于操作速度太快（1min可缝6000针），超出大多数人的极限，结果80名女工只有1人能坚持到底，因此其实际效率并不高。

3）不能根据人执行功能的特点而找出人机之间最适宜的相互联系的途径手段。如在不少使用压力机的工厂经常发生手指被压断的事故，就是因为在压力机设计中忽视了人的动作反应特点而造成的。当操作者左手在扒料时，除非思想度集中，否则会由于赶速度，右手又同时下意识压操纵压把而造成事故。

2. 需要注意的问题

综上人机功能匹配所述，为保证人机系统安全、高效，在进行人机功能匹配时必须注意以下几个问题：

1）信息由机器的显示器传递到人、选择适宜的信息通道、避免信息通道过载而失误，以及显示器的设计应符合安全人机工程的原则。

2）信息从人的运动器官传递给机器，应考虑人的能力极限和操作范围，所设计的控制器要安全、高效、灵敏、可靠。

3）充分利用人和机器各自的优势。

4）使人机结合面的信息通道数和传递频率不超过人的能力极限，并使机器适合大多数人的使用。

5）一定要考虑机器发生故障的可能性，以及简单排除故障的方法和使用的工具。

6）要考虑小概率事件的处理，有些偶发性事件如果对系统无明显影响，可以不必考虑，但有的事件一旦发生就会造成功能破坏，对这种事件就要事先安排监督和控制方法。

9.4 人机系统可靠性的人因分析

人的可靠性在人机系统可靠性中占有重要的地位，特别是随着科学技术的发展，机的可靠性有了很大的提高，而人的操作可靠性就显得越来越突出。对人机系统中人的可靠性及其影响因素进行分析，其目的是减少和防止人的失误，以便将人的失误概率减少到人机系统可接受的最小限度，进而提高人机系统的安全性。

9.4.1 人的可靠性影响因素

人的行为的可靠性是一个非常复杂的问题。一个活生生的人本身就是一个随时随地都在变化着的巨系统。这样一个巨系统被大量的、多维的自身变量制约着，同时又受系统中机器与环境方面的无数变量的牵涉和影响，因此，在研究人的行为的可靠性时，可采用概率的方法和因果的方法进行定量和定性的研究。

概率的方法是借助工程可靠性的概率研究来解决人的行为的可靠性定量化问题。这种方法便于和机器可靠性进行综合，从而获得系统的总的可靠性量值。但有时对人过于硬件化的描述，会造成一定程度的不准确性。

因果方法的立足点是人的行为不是随机的，而是由一定原因引起的。只要系统地分析产生某种人的行为的内部和外部原因，采取相应的措施解决它们，人的差错就会消除或减少，就会提高人的可靠性。因此，这种方法对于评价和修正人机系统设计及改进作业人员的选拔和训练都是十分有益的。

当把人作为可靠性的研究主体时，与研究产品的可靠性相比具有很大的不同。在上述人机功能匹配中，由人机功能比较结果可知，人具有自由行动的能力，有随机应变的能力，在面临伤害的关键时刻，能避免灾害性事故的发生。然而，也正是由于人有这种自由度，在处理一些事情时，不可避免地会产生失误，这就是人的不稳定性。

产品的可靠性是由产品内在质量和使用环境决定的，而影响人的可靠性的因素则要复杂得多，需要进行综合全面的分析。

人的不稳定性因素将直接影响人的操作可靠性。影响人的不稳定因素很多，且十分复杂，归纳起来主要有以下几种：

1. 生理因素

物理因素包括体力、耐久力、疾病、饥渴、厌倦、患病、有伤、酒精或药物滥用、对环境因素承受能力的限度等。

当人体处于“不适”的生理状态或滥用了一些药物时，就会造成注意力不集中，对事物的判断力减弱，进而造成人为差错的发生。当人长期从事某项工作时，会产生疲劳，这时人的神经活动协调性遭到破坏，思维准确性下降，感知系统的机能下降，记忆力减退，从而影响了对信息处理的能力。比如飞机驾驶员，在极度疲劳情况下，极易造成飞行事故。

此外，在研究人的可靠性问题时，还要特别注意大脑的意识水平影响。人的大脑意识水平的高低表示人的头脑清醒程度，是模糊、清醒，还是过度紧张，可以反映人的各种生理状态。而且这种生理状态受太阳等外界影响，呈有规律的变化。研究大脑的意识水平，对提高工作效率、确保人机系统安全有着十分重要的意义。

2. 心理因素

心理因素是指因感觉灵敏度变化引起反应速度变化，因某种刺激导致心理特性波动，如情绪低落、发呆或惊慌失措等心理变化等。它包括认识能力、情感、压力（或忧虑）、意志力、个性倾向等。认识能力是指人的感觉、知觉、记忆、想象、逻辑思维能力等。如果人的认识能力较强，就会具备良好的判断力，不易造成人为差错。

社会因素和情感对人的行为也有很大影响，比如家庭矛盾、亲人病故、升职、中奖等意外的打击或惊喜，都对人的可靠性有一定影响。意志力反映人的自我控制能力和自我约束能力。一般来说，意志力较强的人，更容易避免人为差错的发生。人在工作时的心理状态直接关系人对信息处理的可靠性。如生活上的压力、工作态度和责任心不强、感情的不稳定性等，都会造成工作时的精力不集中而引起失误。而个性倾向反映了人与人之间在整个精神面貌上的差异，其核心是需要、动机、兴趣、爱好、理想、信念、世界观及抱负水准等，它制约着人的全部心理活动的方向和行为的社会价值。比如，具有较高抱负水准的人，就具有较强的责任心，从而具有较高的可靠性，更不易发生人为差错。

心理压力是影响人的动作及其可靠性的重要方面，显然，人承受过重的压力，可能造成人为差错。研究表明，人的工作效率与忧虑或者压力之间的关系如图9-3所示。由图可知，压力并不是消极的，适度的压力是有益，能使人的效率提高到最佳状态；否则，压力过低时人会觉得没有挑战、变得迟钝，如区域Ⅰ。承受压力过重，将引起人的工作效率急剧下降，发生人为差错的概率比在适度的压力下工作时要高，如区域Ⅱ。

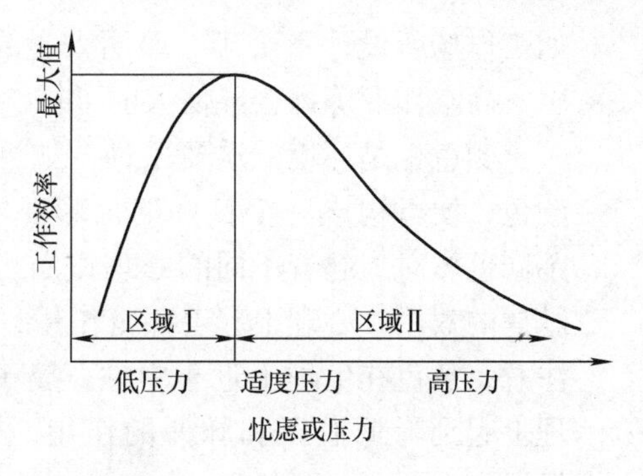

图9-3 人的工作效率与忧虑或压力之间关系

3. 个人素质

个人素质包括训练程度、操作熟练程度、经验多少、技术水平高低、技巧性与责任心强弱等。

经过一定时间的训练，可以大幅提高人的可靠性。经过训练和培养的作业人员可以在大脑中存储和长期记忆许多正确的经验，这些经验越多，人在处理信息时就会从记忆中提取正确的决定方式。否则在处理信息当中，由于经验不足、能力低、责任性差等，就会造成误处理，尤其是对于一些复杂信息的处理。

科学家曾做过这样的试验：一组未经训练的人员，完成一定数量的电话接线工作，第一个小时的平均差错率为2.3%，同一组人员经过第二个小时的培训之后，第三个小时的平均差错率降为1.2%。这是因为操作人员经过第一个小时的操作及第二个小时的培训，其熟练性、经验性及技巧性方面都有所提高，从而使人为差错大幅减少。

4. 管理因素

管理因素包括管理方法、规章制度等。

管理方法确定了，规章制度制定了，而且人员也按制度执行了是不是就一定能够避免人为差错的发生呢？也不能肯定，因为管理方法是不断发展变化的，如现在飞机维修行业普遍应用的可靠性维修管理方法，就是在传统的维修方法中发展起来的。而规章制度也是人定的，本身可能存在缺陷和错误，有时甚至成为造成人为差错的直接原因。

如某航空公司某型飞机的发动机叶片，按生产厂家的规定要求5000h更换，但只飞了4900h，便由机务维修人员发现多个叶片根部存在裂纹，及时进行了更换。把信息反馈给生产厂家，生产厂家经过复查发现原因在于数据计算发生错误，叶片的实际寿命应为4800h。正是由于机务维修人员的细致认真，及时发现了这起“制度上的错误”，避免了重大事故的发生。

5. 环境因素

环境因素包括工作场所的设计布局、照明、温度、湿度、噪声、振动、粉尘、高空、气味及色彩等。如果对新环境和作业不适应，或者由于温度、气压、供氧、照明等环境条件的变化不符合要求，以及振动和噪声的影响，会引起操作者生理、心理上的不舒适。

环境因素对人的可靠性影响很大，当人处于一个不良的工作环境，比如工作场所设计不合理，照明太亮或太暗，温度、湿度太高或太低，高噪声、高空作业等都会降低人的可靠性。

颜色也是环境的重要条件，如果在工作场所及操作设备上运用合理的颜色，便可构成一个良好的色彩环境，从而提高人的可靠性。研究表明，不同色彩对人起着不同的心理作用。如红色在生理上起着增高血压及加快脉搏的效用，心理上起着兴奋作用，适用于一些警示性标志，提醒操作者注意；黄色在生理上近于中性，属于暖色，适于一般工作场所；绿色在生理上起到降低血压和脉搏的作用，心理上起镇静作用，适用于工余休息场所。

6. 操作因素

操作因素包括操作的连续性、反复性，操作时间长短，操作速度、频率及灵活性等，以及相关使用规程等。

如某航空公司机务维修人员在排除飞机自动驾驶系统的故障过程中，正、负插头操作失误，起飞后不久即空中解体，发生特大飞行事故。这起人为差错除了维修人员未按程序操作，检查人员未按要求进行检验外，还由于该插头安装位置隐蔽，目视检查难度很大，而且两个插头的规格和形状完全相同，没有防止错误设计所造成的。

9.4.2 人为失误分析

所谓人为失误分析，是从人的行为、动机和心理状态开始，研究产生人为失误造成不安全动作的主要原因。

1. 人为失误的定义

经统计分析，在人机系统失效中人为失误可达80%。从可靠性工程角度，将人为失误定义为：在规定的时间和规定的条件下，人没有完成分配给他的功能。表9-2是美国各类系统人为失误造成系统失效的统计数据。

人为失误贯穿在整个生产过程中，从接受信息、处理信息到决策行动等各个阶段都可能产生失误。例如，在操作过程中，各种刺激（信息）不断出现，它们需要操作者接受、辨识、处理与反馈，若操作者能给予正确或恰当反馈，事故可能不会发生，伤害也不会发生；若操作者做出错误或不恰当的反馈，即出现失误。并且客观上存在着不安全因素或危险因素时，能否造成伤害，还取决于各种随机因素，既可能造成伤害事故，也可能不造成伤害事故。

2. 人为失误的类型

人为失误总体上归结起来有以下四种类型：

1）没有执行分配给他的功能。

2）执行了没有分配给他的功能。

3）错误地执行了分配给他的功能。

4）按错误的程序或错误的时间执行了分配给他的任务。

表 9-2 美国各类系统人为失误造成系统失效的统计数据

系统名称	失效类型	统计试样	人的失误
导弹	导弹失效	9 枚导弹系统	20% ~53%
导弹	主要系统失效	122 次失效	35%
核武器	检察人员检查出生产中的缺陷	23000 个缺陷	82%
核武器	检察人员不能查出生产中的缺陷	长期生产中的随机抽样	28%
电子系统	人初始引入的错误	1820 份故障报告	23% ~45%
导弹	仪表故障	1425 份故障报告	20%
导弹	人初始引入的错误	35000 份故障报告	20% ~30%
各类系统	工程设计中的总结	—	2% ~42%
飞机	事故	—	60%
核电站	人的误操作	30 次潜在事故	70% ~80%

另外，人为失误也可能是由于机器在设计、制造、组装、检查、维修等方面的失误造成机器或系统的潜在隐患而诱发操作中的各种失误，即系统开发到哪个阶段，人就可能发生哪些失误。因此，从人机系统发展阶段来区分，人为失误可以归纳为以下几类：

1）设计失误。如不恰当的人机功能分配，没有按安全人机工程原理设计，载荷拟定不当，计算用的数学模型错误，选用材料不当，机构或结构形式不妥，计算差错，经验参数选择不当，显示器与控制器距离太远，使操作感到不便等。

2）制造失误。如使用不合适的工具，采用了不合格的零件或错误的材料，以及不合理的加工工艺。加工环境与使用环境相差较大，作业场所或车间配置不当，没有按设计要求进行制造等。

3）组装失误。如错装零件，装错位置，调整错误，接错电线等。

4）检验失误。如安装了不符合要求的材料、不合格配件及不合理的工艺方法，或允许有违反安全工程要求的情况存在等。

5）维护失误。指设备的维修保养不正确。

6）操作失误。操作中除使用程序差错、使用工具不当、记忆或注意失误外，主要是信息的确认、解释、判断和操作动作的失误。

7）管理失误。管理出现松懈现象。

3. 人为失误的后果

人为失误产生的后果，取决于人失误的程度及机器安全系统的功能。其失误后果可归纳为以下五种情况：

1）失误对系统未发生影响，因为发生失误时做了及时纠正，或机器可靠性高，具有较完善的安全设施，例如压力机上的双按钮开关。

2）失误对系统有潜在的影响，如削弱了系统的过载能力等。

3）为纠正失误，须修正工作程序，因而推迟了作业进程。

4）因失误造成事故，产生了机器损坏或人员受伤，但系统尚可修复。

5）因人的失误导致重大事故发生，造成机毁人亡，使系统完全失效。

人为失误产生的不安全后果，除与操作人员本身的因素有关之外，指挥不利或违章指挥也是重要的有关因素，并且在大多数情况下是引起不安全后果的基本原因。因此，在安全生产中，除建立严格的作业标准外，还需加强企业领导的安全管理水平。

4. 人为失误的原因

造成人为失误的原因很多，从安全人机工程的角度，可将人为失误的原因归纳为以下三点：

1）设计机器时，对人机结合面的设计没有很好地进行安全人机工程研究，致使机器系统本身潜藏着操作失误的可能性。如由于显示和操纵控制装置设计不当，不符合安全人机工程要求，不适宜人的生理、心理及人体生物力学特性，产生错觉失误（视错觉、听错觉、触错觉等）；操纵不便，易产生疲劳；作业环境恶劣，如空间不足，温湿度不适，照明不足，振动及噪声过大等，这些都是诱发人产生失误的因素。

2）由于操作者本身的因素，不能与机器系统协调而导致失误。包括人的不稳定因素，如疲劳、体质差等生理因素和注意力不集中、情绪不稳定、单调等心理因素，使大脑觉醒水平下降；人的技术素质较低，缺乏实践经验，缺乏对危险性的认识，安全教育训练不够，不懂危险，从而进行不安全作业；由于训练不足，操作技术不熟练，操作方法上不合理、不均衡或做无用功；对设备或工具的性能、特点掌握不充分，安排不周密就开始作业，因仓促而导致危险作业；不安全地放置物件，使工作环境存在不安全因素等。

3）安全管理不当。如计划不周，决策错误；作业程序不当，监督不严格，操作规程不健全，作业管理混乱，相互配合不好，在运行的机器和设备上检修、清扫、注油等，违章作业自由泛滥；监督检查不力，取下安全装置，使机器、设备处于不安全状态；要求不当；信息传达错误；劳动组织不严密，走捷径，图方便，忽略安全程序，接近危险场所时无防护装置；安全教育、培训措施不力等。

应该指出，由于造成人为失误的原因比较复杂，而且各原因之间还可能有相互交叉影响的情况，在操作者身上反映出来的失误，一般都是多种原因影响的综合结果。

5. 人为失误中不安全行为具体分析

由于千差万别的个性，人的自由度比机器大得多。每个人的心理特征和心理状态要在人机系统中得到协调一致，是一个非常复杂的问题。为此，要根据人的共性和人的信息特征来深入研究和分析操作人员容易产生不安全行为的基本原因及事故发生的一般规律，从而采取必要措施来减少人为失误，保证安全生产。

分析1：忘记、看错、念错、想错造成记忆与判断的失误。

通常人们在应急的瞬间忘记了危险。例如有一伏案设计的电气工程师，突然想起要测一下变电站电动机的某一尺寸。在这种情况下没有换工作服，而是穿着宽松的长袖衫到低矮的变电间屈身去实测。正当测量之时长袖衫脱卷，它下意识地举起右手，并用左手去卷右衣袖，结果右手指尖接触电线，触电死亡。这就是在完全应急的情况下忘记了危险的不安全行为。防止的办法就是采用连锁断电或根本禁止进入这种带电场所。

也有正在作业之时，突然外来干扰（如电话打入、别人召唤、环境吸引）使作业中断，等到继续作业时忘记了应注意的安全问题。

对信息看错、念错、想错的原因通常有：信号显示不够完善，人机界面设计不合理；存在环境干扰，致使输入信息紊乱；人本身的感知性能低下。

分析2：因循守旧，弃难就易图省力、走捷径而造成违章作业。通常是由于系统的变化和更新改变了作业工序。

工人对已经掌握的操作方法和工艺流程已形成习惯。因为人长期工作，运用自如的操作已经通过信息输入－判断－功率输出的全过程渗透于脑、其他神经、肌肉和四肢，形成了一套成熟的人机程序，因此人们对新的安全装置、新的工艺和工具设备就会感到不太得心应手，有些人便采取走捷径找窍门的办法，不执行新工艺，不用新工具，而且一经试行，取得一点甜头就会长此以往，重复照干，相互感染，成为恶习，而有意漏掉了安全工序，为整个系统埋下了不安全因素。

例如，某热轧车间，一挂吊工与起重机司机配合进行钢管的包装作业，即将已捆扎后的钢管吊运到小车上。这是一个较简单的作业且长时间形成了一种习惯性的配合作业。一次，挂吊工在完成挂吊之后，突然发现小车上的隔杠窜动，他即上小车拔隔杠，这时司机将刚挂吊完的一捆钢管吊起，恰好落在挂吊工的后背上，挂吊工被重压而死。

本例中，司机与挂吊工都是受习惯作业的影响，司机没有认真瞭望和确认被吊物下是否有人就盲目落钩，挂吊工认为人在小车上，司机不能落钩，也没有进行正常的联系。同时，挂吊工与司机都疏漏了安全工序。因为起重机司机应服从挂吊工的指挥，而挂吊工必须正确地发出信号。

分析3：体力不支、疲劳和异常状态下易发生事故。

年龄大、身体动作迟缓、反应迟钝的老工人，在矿山露天开采作业中遭受滚石伤害的概率，要比身轻敏捷的年轻工人大，这是实践中人所共知的。人在疲劳时对输入信息的判断能力下降，输出动作缺乏准确性，容易产生不安全行为。所以，人在连续劳动、加班加点或激烈运动之后不易正确控制自己的动作，应在工间稍加休息。

人在异常状态下，特别是当发生意外事件、生命攸关之际，接受信息的瞬间十分紧张而引起冲动，对信息的方向性不能选择和过滤，只能将注意集中于眼前的事物之一而无暇他顾，产生行为失误，造成危险。如某矿两工人在独头巷道掘进中放炮未完而矿灯熄灭，由于紧张和摸黑向外跑，结果迷失了方向，又摸回了原处，炮响导致一死一伤。某工人在巷道中坐在空车道上等矿车，突然来了重车，该工人由于睡眼蒙眬竟向重车迎面跑去，致使被压身亡。这些都是在异常状态下的不安全行为所致。

分析 4：选错操纵装置，记错操纵方向和错误调整而引起操作失误。

选错操纵装置的原因有：操纵器的各种编码不明显及操作人员对各种操纵器不深入了解和掌握所致。失去方向性，搞错开关的正反方向，如要“前进”却按了“后退”按钮，致使井下巷道装岩机司机将自己挤压于岩壁而死亡。有的设备运行方向与人的习惯方向相反，也易引起误操作。此外由于技术不熟练，对复杂操作产生调整错误。

9.4.3 人因差错的表现类型

影响并降低人员可靠性的直接原因是人因差错，其导致的后果是人的操作失误，最终后果将是事故的发生。所以人因差错可由人的行为特征来划分。

1. 意识差错

人的操作由大脑支配，然而人在某种时刻由于某种原因可能意识状态不正常，如神志恍惚，精神过度疲劳，酒后驾车，生气或亢奋状态中的操作等。另外，意识差错也包括由某种原因导致的疏忽造成的失误。

2. 知觉差错

接到操作指令或装备反馈时，由于知觉器官对信息的接收产生了失误导致操作者做了错误的理解和判断，可产生由于听觉不灵、视觉不清、触觉不明等，即知觉器官失灵而造成输入指令或信息失真引发的失误，如听错指令、读错仪表参数等。

3. 判断差错

操作中要收到各种信息反馈，经过思维分析判断处理后，将控制操作行为。但这种判断或信息处理由于心理或技术水平等原因可能造成判断差错导致操作失误，如由于对起重机某负荷下的相应起重量不清而造成的超载事故。

4. 识别差错

工作中操作者对控制系统的杆、键、钮等识别发生错误或未经识别就进行习惯性动作而造成的失误。

5. 时间差错

操作中由于对操作时间掌握不准，未适时按预定程序或正确的循环操作，超前或滞后而贻误时机及对某些突发事件或情况反应迟缓，处理不及时均属时间差错。

6. 次序差错

具体操作行为中违反了操作程序，打乱或破坏了工作应遵循的程序或操作次序不合理。

7. 力度差错

操作力度不适合，动作过快、过猛或不足，如起重吊装作业中，回转、提升速度过快造成惯性力过大，吊钩摆动引起钢丝绳断裂或悬吊的物体坠落，此外手脚动作的惯性和干扰造成的失误也属于力度差错。

8. 违章操作

为抢工期或迫于某种压力（如上级、指挥者等）而故意违章作业并存在侥幸心理，全然不顾设备能力和实际情况或马虎大意、粗暴操作而造成的事故。

9.4.4 人的认知可靠性模型

人的认知可靠性（Human Cognitive Reliability，HCR）模型在分析人的可靠性时，以认知心理学为基础，着重研究人在应激情景下的动态认知过程，包括探查、诊断、决策等意向行为，探究人的失误机理并建立模型。

人的认知可靠性模型是由 Hannaman 等人提出的，主要用于时间紧迫的应激条件下操作者不反应概率的定量评价。HCR 模型是在 Rasmussen 提出的行为的三种类型的假定基础上形成的，即技能型、规则型和知识型，见表 9-3 和图 9-4。

表 9-3　人的行为类型分类

行为类型	内　容
技能型行为	这种行为是指在信息输入与人的反应之间存在非常密切的耦合关系，它不完全依赖于给定任务的复杂性，而只依赖于人员培训水平和完成该任务的经验。这种行为的重要特点是它不需要人对显示信息进行解释，而是下意识地对信息给予反应操作
规则型行为	这种行为是由一组规则或程序所控制和支配的，它与技能行为的主要不同点是来自对实践的了解或者掌握的程度，如果规则没有很好地经过实践检验，那么人们就不得不对每项规则进行重复和校对，在这种情况下，人的反应可能由于时间短、认知过程慢、对理解差等而产生失误
知识型行为	这种行为是发生在当前情景状况不清楚、目标状态出现矛盾或者完全未遭遇过的新鲜情景环境下，操作人员须依靠自己的知识经验进行分析诊断和制订决策。这种知识行为的失误概率很大，在当今的人为失误研究中占据重要的地位

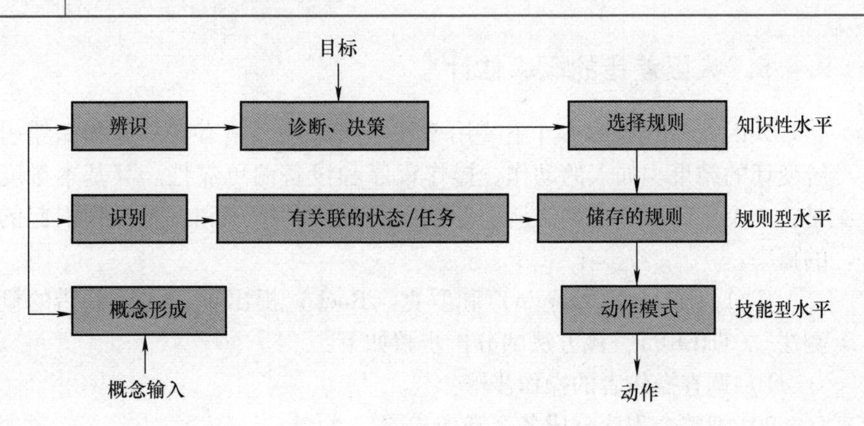

图 9-4
人的行为的三种认知水平

对应表9-3中的三种行为类型，根据某核电厂模拟机试验的结果可以得到相应的三条时间－人员不反应概率曲线，如图9-5所示。

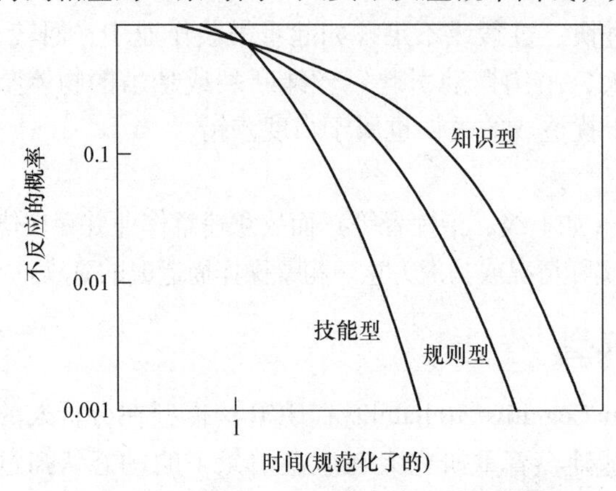

图 9-5 HCR 模型曲线

其中，时间是实际反应时间与完成操作的中值时间 $T_{1/2}$ 之比所得的规范化时间，这三条曲线可以用三参数的威布尔分布来描述，即

$$P(t)=\begin{cases} e^{-\frac{\left(\frac{t}{T_{1/2}}-C_{\gamma i}\right)\beta_i}{C_{\eta i}}}; & \frac{t}{T_{1/2}} \geqslant C_{\gamma i} \\ 1.0; & \frac{t}{T_{1/2}} < C_{\gamma i} \end{cases} \tag{9-2}$$

式中　$T_{1/2}$——操作者完成某项任务所用的中值时间；

$C_{\eta i}$、β_i、$C_{\gamma i}$——与 i 类认知行为相关的尺寸、形状、位置参数，见图9-5和表9-4；

$P(t)$——操作者在 t 时刻的不反应概率。

表 9-4 HRC 模型中威布尔分布参数

行为类型	$C_{\eta i}$	β_i	$C_{\gamma i}$
技能型	0.407	1.2	0.7
规则性	0.601	0.9	0.7
知识型	0.791	0.8	0.4

9.4.5 人因差错的概率估计

人因差错的概率估计主要用于评估与某些因素有关的人为差错引起系统变坏的结果。如人的动作、操作程序和设备的可靠性。其基本量度方法是：一个差错或一组差错所引起的系统故障的概率和一种操作引起的差错的概率。

1961年，斯温（Swain）和罗克（Rock）提出了“人因差错的概率预测法”（THERP），该方法的分析步骤如下：

1）调查操作者的操作步骤。

2）把整个程序分成各个操作步骤。

3）把操作步骤再分成单个动作。

4）根据经验或试验得出每个动作的可靠度（表9-5）。

5）求出各个动作的可靠度之积，得到每个操作步骤的可靠度。

6）求出各操作步骤的可靠度之积，得到整个程序的可靠度。

7）求出整个程序的不可靠度，即人因差错概率。

人因差错概率是对人的动作概率的基本度量，格林（Green）和伯恩（Bourne）对人因差错概率的定义为

$$F_{he} = \frac{E_n}{O_{pe}} \tag{9-3}$$

式中 O_{pe}——发生错误机会的总次数；

E_n——已知给定类型错误的总次数；

F_{he}——在完成规定任务时人因差错发生的概率（不可靠度）。

表9-5　人的行为可靠度

行为类型	可靠度	行为类型	可靠度
阅读技术说明书	0.9918	分析锈蚀和腐蚀	0.9963
读取时间（扫描记录仪）	0.9921	分析O形环状物	0.9965
读电流计或流量计	0.9945	阅读记录	0.9966
分析电压和电平	0.9955	分析凹陷、裂纹和划伤	0.9967
确定多位置电气开关的位置	0.9957	读压力计	0.9969
在位置上标注符号	0.9958	分析老化和防护罩	0.9969
安装安全锁具	0.9961	固定螺母、螺钉和销子	0.9970
分析真空管失真	0.9961	使用垫圈胶合剂	0.9971
安装鱼形夹	0.9961	连接电缆（安装螺钉）	0.9972
安装垫圈	0.9962		

9.5　人机系统的可靠性指标

9.5.1　人机系统的故障率

人的操作故障受多种因素的影响，综合起来包括5种情况：①忘记做某项工作，做错了某项工作；②采取了不应采取的工作步骤；③没按规程完成某项工作；④没在预定时间内完成某项工作；⑤环境的不良导致操作错误。

就某一动作而言，人的基本可靠度R可表示为

$$R = R_1R_2R_3 \tag{9-4}$$

式中 R_1——与输入有关的可靠度，如声、光信号传入人的耳、眼等器官；

R_2——与判断有关的可靠度，如信号传入大脑，并进行判断；

R_3——与输出有关的可靠度，如根据判断做出反应。

R_1、R_2、R_3 参考值见表 9-6。

表 9-6 R_1、R_2、R_3 参考值

类型	影响因素	R_1	R_2	R_3
简单	变量不超过 10 个，人机工程学上考虑全面	0.9995 ~ 0.9999	0.9990	0.9995 ~ 0.9999
一般	变量超过 10 个，人机工程学上考虑全面	0.9990 ~ 0.9995	0.9950	0.9990 ~ 0.9995
复杂	变量超过 10 个，人机工程学上考虑不全面	0.9900 ~ 0.9990	0.9900	0.9900 ~ 0.9990

由 R 可计算人的某一动作失误的概率 F，即

$$F = k(1 - R) = abcde(1 - R) \tag{9-5}$$

式中 a——作业时间系数；

b——操作频率系数；

c——危险状况系数；

d——心理、生理条件系数；

e——环境条件系数。

各参数的取值范围见表 9-7。

表 9-7 a、b、c、d、e 的取值范围

参数	项目	内容	取值范围
a	作业时间	有充足的富余时间	1.0
		没有充足的富余时间	1.0 ~ 3.0
		完全没有富余时间	3.0 ~ 10.0
b	操作频率	频率适当	1.0
		连续操作	1.0 ~ 3.0
		很少操作	3.0 ~ 10.0
c	危险状况	即使误操作也很安全	1.0
		误操作时危险性大	1.0 ~ 3.0
		误操作时有产生重大危害的风险	3.0 ~ 10.0
d	心理、生理条件	教育、训练、健康状况、疲劳、愿望等综合条件好	1.0
		综合条件不好	1.0 ~ 3.0
		综合条件很差	3.0 ~ 10.0
e	环境条件	综合条件较好	1.0
		综合条件不好	1.0 ~ 3.0
		综合条件很差	3.0 ~ 10.0

机械的故障率（失效率）可以通过系统长期的运行经验和查表得到系统运行过程粗略估计的平均故障间隔期，在认为机器的失效遵守指数分布的前提条件下，平均故障间隔期的倒数就是所观测对象（元件或部件）的故障率。例如，某元件现场使用条件下的平均故障间隔期为 4000h，则其故障率（失效）为 2.5×10^{-4}/h。

如果系统运行是周期的，也可将周期化为小时。机械故障率（失效率）

数据见表9-8。

表9-8　机械故障率（失效率）数据

项目		故障率/（1/h）	
		观测值	建议值
机械杠杆、链条、托架等		$10^{-6}\sim10^{-9}$	10^{-6}
电阻、电容、线圈等		$10^{-6}\sim10^{-9}$	10^{-6}
固体晶体管、半导体		$10^{-6}\sim10^{-9}$	10^{-6}
电气连接	焊接	$10^{-7}\sim10^{-9}$	10^{-8}
	螺栓连接	$10^{-4}\sim10^{-6}$	10^{-5}
	电子管	$10^{-4}\sim10^{-6}$	10^{-5}
	热电偶	—	10^{-6}
	V带	$10^{-4}\sim10^{-5}$	10^{-4}
	摩擦制动器	$10^{-4}\sim10^{-5}$	10^{-4}
管路	焊接连接破裂	—	10^{-9}
	法兰连接破裂	—	10^{-7}
	螺口连接破裂	—	10^{-5}
	由于膨胀连接破裂	—	10^{-5}
	冷容器破裂	—	10^{-9}
	电（气）动调节阀等	$10^{-4}\sim10^{-7}$	10^{-5}
	继电器、开关等	$10^{-4}\sim10^{-6}$	10^{-5}
	断路器（自动防止故障）	$10^{-5}\sim10^{-6}$	10^{-5}
	配电变压器	$10^{-5}\sim10^{-8}$	10^{-5}
	安全阀（自动防止故障）	—	10^{-6}
	安全阀（每次过压）	—	10^{-4}
	仪表传感器	$10^{-4}\sim10^{-7}$	10^{-5}
仪表指示器、记录器、控制器等	气动	$10^{-3}\sim10^{-5}$	10^{-4}
	电动	$10^{-4}\sim10^{-6}$	10^{-5}
	人对重复刺激响应的失误	$10^{-2}\sim10^{-3}$	10^{-2}
	离心泵、压缩机、循环机	$10^{-3}\sim10^{-6}$	10^{-4}
	蒸汽透平	$10^{-4}\sim10^{-5}$	10^{-4}
	往复泵、比例泵	$10^{-3}\sim10^{-6}$	10^{-4}
	内燃机（汽油机）	$10^{-3}\sim10^{-5}$	10^{-5}
	内燃机（采油机）	$10^{-3}\sim10^{-4}$	10^{-4}

9.5.2　人机系统的可靠度

人机系统的可靠度是由人的可靠度和机的可靠度组成的。机的可靠度可以通过大量统计学数据得到。人的可靠度的确定包括人的信息接收的可靠度、信息判断的可靠度和信息处理的可靠度。

对部件可靠性差的场合，一般处理方式是适当地选择冗余系统。特别是在人机系统中，人作为部件之一介入系统，为提高其可靠性，也需要采用这一系统。例如大型客机的飞机驾驶员往往配备两名，同时在驾驶室左、右位置上配备了相同的仪表和操纵设备，以减少人的失误对飞机造成的威胁。

人机系统的可靠度可根据不同的系统模型来求出，通常情况下可将人机系统看成串联系统，如图9-6所示。从人机系统考虑，如将环境作为干扰因素，而且此处假设环境是符合指标要求的，若设其可靠度为1，则人机系统的可靠度为

$$R_S = R_{人} R_{机} = R_{人} R_{机器} = R_H R_M \tag{9-6}$$

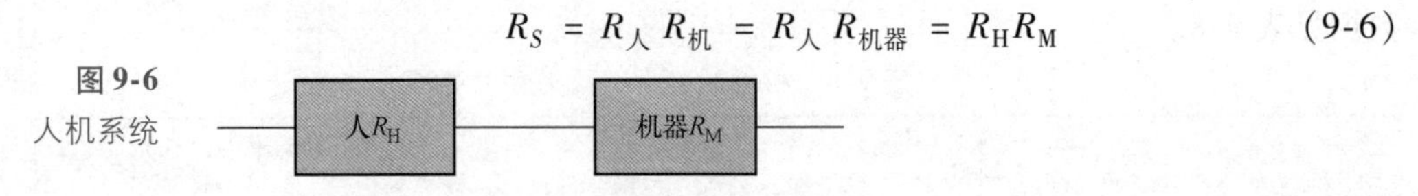

图 9-6
人机系统

1. 连续作业时人的可靠度计算

在作业时间内连续进行监视和操纵的作业称为连续作业。例如，汽车驾驶员连续观察线路，并连续操作方向盘；控制人员连续观测仪表，并连续调节流量等。

连续性作业可靠度一般用指数分布失效求得

$$R(t) = e^{-\int_0^t \lambda(t)\,dt} \tag{9-7}$$

式中 R——连续作业时人的可靠度；

t——连续工作时间（h）；

$\lambda(t)$——t时间内人的失效率。

例 9-1 某人连续工作的失效率 $\lambda(t)=0.001/\mathrm{h}$，试计算他工作 500h 的可靠度。

解：由式（9-7）得

$$R(500) = e^{-\int_0^{500} \lambda(t)\,dt} = e^{-0.001\times500} = 0.6065$$

2. 间歇性作业时人的可靠度计算

在作业时间内不连续地观察和作业，称为间歇性作业。例如，汽车驾驶员观察汽车上的仪表、换挡、制动等，起重机操作人员观察吊具、建筑物、换挡和制动等动作。对间歇性作业一般采用失败动作的次数来描述可靠度，其计算公式为

$$R_H = 1 - P\left(\frac{n}{N}\right) \tag{9-8}$$

式中 N——总动作次数；

n——失败动作次数；

P——概率符号。

3. 考虑外部环境因素时人的可靠度计算

考虑外部环境因素时人的可靠度 R_H 计算公式为

$$R_H = 1 - abcde(1 - R) \tag{9-9}$$

式中 a——作业时间系数；

b——作业操作频率；

c——作业危险度系数；

d——作业生理和心理条件系数；

e——作业环境条件系数；

$(1-R)$——作业的不可靠度。

R 可根据式（9-4）求出，其他参数参考表 9-7 选取。

4. 两人监控人机系统的可靠度计算

当系统由两人监控时，一旦发生异常情况应立即切断电源。该系统有以下两种控制情形：

1）异常状况时，操作者切断电源的可靠度为 R_{Hb}（正确操作的概率）：

$$R_{Hb} = 1 - (1 - R_1)(1 - R_2) \tag{9-10}$$

2）正常状况时，操作者不切断电源的可靠度为（不产生误动作的概率）：

$$R_{Hb} = R_1 R_2 \tag{9-11}$$

由式（9-10）可知，异常状况时两人控制的可靠度比一人控制的系统增大了；由式（9-11）可知，正常状况时两人控制的可靠度比一人控制的系统减少了，即产生误操作的概率增大了。

从监视的角度考虑，首要问题是避免异常状况时的危险，即保证异常状况时切断电源的可靠度，而提高正常情况下不误操作的可靠度则是次要的，因此这个监控系统是可行的。

所以两人监控的人机系统的可靠度 R_{Sr} 为：

异常情况

$$R'_{Sr} = R_{Hb} R_M = [1 - (1 - R_1)(1 - R_2)] R_M \tag{9-12}$$

正常情况

$$R''_{Sr} = R_{Hb} R_M = R_1 R_2 R_M \tag{9-13}$$

5. 控制器监控的冗余人机系统的可靠度计算

设监控器的可靠度为 R_{mk}，则人机系统的可靠度 R_{Sk} 为

$$R_{Sk} = [1 - (1 - R_{mk} R_H)(1 - R_H)] R_M \tag{9-14}$$

6. 自动控制冗余人机系统的可靠度计算

设自动控制系统的可靠度为 R_{mz}，则人机系统的可靠度 R_{Sz} 为

$$R_{Sz} = [1 - (1 - R_{mz} R_H)(1 - R_{mz})] R_M \tag{9-15}$$

9.6 人机系统可靠性设计

9.6.1 人机系统设计方法

人机系统的设计方法包括自成体系的设计思想和与之相应的设计技术，好的设计方法和策略使设计行为科学化、系统化。

在人机系统中，把已定义的系统功能按照一定的分配原则，合理地分配给人和机器。有的系统功能分配是直接的、自然的，也有些系统功能的分配需更详尽的研究和更系统的分配方法。

系统功能的分配要充分考虑人和机器的基本界限。人的基本界限包括准确度的界限、体力的界限、知觉能力的界限、动作速度的界限。机器的基本界限包括机器性能维持能力的界限、机器正常动作的界限、机器判断能力的界限、成本费用的界限。

人和机器各有局限性，所以人机间应当彼此协调，互相补充。如笨重、重复的工作，高温剧毒等条件，对人有危害的操作及快速有规律的运算等，都适合于机器（机器人、计算机）承担；而人则适合于安排指令和程序，对机器进行监督管理、维修运营、设计调试、革新创造、故障处理等。

在长期的实践中，人们总结了系统功能分配的一般原则。

1. 比较分配原则

通过人与机器的特性比较，进行客观的和符合逻辑的分配。例如，在信息处理方面，机器的特性是按预定程序可靠度准确地处理数据，记忆可靠且易于提取，不会“遗忘”信息；人的特性是有高度的综合、归纳、联想创造的思维能力。因此在设计信息处理系统时，要根据人和机器的各处理信息的特性来进行功能分配。

2. 剩余分配原则

在功能分配时，首先考虑机器所能承担的系统功能，然后将剩余部分功能分配给人。这时，必须掌握和了解机器本身的可靠度，如果盲目地将系统功能强加于机器，则会造成系统不安全。

3. 经济分配原则

以经济效益为原则，合理恰当地进行人机功能分配。如对某一特定功能，由机器承担时，需要重新设计、生产和制造；由人来承担时，则需要培训、支付费用等。这两者的经济效益可通过比较和计算来确定功能的分配。

4. 宜人分配原则

系统的功能分配要适合于人的生理和心理的多种需求，有意识地发挥人的技能。

5. 弹性分配原则

即系统的某些功能可以同时分配给人或机器，这样人可以自由选择参与系统行为的程度。例如许多控制系统可以自动完成，也可手动完成，尤其是现代计算机的控制系统，要有多种人机接口，从而实现不同程度的人机对话。

9.6.2 人机系统可靠性设计准则

1. 系统的整体可靠性原则

从人机系统的整体可靠性出发，合理确定人与机器的功能分配，从而设计出经济可靠的人机系统。

一般情况下，机器的可靠性高于人的可靠性，实现生产的机械化和自动化，就可将人从机器的危险点和危险环境中解脱出来，从根本上提高了人机系统的可靠性。

2. 高可靠性组成单元要素原则

系统要采用经过检验的高可靠性单元要素进行设计。

3. 具有安全系数的设计原则

由于负荷条件和环境因素随时间而变化，因此可靠性也是随时间变化的函数，并且随时间的增加，可靠性在降低。因此，设计的可靠性和有关参数应具有一定的安全系数。

4. 高可靠性方式原则

为提高可靠性，宜采用冗余设计、故障安全装置、自动保险装置等高可靠度结构组合方式。

（1）系统“自动保险”装置　自动保险，就是即使是不懂业务的外行人或不熟练的人进行操作，也能保证安全，不受伤害或不出故障。

这是机器设备设计和装置设计的根本性指导思想，是本质安全化追求的目标。要通过不断完善结构，尽可能地接近这个目标。

（2）系统“故障安全”结构　故障安全，就是即使个别零部件发生故障或失效，系统性能仍不变，仍能可靠地工作。

系统安全常常以正常、准确的完成规定功能为前提。由于组成零件故障而引起系统误动作，常常导致重大事故发生。为达到功能准确性，采用保险结构方法可保证系统的可靠性。

从系统控制的功能方面看，故障安全结构有以下几种：

消极被动式：组成单元发生故障时，机器变为停止状态。

积极主动式：组成单元发生故障时，机器一面报警，一面还能短时运转。

运行操作式：即使组成单元发生故障，机器也能运行到下次的定期检查。

通常在产业系统中，大多为消极被动式结构。

5. 标准化原则

为减少故障环节，应尽可能简化结构，尽可能采用标准化结构和方式。

6. 高维修度原则

为便于检修故障，且在发生故障时易于快速修复，同时为考虑经济性和备用方便，应采用零件标准化、部件通用化、设备系列化的产品。

7. 事先进行试验和进行评价的原则

对于缺乏实践考验和实用经验的材料和方法，必须事先进行试验和科学评价，然后再根据其可靠性和安全性选用。

8. 预测和预防的原则

要事先对系统及其组成要素的可靠性和安全性进行预测。对已发现的问题加以必要改善，对易于发生故障或事故的薄弱环节和部位也要事先制订预防措施和应变措施。

9. 人机工程学原则

从正确处理人－机－环境的合理关系出发，采用人类易于使用并且差错较少的方式。

10. 技术经济性原则

不仅要考虑可靠性和安全性，还必须考虑系统的质量因素和输出功能指标。其中还包括技术功能和经济成本。

11. 审查原则

既要进行可靠性设计，又要对设计进行可靠性审查和其他专业审查，也就是要重申和贯彻各专业各行业提出的评价指标。

12. 整理准备资料和交流信息原则

为便于设计工作者进行分析、设计和评价，应充分收集和整理设计者所需要的数据和各种资料，以及有效地利用已有的实际经验。

13. 信息反馈原则

应对实际使用的经验进行分析之后，将分析结果反馈给有关部门。

14. 设立相应的组织结构原则

为实现高可靠性和高安全性的目的，应建立相应的组织结构，以便有力推进综合管理和技术开发。

9.6.3　提高人机系统可靠性的途径

1. 合理进行人机功能分配

1）对部件等系统宜选用并联组装。

2）形成冗余的人机系统：系统在运行中应让其有充足的多余时间，不能使系统无暇顾及运行中的错误情形，杜绝其失误运行。

3）系统运行时其运行频率应适度。

4）系统运行时应设置纠错装置，当操作者出现误操作时，也不能酿成系统事故。例如，计算机中的纠错系统等。

5）经过上岗前严格培训与考核，允许具有进入“稳定工作期”可靠度的人上岗操作。

2. 减少人为失误

为了提高整个人机系统的可靠性，使人机系统达到安全、高效、经济的目的，既要适合于人的生理要求，又要充分考虑操作者对操作技术的熟练程度。在确定系统的性能指标时，一方面要考虑人的主观能动性，另一方面更要顾及人的固有局限性，尽量减少人为失误，提高人的可靠性，才能使人机系统的安全可靠性大大增加。减少人为失误主要有以下几种措施：

1）使操纵者的意识水平处于良好状态。操作者产生操作失误除了机器的原因外，主要是由于操作者本身的意识水平或称觉醒水平处于低水平状态。所以，为了保证安全操作，首先应使操作者的眼、手及脚保持一定的工作量，既不会过分紧张而造成过早疲劳，也不会因工作负荷过低而处于较低的意识状态；其次从精神上消除其头脑中一切不正确的思想和情绪等心理因素，把操作者的兴趣、爱好和注意力都引导到有利于安全生产上来，变“要我安全”为“我要安全”，通过调整人的生理状态，使之始终处于良好的意识状态、有较强的安全意识，从事操作工作。

2）建立合理可行的安全规章制度与规范，并严格执行，以约束不按操作规程操作的人员的行为。建立科学的管理机制，严格按章办事是杜绝人为差错的基本途径。科学的管理机制应具备有效的防错和纠错能力。

3）加强安全教育、安全训练和技术培训。安全教育和安全训练是消除人的不安全行为的最基本措施。对不知者进行安全知识教育，对知而不能者进行安全技能教育，对既知又能而不为者进行安全态度教育。通过安全教育和安全训练，达到使操作者自觉遵守安全法规，养成正确的作业习惯，提高感知、识别、判断危险的能力，学会在异常情况下处理意外事件的能力，减少事故的发生。

4）加强专业技术培训。提高员工的综合素质，是提高人的可靠性的根本环节，通过专业技术培训，使员工有能力无差错地完成自己的工作；让员工了解工作对象的设计、制造缺陷及可靠性情况，及时把使用信息反馈给生产厂家，促使他们改进设计和制造工艺，减少缺陷，提高可靠性。

5）加强人员管理、改善工作条件、创造良好的生活工作环境，解决实际困难。把可靠性理论应用于人员管理，建立个人可靠性档案；改善员工的工作条件，把工作环境中的温度、照明、雨水、噪声对员工可靠性的影响减小到最低，使员工精神饱满、心情舒畅地投入工作中；按照人的生理特点安排工作，充分利用科学技术手段，探索和研究人的生理条件与不安全行为的关系，以便合理地安排操作者的作息时间，避免频繁倒班或连续上班，防止操作失误。

6）减少单调作业，克服单调作业导致人的失误。可从以下几个方面着手：

① 操作设计应充分考虑人的生理和心理特点，作业单调的程度取决于操作的持续时间和作业的复杂性，即组成作业的基本动作数。所谓动作由3类18个动作因素组成，即第1类的伸手、抓取、移动、定位、组合、分解、使用、松手；第2类的检查、寻找、发现、选择、计划、预置；第3类的持住、迟延、故延和休息。若要在一定时间内保持较高的工作效率，作业内容应包括10~12项以上的基本动作，至少不少于5~6项基本动作，而且基本动作的操作时间至少应不少于30s。每种基本动作都应留有瞬间的小歇（从零点几秒到几秒），以减轻工作的紧张程度。此外，操作与操作之间还应留有短暂的间歇，这是克服单调和预防疲劳的重要手段。

② 将不同种类的操作加以适当地组合，从一种单一的操作变换为另一种虽然也是单一的，但内容有所不同的操作，也能起到降低单调感觉的目的。这两种操作之间差异越大，则降低单调感觉的效果越好。从单调感比较强的操作变换到单调感比较弱的操作，效果也很明显。在单调感同样强的条件下，从紧张程度较低的操作变换为紧张程度较高的操作，效果也很好。例如，高速公路应有意地设计一定的坡度和高度，以提高驾驶员的紧张程度，这有利于交通安全。

③ 改善工作环境，科学地安排环境色彩、环境装饰及作业场所布局，可以大大减轻单调感和紧张程度。色彩的运用必须考虑工人的视觉条件、被加工物品的颜色、生产性质与劳动组织形式、工人在工作场所逗留的时间、气候、采光方式、车间污染情况、厂房的形式与大小等。此外，还必须考虑工人的心理特征和民族习惯。作业场所的布局还必须考虑当与外界隔离时产生孤独感的问题。在视野范围内若看不到有表情、言语和动作的伙伴，则很容易萌发孤独感。日本一家无线电通信设备厂曾发生过从事传送带作业的15名女工集体擅自缺勤的事件，其直接原因是女工对每天的单调作业非常厌烦。经采取新的作业布局，包括采用圆形作业台，使女工彼此之间感觉到伙伴们的工作热情，从而消除了单调感，提高了工作效率。由此可见，加强团体的凝聚力，改善人际关系也是克服单调的措施之一。

3. 对机械产品进行可靠性设计

一种可靠性产品的产生，需靠设计师综合制造、安装、使用、维修、管理等多方面反馈回来的产品的技术、经济、功能与安全信息资料，参考前人的经验、资料，经权衡后设计出来。所以它是各个领域专家、技术人员的集体成果。作为从事安全科学技术的工程技术人员应该了解可靠性设计原理及设计要点，以便将设备使用和维修过程中发现的危险与有害因素及零部件的故障数据资料等及时反馈给设计部门，以进行针对性的改进设计。

产品的可靠度分为固有可靠度和使用可靠度。前者主要是由零件的材料、设计及制造等环节决定的达到设计目标所规定的可靠度；后者则是出厂产品经包装、保管、运输、安装、使用和维修等环节在其寿命期内实际使用中所达到的可靠度。当然，重点应放在设计和制造环节，提高固有可靠度，向用户提供本质安全度高的设备。机械产品可靠性设计准则可参考本书第 6 章相关内容。

4. 加强机械设备维护保养

1）机械设备的维护保养要做到制度化、规范化，不能头痛医头、脚痛医脚。

2）维护保养要分级分类进行。操作者、班组、车间、厂部应分级分工负责，各尽其职。

3）机械设备在达到原设计规定使用期时，即接近或达到固有寿命期，应予以更换，不得让设备超期带病“服役”。

5. 改善作业环境

1）安全设施与环境保护措施应与主体工程同时设计、同时施工、同时投产。从本质上做到安全可靠、环境优良。改善作业环境应像重视安全生产一样列入议事日程。

2）环境的好坏，不仅影响人们的身心健康，而且还影响产品质量，腐蚀损坏设备，还会诱发事故。因此对作业环境有害物应定期检测，及时治理，特别是随着高科技的发展，带来许多新的危害因素，这些危害更要及时治理。因此，提倡建“花园式工厂、宾馆式车间”，工人在此环境中生产，对保障安全生产，提高产品质量以及工人身心健康都是有益的。

习　题

9-1　简述人机系统及人机系统可靠性。

9-2　简述人机系统中人和机的各自主要功能。

9-3　什么是人机功能匹配?

9-4　试分析人的可靠性影响因素。

9-5　人因差错有哪些表现类型?

9-6　读电压表时，人读表的可靠度是 0.9950，而把读数记录下来的可靠度是 0.9936，若某个作业操作只需要读表和记录数据，那么在这个作业操作中，人的失误率是多少?

9-7　某人连续工作的失效率 $\lambda(t)=0.006/\mathrm{h}$，试计算他工作 8h 的可靠度。

9-8　某元件现场使用条件下的故障平均间隔期为 5000h，则其故障率（失效率）为多少?

9-9　简述人机系统可靠性设计准则。

附录

附录　标准正态分布表

$$\phi(z) = \int_{-\infty}^{z} \frac{1}{\sqrt{2\pi}} e^{-\frac{z^2}{2}} dZ = P(Z \leqslant z)$$

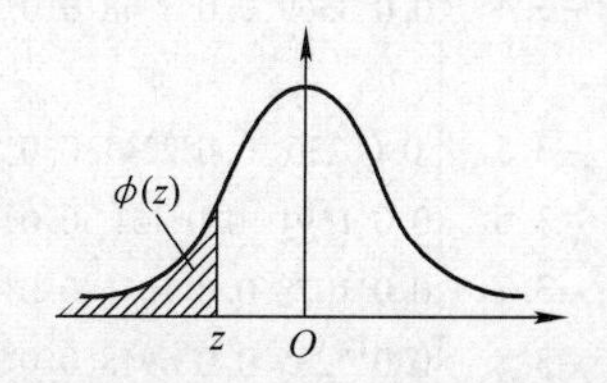

z	0.00	0.01	0.02	0.03	0.04	0.05	0.06	0.07	0.08	0.09	z
-0.0	0.5000	0.4960	0.4920	0.4880	0.4840	0.4801	0.4761	0.4721	0.4681	0.4641	-0.0
-0.1	0.4602	0.4562	0.4522	0.4483	0.4443	0.4404	0.4364	0.4325	0.4286	0.4274	-0.1
-0.2	0.4207	0.4168	0.4129	0.4090	0.4052	0.4013	0.3974	0.3936	0.3897	0.3859	-0.2
-0.3	0.3821	0.3783	0.3745	0.3707	0.3669	0.3632	0.3594	0.3557	0.3520	0.3483	-0.3
-0.4	0.3446	0.3409	0.3372	0.3336	0.3300	0.3264	0.3228	0.3192	0.3156	0.3121	-0.4
-0.5	0.3085	0.3050	0.3015	0.2981	0.2946	0.2912	0.2877	0.2843	0.2810	0.2776	-0.5
-0.6	0.2743	0.2709	0.2676	0.2643	0.2611	0.2578	0.2546	0.2514	0.2483	0.2451	-0.6
-0.7	0.2420	0.2389	0.2358	0.2327	0.2297	0.2266	0.2236	0.2206	0.2177	0.2148	-0.7
-0.8	0.2119	0.2090	0.2061	0.2033	0.2005	0.1977	0.1949	0.1922	0.1894	0.1867	-0.8
-0.9	0.1841	0.1814	0.1788	0.1762	0.1736	0.1711	0.1685	0.1660	0.1635	0.1611	-0.9
-1.0	0.1587	0.1562	0.1539	0.1515	0.1492	0.1469	0.1446	0.1423	0.1401	0.1379	-1.0
-1.1	0.1357	0.1335	0.1314	0.1292	0.1271	0.1251	0.1230	0.1210	0.1190	0.1170	-1.1
-1.2	0.1151	0.1131	0.1112	0.1093	0.1075	0.1056	0.1038	0.1020	0.1003	0.09853	-1.2
-1.3	0.09680	0.09510	0.09342	0.09176	0.09012	0.03851	0.08691	0.08534	0.08379	0.08226	-1.3
-1.4	0.08076	0.07927	0.07780	0.07636	0.07493	0.07353	0.07215	0.07078	0.06944	0.06811	-1.4
-1.5	0.06681	0.06552	0.06426	0.06301	0.06178	0.06057	0.05938	0.05821	0.05705	0.05592	-1.5
-1.6	0.05480	0.05370	0.05262	0.05155	0.05050	0.04947	0.04846	0.04746	0.04648	0.04551	-1.6
-1.7	0.04457	0.04363	0.04272	0.04182	0.04093	0.04006	0.03920	0.03836	0.03754	0.03673	-1.7
-1.8	0.03593	0.03515	0.03438	0.03362	0.03288	0.03216	0.03144	0.03074	0.03005	0.02938	-1.8
-1.9	0.02872	0.02807	0.02743	0.02680	0.02619	0.02559	0.02500	0.02442	0.02385	0.02330	-1.9
-2.0	0.02275	0.02222	0.02169	0.02118	0.02068	0.02018	0.01970	0.01932	0.01876	0.01831	-2.0
-2.1	0.01786	0.01743	0.01700	0.01659	0.01618	0.01578	0.01539	0.01500	0.01463	0.01426	-2.1
-2.2	0.01390	0.01355	0.01321	0.01287	0.01255	0.01222	0.01191	0.01160	0.01130	0.01101	-2.2
-2.3	0.01072	0.01044	0.010117	$0.0^2 9903$	$0.0^2 9642$	$0.0^2 9387$	$0.0^2 9137$	$0.0^2 8894$	$0.0^2 8656$	$0.0^2 8424$	-2.3
-2.4	$0.0^2 8198$	$0.0^2 7976$	$0.0^2 7760$	$0.0^2 7549$	$0.0^2 7344$	$0.0^2 7143$	$0.0^2 6947$	$0.0^2 6756$	$0.0^2 6569$	$0.0^2 6387$	-2.4

（续）

z	0.00	0.01	0.02	0.03	0.04	0.05	0.06	0.07	0.08	0.09	z
-2.5	$0.0^{2}6210$	$0.0^{2}6037$	$0.0^{2}5868$	$0.0^{2}5703$	$0.0^{2}5543$	$0.0^{2}5386$	$0.0^{2}5234$	$0.0^{2}5085$	$0.0^{2}4940$	$0.0^{2}4799$	-2.5
-2.6	$0.0^{2}4661$	$0.0^{2}4527$	$0.0^{2}4396$	$0.0^{2}4269$	$0.0^{2}4145$	$0.0^{2}4025$	$0.0^{2}3907$	$0.0^{2}3793$	$0.0^{2}3681$	$0.0^{2}3573$	-2.6
-2.7	$0.0^{2}3467$	$0.0^{2}3364$	$0.0^{2}3264$	$0.0^{2}3167$	$0.0^{2}3072$	$0.0^{2}2930$	$0.0^{2}2890$	$0.0^{2}2803$	$0.0^{2}2718$	$0.0^{2}2635$	-2.7
-2.8	$0.0^{2}2555$	$0.0^{2}2477$	$0.0^{2}2401$	$0.0^{2}2327$	$0.0^{2}2256$	$0.0^{2}2186$	$0.0^{2}2118$	$0.0^{2}2052$	$0.0^{2}1938$	$0.0^{2}1926$	-2.8
-2.9	$0.0^{2}1866$	$0.0^{2}1807$	0.0M750	$0.0^{2}1695$	$0.0^{2}1641$	$0.0^{2}1589$	$0.0^{2}1538$	$0.0^{2}1489$	$0.0^{2}1441$	$0.0^{2}1395$	-2.9
-3.0	$0.0^{2}1350$	$0.0^{2}1306$	$0.0^{2}1264$	$0.0^{2}1223$	$0.0^{2}1183$	$0.0^{2}1144$	$0.0^{2}1107$	$0.0^{2}1070$	$0.0^{2}1035$	$0.0^{2}1001$	-3.0
-3.1	$0.0^{3}9676$	$0.0^{3}9354$	$0.0^{3}9043$	$0.0^{3}8740$	$0.0^{3}8447$	$0.0^{3}8164$	$0.0^{3}7888$	$0.0^{3}7622$	$0.0^{3}7364$	$0.0^{3}7114$	-3.1
-3.2	$0.0^{3}6871$	$0.0^{3}6637$	$0.0^{3}6410$	$0.0^{3}6190$	$0.0^{3}5976$	$0.0^{3}5770$	$0.0^{3}5571$	$0.0^{3}5377$	$0.0^{3}5190$	$0.0^{3}5009$	-3.2
-3.3	$0.0^{3}4834$	$0.0^{3}6871$	$0.0^{3}4665$	$0.0^{3}4342$	$0.0^{3}4189$	$0.0^{3}4041$	$0.0^{3}3897$	$0.0^{3}3758$	$0.0^{3}3624$	$0.0^{3}3495$	-3.3
-3.4	$0.0^{3}3369$	$0.0^{3}3248$	$0.0^{3}3131$	$0.0^{3}3018$	$0.0^{3}2909$	$0.0^{3}2803$	$0.0^{3}2701$	$0.0^{3}2602$	$0.0^{3}2507$	$0.0^{3}2415$	-3.4
-3.5	$0.0^{3}236$	$0.0^{3}2241$	$0.0^{3}2158$	$0.0^{3}2078$	$0.0^{3}2001$	$0.0^{3}1926$	$0.0^{3}1854$	$0.0^{3}1785$	$0.0^{3}1718$	$0.0^{3}1653$	-3.5
-3.6	$0.0^{3}1591$	$0.0^{3}151$	$0.0^{3}1473$	$0.0^{3}1417$	$0.0^{3}1363$	$0.0^{3}1311$	$0.0^{3}1261$	$0.0^{3}1213$	$0.0^{3}1166$	$0.0^{3}1121$	-3.6
-3.7	$0.0^{3}1078$	$0.0^{3}1036$	$0.0^{4}9961$	0.04574	$0.0^{4}9201$	$0.0^{4}3842$	$0.0^{4}8496$	$0.0^{4}8162$	$0.0^{4}7841$	$0.0^{4}7532$	-3.7
-3.8	$0.0^{4}7235$	$0.0^{4}6948$	$0.0^{4}6673$	$0.0^{4}6407$	$0.0^{4}6152$	$0.0^{4}5906$	$0.0^{4}5669$	$0.0^{4}5442$	$0.0^{4}5223$	$0.0^{4}5012$	-3.8
-3.9	$0.0^{4}4810$	$0.0^{4}4615$	$0.0^{4}4427$	$0.0^{4}4247$	$0.0^{4}4074$	$0.0^{4}3908$	$0.0^{4}3747$	$0.0^{4}3594$	$0.0^{4}3446$	$0.0^{4}3304$	-3.9
-4.0	$0.0^{4}3167$	$0.0^{4}3036$	$0.0^{4}2910$	$0.0^{4}2789$	$0.0^{4}2673$	$0.0^{4}2561$	$0.0^{4}2454$	$0.0^{4}2351$	$0.0^{4}2252$	$0.0^{4}2157$	-4.0
-4.1	$0.0^{4}2066$	$0.0^{4}1978$	$0.0^{4}1894$	$0.0^{4}1814$	$0.0^{4}1734$	$0.0^{4}1662$	$0.0^{4}1591$	$0.0^{4}1523$	$0.0^{4}1458$	$0.0^{4}1395$	-4.1
-4.2	$0.0^{4}1335$	$0.0^{4}1277$	$0.0^{4}1222$	$0.0^{4}1168$	$0.0^{4}1118$	$0.0^{4}1069$	$0.0^{4}1022$	$0.0^{4}9774$	$0.0^{4}9345$	$0.0^{4}8934$	-4.2
-4.3	$0.0^{5}8540$	$0.0^{5}8163$	$0.0^{5}7801$	$0.0^{5}7455$	$0.0^{5}7124$	$0.0^{5}6807$	$0.0^{5}6503$	$0.0^{5}6212$	$0.0^{5}5934$	$0.0^{5}5668$	-4.3
-4.4	$0.0^{5}5413$	$0.0^{5}5169$	$0.0^{5}4935$	$0.0^{5}4712$	$0.0^{5}4498$	$0.0^{5}4294$	$0.0^{5}4098$	$0.0^{5}3911$	$0.0^{5}3732$	$0.0^{5}3561$	-4.4
-4.5	$0.0^{5}3398$	$0.0^{5}3241$	$0.0^{5}3092$	$0.0^{5}2949$	$0.0^{5}2813$	$0.0^{5}2682$	$0.0^{5}2558$	$0.0^{5}2439$	$0.0^{5}2325$	$0.0^{4}2216$	-4.5
-4.6	$0.0^{5}2112$	$0.0^{5}2013$	$0.0^{5}1919$	$0.0^{5}1828$	$0.0^{5}1742$	$0.0^{5}1660$	$0.0^{5}1581$	$0.0^{5}1506$	$0.0^{5}1434$	$0.0^{5}1366$	-4.6
-4.7	$0.0^{5}1301$	$0.0^{5}1239$	$0.0^{5}1179$	$0.0^{5}1123$	$0.0^{5}1069$	$0.0^{5}1017$	$0.0^{6}9680$	$0.0^{6}9211$	$0.0^{6}8765$	$0.0^{6}8339$	-4.7
-4.8	$0.0^{6}7933$	$0.0^{6}7547$	$0.0^{6}7178$	$0.0^{6}6827$	$0.0^{6}6492$	$0.0^{6}6173$	$0.0^{6}5869$	$0.0^{6}5580$	$0.0^{6}5304$	$0.0^{6}5042$	-4.8
-4.9	$0.0^{6}4792$	$0.0^{6}4554$	$0.0^{6}4327$	$0.0^{6}4111$	$0.0^{6}3906$	$0.0^{6}3711$	$0.0^{6}3525$	$0.0^{6}3348$	$0.0^{6}3179$	$0.0^{6}3019$	-4.9
0.0	0.5000	0.5040	0.5080	0.5120	0.5160	0.5199	0.5239	0.5279	0.5319	0.5359	0.0
0.1	0.5398	0.5438	0.5478	0.5517	0.5557	0.5596	0.5636	0.5675	0.5714	0.5753	0.1
0.2	0.5793	0.5832	0.5871	0.5910	0.5948	0.5987	0.6026	0.6064	0.6103	0.6141	0.2
0.3	0.6179	0.6217	0.6225	0.6293	0.6331	0.6368	0.6406	0.6443	0.6480	0.6517	0.3
0.4	0.6554	0.6591	0.6628	0.6664	0.6700	0.6736	0.6772	0.6808	0.6844	0.6879	0.4
0.5	0.6915	0.6950	0.6985	0.7019	0.7054	0.7088	0.7123	0.7157	0.7190	0.7224	0.5
0.6	0.7257	0.7291	0.7324	0.7357	0.7389	0.7422	0.7454	0.7486	0.7517	0.7549	0.6
0.7	0.7580	0.7611	0.7642	0.7673	0.7703	0.7734	0.7764	0.7794	0.7823	0.7852	0.7
0.8	0.7881	0.7910	0.7939	0.7967	0.7995	0.8023	0.8051	0.8078	0.8106	0.8133	0.8
0.9	0.8159	0.8186	0.8212	0.8238	0.8264	0.8289	0.8315	0.8340	0.8365	0.8389	0.9
1.0	0.8413	0.8438	0.8461	0.8485	0.8508	0.8351	0.8554	0.8577	0.8599	0.8621	1.0
1.1	0.8643	0.8665	0.8686	0.8708	0.8729	0.8749	0.8770	0.8790	0.8810	0.8830	1.1

（续）

z	0.00	0.01	0.02	0.03	0.04	0.05	0.06	0.07	0.08	0.09	z
1.2	0.8849	0.8869	0.8888	0.8907	0.8925	0.8944	0.8962	0.8980	0.8987	0.90147	1.2
1.3	0.90320	0.90490	0.90658	0.90824	0.90988	0.91149	0.91309	0.91466	0.91621	0.91774	1.3
1.4	0.91924	0.92073	0.92220	0.92364	0.92507	0.92647	0.92785	0.92922	0.93056	0.93189	1.4
1.5	0.93319	0.93448	0.93574	0.93699	0.93822	0.93943	0.94062	0.94179	0.94295	0.94408	1.5
1.6	0.94520	0.94630	0.94738	0.94845	0.94950	0.95053	0.95154	0.95254	0.95352	0.95449	1.6
1.7	0.95543	0.95637	0.95728	0.95818	0.95907	0.95994	0.96080	0.96164	0.96246	0.96327	1.7
1.8	0.96407	0.96485	0.96562	0.96638	0.96712	0.96784	0.96856	0.96926	0.96995	0.97062	1.8
1.9	0.97128	0.97193	0.97257	0.97320	0.97381	0.97441	0.97500	0.97558	0.97615	0.97670	1.9
2.0	0.97725	0.97778	0.97831	0.97882	0.97932	0.97982	0.98030	0.98077	0.98124	0.98169	2.0
2.1	0.98214	0.98257	0.98300	0.98341	0.98382	0.98422	0.98461	0.98500	0.98537	0.98574	2.1
2.2	0.98610	0.98645	0.98679	0.98713	0.98745	0.98778	0.98809	0.98840	0.98870	0.98899	2.2
2.3	0.98928	0.98956	0.98983	$0.9^{2}0097$	$0.9^{2}0358$	$0.9^{2}0613$	$0.9^{2}0863$	$0.9^{2}1106$	$0.9^{2}1344$	$0.9^{2}1576$	2.3
2.4	$0.9^{2}1802$	$0.9^{2}2024$	$0.9^{2}2240$	$0.9^{2}2451$	$0.9^{2}2656$	$0.9^{2}2857$	$0.9^{2}3053$	$0.9^{2}3244$	$0.9^{2}3431$	$0.9^{2}3613$	2.4
2.5	$0.9^{2}3790$	$0.9^{2}3963$	$0.9^{2}4132$	$0.9^{2}4297$	$0.9^{2}4457$	$0.9^{2}4614$	$0.9^{2}4766$	$0.9^{2}4915$	$0.9^{2}5060$	$0.9^{2}5201$	2.5
2.6	$0.9^{2}5339$	$0.9^{2}5473$	$0.9^{2}5604$	$0.9^{2}5731$	$0.9^{2}5855$	$0.9^{2}5975$	$0.9^{2}6093$	$0.9^{2}6207$	$0.9^{2}6319$	$0.9^{2}6427$	2.6
2.7	$0.9^{2}6533$	$0.9^{2}6636$	$0.9^{2}6736$	$0.9^{2}6833$	$0.9^{2}6928$	$0.9^{2}7020$	$0.9^{2}7110$	$0.9^{2}7197$	$0.9^{2}7282$	$0.9^{2}7365$	2.7
2.8	$0.9^{2}7445$	$0.9^{2}7523$	$0.9^{2}7599$	$0.9^{2}7673$	$0.9^{2}7744$	$0.9^{2}7814$	$0.9^{2}7882$	$0.9^{2}7948$	$0.9^{2}8012$	$0.9^{2}8074$	2.8
2.9	$0.9^{2}8134$	$0.9^{2}8193$	$0.9^{2}8250$	$0.9^{2}8305$	$0.9^{2}8359$	$0.9^{2}8411$	$0.9^{2}8462$	$0.9^{2}8511$	$0.9^{2}8559$	$0.9^{2}8605$	2.9
3.0	$0.9^{2}8650$	$0.9^{2}8694$	$0.9^{2}8736$	$0.9^{2}8777$	$0.9^{2}8817$	$0.9^{2}8856$	$0.9^{2}8893$	$0.9^{2}8930$	$0.9^{2}8965$	$0.9^{2}8999$	3.0
3.1	$0.9^{3}0324$	$0.9^{3}0646$	$0.9^{3}0957$	$0.9^{3}1260$	$0.9^{3}1553$	$0.9^{3}1836$	$0.9^{3}2112$	$0.9^{3}2378$	$0.9^{3}2636$	$0.9^{3}2886$	3.1
3.2	$0.9^{3}3129$	$0.9^{3}3363$	$0.9^{3}3590$	$0.9^{3}3810$	$0.9^{3}4024$	$0.9^{3}4230$	$0.9^{3}4429$	$0.9^{3}4623$	$0.9^{3}4810$	$0.9^{3}4991$	3.2
3.3	$0.9^{3}5166$	$0.9^{3}5335$	$0.9^{3}5499$	$0.9^{3}5658$	$0.9^{3}5811$	$0.9^{3}5959$	$0.9^{3}6103$	$0.9^{3}6242$	$0.9^{3}6376$	$0.9^{3}6505$	3.3
3.4	$0.9^{3}6631$	$0.9^{3}6752$	$0.9^{3}6869$	$0.9^{3}6982$	$0.9^{3}7091$	$0.9^{3}7197$	$0.9^{3}7299$	$0.9^{3}7398$	$0.9^{3}7493$	$0.9^{3}7585$	3.4
3.5	$0.9^{3}7674$	$0.9^{3}7759$	$0.9^{3}7842$	$0.9^{3}7922$	$0.9^{3}7999$	$0.9^{3}8074$	$0.9^{3}8146$	$0.9^{3}8215$	$0.9^{3}8282$	$0.9^{3}8347$	3.5
3.6	$0.9^{3}8409$	$0.9^{3}8469$	$0.9^{3}8527$	$0.9^{3}8583$	$0.9^{3}8637$	$0.9^{3}8689$	$0.9^{3}8739$	$0.9^{3}8787$	$0.9^{3}8834$	$0.9^{3}8879$	3.6
3.7	$0.9^{3}8922$	$0.9^{3}8964$	$0.9^{4}0039$	$0.9^{4}0426$	$0.9^{4}0799$	$0.9^{4}1158$	$0.9^{4}1504$	$0.9^{4}1838$	$0.9^{4}2159$	$0.9^{4}2468$	3.7
3.8	$0.9^{4}2765$	$0.9^{4}3052$	$0.9^{4}3327$	$0.9^{4}3593$	$0.9^{4}3848$	$0.9^{4}4094$	$0.9^{4}4331$	$0.9^{4}4558$	$0.9^{4}4777$	$0.9^{4}4988$	3.8
3.9	$0.9^{4}5190$	$0.9^{4}5385$	$0.9^{4}5573$	$0.9^{4}5753$	$0.9^{4}5926$	$0.9^{4}6092$	$0.9^{4}6253$	$0.9^{4}6406$	$0.9^{4}6554$	$0.9^{4}6696$	3.9
4.0	$0.9^{4}6833$	$0.9^{4}6964$	$0.9^{4}7090$	$0.9^{4}7211$	$0.9^{4}7327$	$0.9^{4}7439$	$0.9^{4}7546$	$0.9^{4}7649$	$0.9^{4}7748$	$0.9^{4}7843$	4.0
4.1	$0.9^{4}7934$	$0.9^{4}8022$	$0.9^{4}8106$	$0.9^{4}8186$	$0.9^{4}8263$	$0.9^{4}8338$	$0.9^{4}8409$	$0.9^{4}8477$	$0.9^{4}8542$	$0.9^{4}8605$	4.1
4.2	$0.9^{4}8665$	$0.9^{4}8723$	$0.9^{4}8778$	$0.9^{4}8832$	$0.9^{4}8882$	$0.9^{4}8931$	$0.9^{4}8978$	$0.9^{5}0226$	$0.9^{5}0655$	$0.9^{5}1066$	4.2
4.3	$0.9^{5}1460$	$0.9^{5}1837$	$0.9^{5}2199$	$0.9^{5}2545$	$0.9^{5}2876$	$0.9^{5}3193$	$0.9^{5}3497$	$0.9^{5}3788$	$0.9^{5}4066$	$0.9^{5}4332$	4.3
4.4	$0.9^{5}4587$	$0.9^{5}4831$	$0.9^{5}5065$	$0.9^{5}5238$	$0.9^{5}5502$	$0.9^{5}5706$	$0.9^{5}5902$	$0.9^{5}6089$	$0.9^{5}6268$	$0.9^{5}6439$	4.4
4.5	$0.9^{5}6602$	$0.9^{5}6759$	$0.9^{5}6908$	$0.9^{5}7051$	$0.9^{5}7187$	$0.9^{5}7318$	$0.9^{5}7442$	$0.9^{5}7561$	$0.9^{5}7675$	$0.9^{5}7784$	4.5
4.6	$0.9^{5}7888$	$0.9^{5}7987$	$0.9^{5}8081$	$0.9^{5}8172$	$0.9^{5}8258$	$0.9^{5}8340$	$0.9^{5}8419$	$0.9^{5}8494$	$0.9^{5}8566$	$0.9^{5}8634$	4.6
4.7	$0.9^{5}8699$	$0.9^{5}8761$	$0.9^{5}8821$	$0.9^{5}8877$	$0.9^{5}8931$	$0.9^{6}8983$	$0.9^{6}0320$	$0.9^{6}6789$	$0.9^{6}1235$	$0.9^{6}1661$	4.7
4.8	$0.9^{6}2067$	$0.9^{6}2453$	$0.9^{6}2822$	$0.9^{6}3173$	$0.9^{6}3508$	$0.9^{6}3827$	$0.9^{6}4131$	$0.9^{6}4420$	$0.9^{6}4696$	$0.9^{6}4958$	4.8
4.9	$0.9^{6}5028$	$0.9^{6}5446$	$0.9^{6}5673$	$0.9^{6}5889$	$0.9^{6}6094$	$0.9^{6}6289$	$0.9^{6}6475$	$0.9^{6}6652$	$0.9^{6}6821$	$0.9^{6}6981$	4.9

参考文献

[1] 程五一，李季．系统可靠性理论及其应用［M］．北京：北京航空航天大学出版社，2012.
[2] 陈信，袁修干．人－机－环境系统工程总论［M］．北京：北京航空航天大学出版社，1996.
[3] 杜彦斌，李聪波．机械装备再制造可靠性研究现状及展望［J］．计算机集成制造系统，2014，20（11）：2643－2651.
[4] 冯蕴雯，郝恒，薛小锋，等．飞机阻力伞意外打开可靠性分析［J］．西北工业大学学报，2016，34（5）：761－766.
[5] 高社生，张玲霞．可靠性理论与工程应用［M］．北京：国防工业出版社，2002.
[6] 郭永基．可靠性工程原理［M］．北京：清华大学出版社，2002.
[7] 洪杰，张姿，徐筱李，等．航空发动机结构系统的可靠性模型［J］．航空动力学报，2016，31（8）：1897－1904.
[8] 贾利民，林帅．系统可靠性方法研究现状与展望［J］．系统工程与电子技术，2015，37（12）：2887－2893.
[9] 姜兴渭，宋政吉，王晓晨．可靠性工程技术［M］．哈尔滨：哈尔滨工业大学出版社，2005.
[10] 金碧辉．系统可靠性工程［M］．北京：国防工业出版社，2004.
[11] 金伟娅，张康达．可靠性工程［M］．北京：化学工业出版社，2005.
[12] 金星，洪延姬，沈怀荣，等．工程系统可靠性数值分析方法［M］．北京：国防工业出版社，2002.
[13] 李杰．工程结构整体可靠性分析研究进展［J］．土木工程学报，2018，51（08）：1－10.
[14] 李铭，谢里阳，丁丽君．行星机构的可靠性分析与计算［J］．航空学报，2017，38（8）：206－219.
[15] 刘混举，赵河明，王春燕．机械可靠性设计［M］．北京：科学出版社，2012.
[16] 欧阳文昭，廖可兵．安全人机工程学［M］．北京：煤炭工业出版社，2002.
[17] 浦恩山，谷继品，肖丽丽．快堆钠泵机械密封可靠性评价［J］．原子能科学技术，2016，50（2）：193－197.
[18] 芮延年，傅戈雁．现代可靠性设计［M］．北京：国防工业出版社，2007.
[19] 宋保维，王晓娟．系统可靠性设计与分析［M］．西安：西北工业大学出版社，2000.
[20] 苏德清．可靠性技术标准手册［M］．北京：中国标准出版社，1994.
[21] 孙志礼，陈良玉．实用机械可靠性设计理论与方法［M］．北京：科学出版社，2003.
[22] 孙志礼，李昌，韩兴．基于行星减速器的多目标可靠性优化设计方法研究［J］．机械与电子，2007（10）：15－17.
[23] 涂宏茂，孙志礼，姬广振，等．考虑失效模式相关性的机械系统可靠性分析［J］．东北大学学报（自然科学版），2017，38（10）：1453－1458.
[24] 汪胜陆．机械产品可靠性设计方法及其发展趋势的探讨［M］．机械设计，2007，24（5）：1－3.
[25] 吴波，黎明发．机械零件与系统可靠性模型［M］．北京：化学工业出版社，2003.
[26] 谢里阳．机械可靠性理论、方法及模型中若干问题评述［J］．机械工程学报，2014，50（14）：27－35.
[27] 曾声奎，赵延弟，张建国，等．系统可靠性设计分析教程［M］．北京：北京航空航天大学出版社，2001.
[28] 张亚，徐建军，赵河明．弹药可靠性技术与管理［M］．北京：兵器工业出版社，2001.
[29] 张卫方，唐庆云．系统可靠性研究新进展［M］．北京：国防工业出版社，2014.
[30] 张义民．汽车零部件可靠性设计［M］．北京：北京理工大学出版社，2000.
[31] 张义民，孙志礼．机械产品的可靠性大纲［J］．机械工程学报，2014，50（14）：14－20.
[32] 张志华，李大伟，钟强晖，等．考虑维修的产品可靠性模型研究［J］．兵工学报，2014，35（7）：1131－1136.
[33] 赵宽，陈建军，曹鸿钧，等．随机参数双连杆柔性机械臂的可靠性分析［J］．工程力学，2015，32（2）：214－220.
[34] 赵志草，宋保维，赵晓哲，等．单元寿命服从任意分布的共载并联系统可靠性［J］．华中科技大学学报（自然科学版），2014，42（4）：6－10.